国家出版基金项目
NATIONAL PUBLICATION FOUNDATION

**风电场建设与管理创新研究丛书**

# 风电机组混凝土基础结构检测评估和修复加固

黄昊　张秋生　著

中国水利水电出版社
www.waterpub.com.cn

·北京·

## 内 容 提 要

本书是《风电场建设与管理创新研究》丛书之一，系统地介绍风电机组混凝土基础结构检测评估和修复加固的相关内容，主要包括风电机组混凝土基础研究现状、风电机组混凝土基础结构、风电机组混凝土基础结构缺陷及损伤机理、风电机组混凝土基础结构安全性评估、风电机组混凝土基础结构耐久性评估、风电机组混凝土基础结构现场检测方法、风电机组混凝土基础结构修复加固以及工程应用。

本书适合作为高等院校相关专业的教学参考用书，也适合从事风电场施工与管理的技术与管理人员阅读参考。

## 图书在版编目（CIP）数据

风电机组混凝土基础结构检测评估和修复加固 / 黄昊，张秋生著. -- 北京 : 中国水利水电出版社，2021.10
（风电场建设与管理创新研究丛书）
ISBN 978-7-5226-0181-6

Ⅰ．①风… Ⅱ．①黄… ②张… Ⅲ．①风力发电机－发电机组－混凝土基础－检测－研究②风力发电机－发电机组－混凝土基础－修复－研究 Ⅳ．①TV223

中国版本图书馆CIP数据核字(2021)第217621号

| | | |
|---|---|---|
| | 风电场建设与管理创新研究丛书 | |
| 书 名 | **风电机组混凝土基础结构检测评估和修复加固**<br>FENGDIAN JIZU HUNNINGTU JICHU JIEGOU JIANCE<br>PINGGU HE XIUFU JIAGU | |
| 作 者 | 黄 昊 张秋生 著 | |
| 出版发行 | 中国水利水电出版社<br>（北京市海淀区玉渊潭南路 1 号 D 座 100038）<br>网址：www. waterpub. com. cn<br>E-mail：sales@waterpub. com. cn<br>电话：(010) 68367658（营销中心） | |
| 经 售 | 北京科水图书销售中心（零售）<br>电话：(010) 88383994、63202643、68545874<br>全国各地新华书店和相关出版物销售网点 | |
| 排 版 | 中国水利水电出版社微机排版中心 | |
| 印 刷 | 天津嘉恒印务有限公司 | |
| 规 格 | 184mm×260mm 16 开本 14 印张 290 千字 | |
| 版 次 | 2021 年 10 月第 1 版 2021 年 10 月第 1 次印刷 | |
| 印 数 | 0001—1500 册 | |
| 定 价 | **68.00 元** | |

# 《风电场建设与管理创新研究》丛书

## 主 要 参 编 单 位

（排名不分先后）

河海大学
哈尔滨工程大学
扬州大学
南京工程学院
中国三峡新能源（集团）股份有限公司
中广核研究院有限公司
国家电投集团山东电力工程咨询院有限公司
国家电投集团五凌电力有限公司
华能江苏能源开发有限公司
中国电建集团水电水利规划设计总院
中国电建集团西北勘测设计研究院有限公司
中国电建集团北京勘测设计研究院有限公司
中国电建集团成都勘测设计研究院有限公司
中国电建集团昆明勘测设计研究院有限公司
中国电建集团贵阳勘测设计研究院有限公司
中国电建集团中南勘测设计研究院有限公司
中国电建集团华东勘测设计研究院有限公司
中国长江三峡集团公司上海勘测设计研究院有限公司
中国能源建设集团江苏省电力设计院有限公司
中国能源建设集团广东省电力设计研究院有限公司
中国能源建设集团湖南省电力设计院有限公司
广东科诺勘测工程有限公司

内蒙古电力（集团）有限责任公司

内蒙古电力经济技术研究院分公司

内蒙古电力勘测设计院有限责任公司

中国船舶重工集团海装风电股份有限公司

中建材南京新能源研究院

中国华能集团清洁能源技术研究院有限公司

北控清洁能源集团有限公司

国华（江苏）风电有限公司

西北水利水电工程有限责任公司

广东粤电阳江海上风电有限公司

江苏省风电机组结构工程研究中心

中国水利水电科学研究院

# 丛书前言

随着世界性能源危机日益加剧和全球环境污染日趋严重，大力发展可再生能源产业，走低碳经济发展道路，已成为国际社会推动能源转型发展、应对全球气候变化的普遍共识和一致行动。

在第七十五届联合国大会上，中国承诺"将提高国家自主贡献力度，采取更加有力的政策和措施，二氧化碳排放力争于 2030 年前达到峰值，努力争取 2060 年前实现碳中和。"这一重大宣示标志着中国将进入一个全面的碳约束时代。2020 年 12 月 12 日我国在"继往开来，开启全球应对气候变化新征程"气候雄心峰会上指出：到 2030 年，风电、太阳能发电总装机容量将达到 12 亿 kW 以上。进一步对我国可再生能源高质量快速发展提出了明确要求。

我国风电经过 20 多年的发展取得了举世瞩目的成就，累计和新增装机容量位居全球首位，是最大的风电市场。风电现已完成由补充能源向替代能源的转变，并向支柱能源过渡，在我国经济发展中起重要作用。依托"碳达峰、碳中和"国家发展战略，风电将迎来与之相适应的更大发展空间，风电产业进入"倍速阶段"。

我国风电开发建设起步较晚，技术水平与风电发达国家相比存在一定差距，风电开发和建设管理的标准化和规范化水平有待进一步提高，迫切需要对现有开发建设管理模式进行梳理总结，创新风电场建设与管理标准，建立风电场建设规范化流程，科学推进风电开发与建设发展。

在此背景下，《风电场建设与管理创新研究》丛书应运而生。丛书在总结归纳目前风电场工程建设管理成功经验的基础上，提出适合我国风电场建设发展与优化管理的理论和方法，为促进风电行业科技进步与产业发展，确保工程建设和运维管理进一步科学化、制度化、规范化、标准化，保障工程建设的工期、质量、安全和投资效益，提供技术支撑和解决方案。

《风电场建设与管理创新研究》丛书主要内容包括：风电场项目建设标准化管理，风电场安全生产管理，风电场项目采购与合同管理，陆上风电场工程施工与管理，风电场项目投资管理，风电场建设环境评价与管理，风电场建设项目计划与控制，海上风电场工程勘测技术，风电场工程后评估与风电机组状态评价，海上风电场运行与维护，海上风电场全生命周期降本增效途径与实践，大型风电机组设计、制造及安装，智慧海上风电场，风电机组支撑系统设计与施工，风电机组混凝土基础结构检测评估和修复加固等多个方面。丛书由数十家风电企业和高校院所的专家共同编写。参编单位承担了我国大部分风电场的规划论证、开发建设、技术攻关与标准制定工作，在风电领域经验丰富、成果显著，是引领我国风电规模化建设发展的排头兵，基本展示了我国风电行业建设与管理方面的现状水平。丛书力求反映国内风电场建设与管理的实用新技术，创建与推广风电中国模式和标准，并借助"一带一路"倡议走出国门，拓展中国风电全球路径。

丛书注重理论联系实际与工程应用，案例丰富，参考性、指导性强。希望丛书的出版，能够助推风电行业总结建设与管理经验，创新建设与管理理念，培养建设与管理人才，促进中国风电行业高质量快速发展！

2020 年 6 月

# 本书前言

随着世界各国对能源安全、生态环境、气候变化等问题日益重视，加快发展风电已成为国际社会推动能源转型发展、应对全球气候变化的普遍共识和一致行动。为了实现我国电力减碳、能源减碳，实现"双碳"目标，扩大以风电为代表的非化石能源的消纳比例，构建以新能源为主体的新型电力系统成为必由之路。"十二五"和"十三五"期间，全国风电装机规模快速增长，风电已经从补充能源进入到替代能源的发展阶段。截至2020年年底，全国新增风电机组装机容量7100万kW，累计装机总量达到2.81亿kW。

基础结构安全是风电机组安全运行的基本条件。随着越来越多的风电机组投入运行，风电机组混凝土基础结构存在的安全风险也不断增大。一方面，在寿命周期内，由于基础结构缺陷或安全问题而导致的停运屡有发生，风电场大面积停运，甚至倒塔等恶性事故每年都有发生；另一方面，随着风电行业的发展，越来越多的风电机组和基础结构即将达到设计寿命，如何延长使用周期是未来风电行业面临的重要问题。

一般认为风电机组结构相对简单，导致在设计施工和运行过程中重视程度不够。与传统建筑物相比，风电机组基础结构也具有一定的特点和复杂性，主要表现为：①荷载条件复杂，持续经受风的周期和突变荷载，遭遇雨雪冰和地震偶然荷载；②结构边界条件复杂，受地基影响较大，且存在局部应力集中的现象；③构造特殊，多为典型大体积钢筋混凝土结构，钢筋密集，施工质量控制难度大；④地形恶劣，远离城市，相对分散孤立，施工和运行管理困难；⑤相关规程规范不健全，某些问题研究不足导致尚无统一认识。

本书旨在通过总结国内外现有的规程规范、工程应用和研究成果，以及施工和运行管理的经验教训，系统梳理当前风电机组基础结构的特点和主要缺陷，研究混凝土基础结构的破坏机理，建立混凝土基础结构检测评估和修复加固成套技术，为基础结构全寿命周期的安全运行提供技术保障。

本书共分为 8 章，其中：第 1 章介绍风电机组混凝土基础研究现状；第 2 章介绍风电机组混凝土基础结构；第 3 章介绍风电机组混凝土基础结构缺陷及损伤机理；第 4～第 6 章介绍风电机组混凝土基础结构的安全性、耐久性评估以及现场检测方法；第 7 章介绍混凝土基础结构修复加固；第 8 章介绍相关工程应用。

本书第 1～第 4 章和第 6、第 7 章由黄昊负责编写，第 5、第 8 章由张秋生负责编写。甄理、陈康、刘志鹏、李文成、林政、张坤坤等参与了图表、公式的编写和文字校对工作。鉴于作者视角和所掌握资料的局限，以及编写水平有限，本书难免有疏漏和不当之处，衷心希望读者给予指正，也希望本书能够成为广大同行和相关人员的他山之石，以资借鉴。

作者

2021 年 8 月

# 目　录

# 第1章 风电机组混凝土基础研究现状

## 1.1 行业背景与研究意义

随着我国经济的迅速发展，能源消耗的大幅增加，能源和环境对可持续发展的约束作用越来越显著。我国是温带大陆性气候，风力发电不仅更易获得且潜力巨大，可开发利用的风能总量达 32.26 亿 kW。大力开发风能等可再生能源，将成为减少环境污染的重要措施，同时也是保证我国能源供应安全和可持续发展的必然选择。

### 1.1.1 风电行业发展现状

近年来，我国风电产业取得了瞩目的成就，新增装机容量和累计装机容量均已稳居世界首位，其中新增装机容量连续 11 年世界第一。风电累计装机容量从 2010 年的 31070MW 增至 2020 年的 281720MW（图 1-1）；发电量从 2007 年的 56 亿 kW·h 发展到 2020 年的 4665 亿 kW·h，年均增长率达到 32%。2010—2020 年国内新增并网风电装机容量如图 1-2 所示。

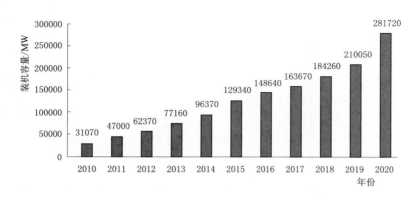

图 1-1　2010—2020 年国内累计风电装机容量

随着国内外风电市场的大发展，陆上风电的度电成本也持续下降，成为未来陆上风电大发展的前提基础。2019 年 11 月美国 Lazard 咨询公司评估美国各类能源发电的

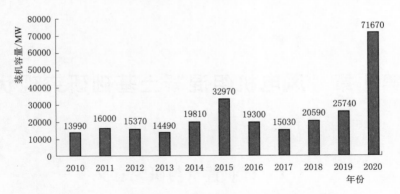

图 1-2 2010—2020 年国内新增并网风电装机容量

全生命周期度电成本，在不考虑政府税收优惠的情况下，美国各类能源度电成本统计见表 1-1。陆上风电成本优势明显，不仅低于其他可再生能源，还远低于常规能源，2009—2019 年陆上风电度电成本下降 70%，10 年来年平均下降约 10%（图 1-3）。

表 1-1 美国各类能源度电成本统计

| 能源类型 | 发电类型 | 成本 /[美元/(MW·h)] | 度电成本 /[(元/kW·h)] |
|---|---|---|---|
| 常规能源 | 天然气调峰发电 | 150~199 | 1.05~1.40 |
| | 核电（不计退役拆除成本） | 118~192 | 0.83~1.35 |
| | 煤电 | 66~152 | 0.46~1.07 |
| | 天然气联合循环发电 | 44~68 | 0.31~0.48 |
| 可再生能源 | 居民屋顶光伏发电 | 151~242 | 1.06~1.70 |
| | 商业机构屋顶光伏发电 | 75~154 | 0.53~1.08 |
| | 社区地面光伏发电 | 64~148 | 0.45~1.04 |
| | 晶硅大型地面光伏发电 | 36~44 | 0.25~0.31 |
| | 薄膜大型地面光伏发电 | 32~42 | 0.23~0.29 |
| | 带储能的塔式光热发电 | 126~156 | 0.88~1.09 |
| | 地热发电 | 69~112 | 0.48~0.79 |
| | 陆上风电 | 28~54 | 0.20~0.38 |
| | 海上风电 | 89 | 0.62 |

随着未来陆上风电的持续发展，将逐步替代传统化石能源，逐渐成为重要能源。预计 2030 年陆上风电为 4.5 亿 kW，2050 年增至 10.2 亿 kW，2050 年陆上风电与光伏发电的装机容量在电源结构中的占比将达到 50% 以上，发电量两者各占全国总发电量的约 1/5。国内各类电源装机容量发展趋势如图 1-4 所示。

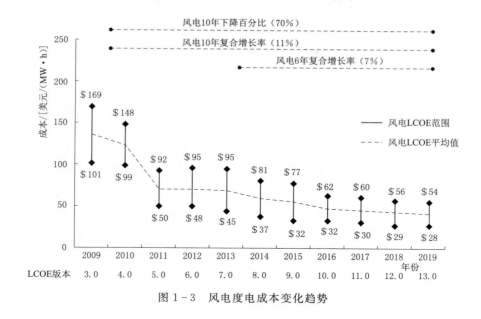

图 1-3　风电度电成本变化趋势

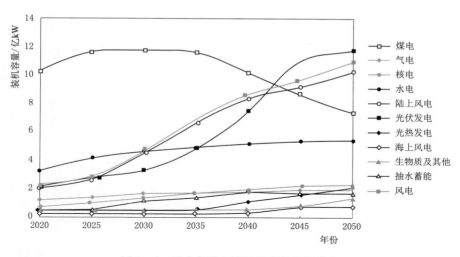

图 1-4　国内各类电源装机容量发展趋势

## 1.1.2　研究意义

随着越来越多的陆上风电机组投入运行，风电机组的地基、混凝土基础和塔筒等支撑结构或构件存在的安全风险不断增大。很多风电场投入运行已超过 10 年，未来我国将会出现大面积的退役风电机组。

在我国风电设备行业发展初期，很多风电设备厂家都是借鉴国外的成熟技术，缺乏自主创新能力，导致早期的风电设备质量不高，因此大部分机组已经显现出质量问题，如事故率增加、发电效率降低等。一方面，在寿命周期内，由于风电机组混凝土基础结构等支撑结构缺陷或安全问题而导致的停运屡见不鲜，风电场大面积停运、倒塔等恶性事故也时有发生；另一方面，越来越多的风电机组即将达到设计寿命，保证支撑结构的安全，延长风电机组的使用周期将是未来风电行业面临的重要问题。

风电机组支撑结构体系主要由基础和塔筒组成。风电机组基础和塔筒作为风电机组的重要组成部分，从投资成本比例上来看，陆上风电机组的支撑系统建造成本占风电机组建造成本的近 1/10，而海上风电机组支撑系统建造成本占整个风电机组建造成本的 1/4。通常风电机组损坏主要涉及支撑结构、风轮、发电机组、控制装置等方面，但其中包括基础在内的支撑结构损坏占总统计损坏风电机组的 1/5，所占比例最高，从侧面可以说明确保基础等支撑结构的安全性在风电机组设计中的重要程度。

因此，建立系统的风电机组混凝土基础结构检测评估、修补加固技术，保证基础结构安全及改造延寿势在必行，且发展前景广阔。

## 1.2 风电机组混凝土基础结构分类

风电机组作为将风能转化为电能的大型设备，上部塔架承受 360°方向重复风力荷载作用，与其连接的基础往往受到巨大的弯矩即偏心受压等大荷载作用，与此同时还受到土压力、地震作用等荷载作用。

针对不同地质条件以及地基承载力、所受荷载和塔筒结构特点，通常采用不同的风电机组基础结构型式。风电机组基础分为陆上风电机组基础及海上风电机组基础。

### 1.2.1 陆上风电机组基础结构类型

陆上风电机组型式主要包括重力式扩展基础、梁板式基础、岩石预应力锚杆基础、桩承台式基础、预应力筒型基础等。

#### 1.2.1.1 重力式扩展基础

风电机组基础多选用重力式扩展基础。重力式扩展基础主要依靠基础及压载物重量抵抗上部风电机组荷载和外部环境荷载产生的倾覆力矩和滑动力，使基础和风电机组塔架结构保持稳定。重力式基础对地质条件要求较高，当地基承载力不满足要求时需要进行地基加固处理。重力式基础适用于坚硬的黏土、砂土以及岩石地基，地基需有足够的承载力支撑基础结构自重、使用荷载。基础尺寸由地基承载力以及抵抗滑动、倾覆所需要的抗力等因素决定。

#### 1.2.1.2 梁板式基础

梁板式基础已在我国陆上风电场中广泛使用。由于梁格间采用素土夯实，相对重力式扩展基础，这种基础型式的混凝土用量大大减少，可适当改善大体积混凝土由于水化热产生温度应力对浇筑的不利影响,并且有较好的经济性。以 1.5MW 风电机组为例,采用梁板式风电机组基础比传统的重力式扩展基础节约造价 35%。但梁板式基础土方开挖量较大,体型复杂,模板制作、安装周期较长,且主梁内钢筋较密,混凝土浇筑、振捣困难,施工质量较难控制。

### 1.2.1.3　岩石预应力锚杆基础

岩石预应力锚杆基础通过在基础底面设置锚杆,用砂浆将锚杆和底层岩体黏结,使风电机组基础与基岩连成整体,可以很好地承担上部塔筒传来的弯矩,充分发挥基岩的承载能力,有效地减小基础尺寸和埋深,减少土方开挖和基础钢筋混凝土工程量,达到缩短工期、节约投资的目的。现场施工面的减小也有利于环境保护和水土保持。

由于过度依赖岩体的高抗压和锚杆的抗拉性能,岩石预应力锚杆基础对于地质条件和锚杆性能要求较高,一般仅适用于基岩强度足够、完整度较高且埋深较浅的地区。

### 1.2.1.4　桩承台式基础

在地质条件不好、天然地基承载力不足或持力层埋深较大的地区,可采用桩承台式风电机组基础。承台部分可采用钢筋混凝土重力式扩展基础或梁板式基础,并应满足抗冲切、抗剪切、抗弯承载力和上部结构的要求。桩基础为 4 根及以上组成的群桩。桩基可采用摩擦桩或端承桩。

桩基础设计可根据地质条件、风电机组厂家要求以及工程经验,初步确定基础承台尺寸、埋深、桩长、桩径以及桩位的布置等。计算桩顶反力、桩基础的沉降和水平位移,复核基桩抗压承载力、水平承载力及抗拔承载力是否满足要求,如不满足要求应重新布置。桩基布置确定后,应进行承台底板截面的抗弯、抗剪、抗冲切和疲劳强度试验。

### 1.2.1.5　预应力筒型基础

预应力筒型基础是空心混凝土结构,通常埋深 6～10m,由混凝土筒体和高强度预应力锚栓系统组成。筒体内、外圈为波纹钢筒,筒厚通常约为 500mm。内外波纹筒之间灌注高标号混凝土,外波纹筒与土体之间灌注低标号混凝土,内波纹筒中回填原状土。通过高强度锚栓把塔筒固定在预应力筒型基础座上。在风电机组设备完成吊装后,对锚栓进行后张拉。锚栓的预拉应力可以保证混凝土筒体在任何荷载条件下均处于受压状态。通过混凝土筒体将竖向荷载传递至下部土体,筒体周围土体产生的土压力抵抗上部荷载产生的倾覆力矩。

预应力筒型基础适用于地下水位较深、土质条件均匀、能够垂直开挖的地区,在我国湿陷性黄土地区已有应用。与重力式扩展基础相比,预应力筒型基础节省钢筋 30%以上,节省混凝土 40%以上,减少开挖量 50%以上,具有较好的经济性;并且钢筋绑扎简单，施工方便，施工周期较短。但这种基础型式对筒体内外波纹钢筒的材料强度、弹性模量、防腐等要求较高，同时由于缺乏计算模式、受力模型以及实际运行数据，预应力筒型基础在国内风电场中并未广泛使用。

### 1.2.2　海上风电机组基础结构类型

海上风电机组基础结构类型主要包括单桩基础、多桩承台基础、导管架群桩基础、重力式基础、负压筒型基础与浮式基础等。

#### 1.2.2.1　单桩基础

单桩基础适用于覆盖层深厚的黏性土、粉土、砂土、碎石类土等地质条件，水深在 30m 以内的近海海域。单桩基础的钢材质量应满足海洋环境要求。单桩基础的直径、壁厚与长度应根据荷载水平、地基承载能力及环境条件等综合确定。单桩基础应进行极端荷载工况下的轴向承载力和水平向承载力验算，应进行正常运行荷载工况下的水平变形及位移验算，以及桩基可贯入性分析。单桩基础承载力宜采用高应变动测方法检测。

#### 1.2.2.2　多桩承台基础

多桩承台基础适用于黏性土、粉土、砂土、碎石类土、强风化岩、软岩等地质条件，水深在 30m 以内的近海海域。基桩可采用钢管桩或高强预应力混凝土管桩。高强预应力混凝土管桩质量应满足海洋环境要求，符合《先张法预应力混凝土管桩》（GB 13476）的相关规定，并考虑寒冷地区的抗冻胀性能。基桩尺寸与数量应根据荷载水平和地基承载力综合确定。基桩应对称布置，可采用环形、梅花形等布置方式。群桩的荷载和位移特性应考虑邻桩的影响。桩中心距小于 8 倍桩径时，应考虑群桩效应。多桩承台各基桩应采取措施减少不均匀沉降。基桩应进行桩身强度、轴向承载力与抗拔承载力验算。基桩承载力宜采用现场试验检测。

承台混凝土强度等级及钢筋型号的选取应根据环境条件、受力状况和防腐蚀要求等确定。基桩与承台的连接应采用刚性连接，连接处应满足抗压、抗弯、抗剪和抗冲切的要求；应考虑极端荷载工况下的群桩效应，进行轴向、水平向与抗拔承载力验算，以及正常运行荷载工况下变形与差异沉降的验算。

#### 1.2.2.3　导管架群桩基础

导管架群桩基础适用于黏性土、粉土、砂土、碎石类土、强风化岩、软岩等地质条件，水深在 50m 以内的海域。导管架群桩基础设计应进行极端荷载工况下基桩的抗压、抗拔和水平承载力验算，正常运行荷载工况下基桩的差异沉降验算，以及使用寿命内基桩与上部管架的连接可靠性验算，同时应进行桩基可贯入性分析。

#### 1.2.2.4　重力式基础

重力式基础是海上风电机组支撑结构中主要的基础型式之一，其结构简单、应用成熟，与陆上风电机组常见的扩展基础工作原理相似，主要依靠基础及压载物重量抵抗上部风电机组荷载和外部环境荷载产生的倾覆力矩和滑动力，使基础和风电机组塔架结构保持稳定。重力式基础对地质条件要求较高，当地基承载力不满足要求时需要进行地基加固处理，主要适用于承载力满足上部荷载要求的天然或人工处理地基，水深在20m以内的近海海域。

重力式基础的海床处理应满足强度和平整度要求，主体部分宜为钢筋混凝土结构，应满足荷载水平、环境条件等要求。应进行极端荷载工况下的抗倾覆稳定性、抗滑移稳定性、地基承载力和结构强度等的验算，以及正常运行荷载工况下的沉降变形、结构裂缝宽度等验算。

**1.2.2.5 负压筒型基础**

负压筒型基础适用于各种非岩石地基条件，宜用于水深在30m以内的近海海域，可采用钢结构、混凝土结构、钢混组合结构等。

负压筒型基础应设置精细调平装置；应进行极端荷载工况下的抗倾覆稳定性、抗滑移稳定性、地基承载力和结构强度等的验算；应进行正常运行荷载工况下的沉降变形、结构裂缝宽度等的验算；应进行气密性试验。负压筒型基础应进行可沉放性分析，验算沉放阻力、结构屈曲、临界负压等；当采用浮运拖航方式运输时，应验算浮运稳定性和拖航阻力。

**1.2.2.6 浮式基础**

浮式基础宜用于50m以上水深的海域，上部浮体结构宜采用钢结构，可采用悬链线式和张紧式等系泊方式，系泊系统的锚固可采用吸力锚、桩锚或重力锚等方式。浮式基础应进行极端荷载工况和正常运行工况下的浮体稳定性和结构强度等的验算，以及系泊系统的强度和锚固基础的承载力验算。浮式基础上部浮体结构应满足密闭性要求，并设置密闭性监测装置。

## 1.2.3 锚固类型

**1.2.3.1 基础环锚固**

基础环作为预埋在基础混凝土内部的钢制部分，是基础和钢塔连接的过渡构件，也是钢塔筒与基础连接的关键构件。基础环采用圆柱形钢筒结构，由L形上法兰、筒壁、T形下法兰焊接而成。筒壁有圆孔，用于穿孔钢筋的放置。

基础环是风电机组上部荷载向下传递给基础混凝土的关键构件，与其底法兰处接触的混凝土承受着较大且分布复杂的局部应力。对于基础环连接型式基础，风电机组上部荷载主要通过基础环侧壁和底法兰传递给混凝土基础，基础环底法兰是荷载传递的主要构件。基础环底法兰作为直接将上部荷载传递给混凝土的构件，环下混凝土局部应力很大，易出现混凝土被压碎或挤碎而破坏的现象。

近年来部分已采用基础环式基础的风电机组出现了一些问题，如基础环底法兰处混凝土出现压碎破坏、基础环整体被拔出、风电机组机身出现较大晃动、与基础环接触处出现较大裂缝等。目前，国内对基础环及其附近基础混凝土受力状态分析研究较少，对基础环底法兰处混凝土的局部受压引起的应力集中和锚固承载力也无公认的工程计算方法。

### 1.2.3.2　锚栓锚固

　　预应力风电机组基础采用预应力锚栓笼（一般混凝土塔筒采用预应力锚索）作为风电机组塔筒和基础的连接。预应力锚栓笼主要由 T 形法兰、预应力锚栓和下锚板三部分组成。T 形法兰直接与上部风电机组塔筒连接，T 形法兰与基础混凝土之间由高强灌浆充填，提高 T 形法兰附近混凝土的承载力；预应力锚栓提供固定上部塔筒的预紧力；下锚板嵌在混凝土基础中，用于固定预应力锚栓。由于风电机组基础在运行过程中始终受到锚栓的预应力，基础结构的连接部位内始终是压应力作用，受力特性优于基础环锚固型式。

# 1.3　国内外相关研究进展

## 1.3.1　基础结构

　　1. 国外研究进展

　　国外风力发电起步较早，施工技术、设计体系相对成熟稳定。

　　J. Jonkman（2007）对近海区域的单桩支撑结构基础进行理论与试验，提出了基本的设计方法。G. R. Fulton（2007）对风力发电机支架的半潜式平台和锚定基础系统进行了研究，其中重力锚式支撑结构基础的试验分析对结构的设计有参考价值。Puneet Agarwal 和 Lance Manuel（2008）结合风浪环境对海上风电机组支撑结构荷载的影响，根据环境条件加载随机变量，通过使用模拟或现场测量，目标是估计设计负荷下的支撑结构使用年限与涡轮机回收期。Lymon C. Reese 等（2008）提出了单桩风电机组基础设计以及群桩的配套设计。在设计中，基础的旋转限制在 0.001rad 的公差范围内，通常是在离地面 50～80m 的高度。在考虑土—结构相互作用的 $p-y$ 曲线和 $t-z$ 曲线的基础上，提出了一种合理实用的风电机组地基设计方法。B. Basu 等（2013）建立整体风电机组有限元模型，不仅考虑基础和基础周围自然土之间的接触问题，同时考虑了塔筒基础，分析了自然土层不同种类以及风电机组基础与土作用对底座的影响，提高地基承载力的方法是加上自然土层和风电机组基础的相互作用力。

　　M. Currie 等（2012，2013）通过现场实地监测对陆上风电机组基础进行了结构安全性研究，并对风电机组破坏形式进行了总结，提出了基础在设计时需要考虑足够的安全系数。Hung V. 等（2018）使用 3D 数值模型和现有的基础解决方案（适用于浅基础的自然或改进的地基面），并基于 RIs（刚性夹杂物）对比整体解决方案。基于真实的土体剖面进行了参数化研究，分析了实际静荷载作用下地基的所有解。从地基土表面沉降、竖向钢筋轴向力和弯矩两方面对各基础体系的效率进行评估与对比分析。

2. 国内研究进展

我国风电机组基础设计总体上可划分为四个阶段，即 2003 年以前小机组基础的自主设计阶段，2003—2007 年兆瓦级机组基础设计的引进和消化阶段，2007—2019 年兆瓦级机组基础的自主完善设计阶段，2019 年以后基础设计的成熟发展阶段。

（1）由于鼓励政策力度不大，2003 年以前风电发展缓慢。2002 年末我国累计装机容量仅为 46.8 万 kW，当年新增装机容量仅为 6.8 万 kW，项目规模小、单机容量小，国外风电机组厂家涉足也较少，风电机组基础主要由国内业主或厂家委托勘测设计单位完成，设计主要依据建筑类地基规范。

（2）从 2003 年开始，由于电力投资主体多元化以及我国开始实施风电特许权项目，尤其是 2006 年《中华人民共和国可再生能源法》生效以后，国外风电机组开始大规模进入中国，单机容量 600kW、750kW 很快发展到 850kW、1.0MW、1.2MW、1.5MW 和 2.0MW，国外厂家对风电机组基础设计也非常重视，鉴于国内在兆瓦级风电机组基础设计方面的经验不够丰富，不少情况下基础设计都是按照厂家提供的标准图，国内设计院根据风电场地质勘测资料和国内建筑材料的具体情况进行设计调整，厂家对国内设计院的设计调整成果进行复核确认的模式。

（3）水电水利规划设计总院于 2007 年 9 月发布了《风电机组地基基础设计规定》(FD 003)，随着风电产业的不断发展，陆上风电基础设计逐渐步入自主设计的轨道，基本采用风电整机制造厂家提供的数据，并按照国内设计规定（试行），以及高耸建筑、烟囱、建筑抗震等相关行业规范进行设计。

（4）国家能源局于 2019 年 11 月颁布《陆上风电场工程风电机组基础设计规范》(NB/T 10311)，国家市场监督管理总局于 2018 年 9 月颁布《海上风电场风力发电机组基础技术要求》(GB/T 36569)，在系统总结风电场工程风电机组基础设计过程中的经验和教训的基础上，规范了风电机组基础设计要求，标志着我国风电机组基础设计体系已逐步成熟。

随着风电行业和计算机技术的发展，国内学者借助有限元理论和数值模拟分析对风力发电系统的设计与可靠度论证做出了宝贵的贡献。

1997 年，在国家“863”计划的支持下，陆萍、黄珊秋等（1997，2000，2001）利用基于力学的 ADINA 有限元计算软件针对陆上风电机组塔架（筒型）进行动静特性分析、模态对比分析，并开发了前、后处理通用系统。曾杰（2001）对塔筒架的设计荷载和强度分析进行了研究，并用 ANSYS 软件进行验证，且李华明（2004）为国内首次在塔架设计中运用非线性接触理论进行分析。吕钢（2009）的研究表明风电机组塔架振动是整体风力发电系统稳定和性能的关键。秦娟（2006）采用 VC＋＋语言编程联合 ANSYS 对非线性地基上的混凝土刚性基础进行受力分析，并对基础尺寸的台阶宽高比的允许值进行探讨。崔娟玲、杨勇、刘世忠等（2006）对钢筋混凝土结构采用 ANSYS 进行非线性数值模拟分析的可靠性、合理性与精度等进行了探究。干腾君（2001）、邓安福（2002）、宰金珉等（2005）、崔春义等（2007）采用子结构法与边界元法耦合模拟、比奥固结理论、CPRI 程序等方法对土与结构动力、上部结构—桩筏、筏板—地基体系的相互作用及影响规律进行了研究。甘毅（2006）、谭建文等（2007）初步分析了风电施工的特点、施工管理措施、环保及植被恢复等实际问题。王炽欣等（2009，2010）通过数值模拟得到重力式风电机组基础的等效应力随基础底板厚度与基础环壁厚度的变化规律，并对优化设计提出建议。田静等（2010，2013）讨论风电机组基础在数值模拟力学性能研究中考虑非线性接触的必要性，随后又对不同的地基弹模影响进行敏感性分析。

迟洪明等（2014）介绍国内陆上风电场的基础型式，比较分析了重力式扩展基础、桩基础、岩石锚杆基础、预应力墩式基础、梁板式基础五种基础的优劣势。刘学新（2012）提出了四种不同形状承台的受力计算方法，对四种承台受力方式的区别进行了研究，结论是圆形基础最好，正方形基础最差。谢信江等（2015）提出预应力锚索技术，在特殊地形中有不可取代的应用。

关于混凝土塑性损伤理论方面，沈新普等（2004）提出新的混凝土损伤模型并专门设计软件进行模拟验证。方秦等（2007）采用经典的 Kupfer 双轴应力试验数据验证 ABAQUS 混凝土损伤本构模型在单轴和双轴受力状态下的准确性。张劲等（2009）给出并验证了 CDP 模型参数的确定方法，并说明 CDP 理论的不适用之处。张战廷等（2011）结合规范给出 CDP 参数的确定方法。秦浩等（2013）对 CDP 理论中损伤因子的取值进行研究。曾宇（2019）采用的 CDP 相关参数转换方法得出更为简单的计算公式。

### 1.3.2　基础环锚固

Jan Dubois 等（2013）提高了风电机组基础的抗疲劳强度，且有显著的效果，对此类风电机组进行了优化设计，对桁架连接模式对底座受力的影响进行探讨。Lehman 等（2012）、Kanvinde 等（2016，2017）对圆筒型式钢柱脚连接结构进行了大量试验，试验结果表明，埋深是影响其承载力性能的重要因素。Keum - Sung 等（2004）、Park 等（2016）对埋入式钢柱脚连接结构进行了有限元分析并做了模型试验对比，埋深对结构的抗弯承载能力的影响最明显，埋深越大，承载力越大；下法兰面积相同时，不同形状对承载力的影响较小；加栓钉具有更高的抗弯承载力，但对基础环侧壁所受抗力方面并没有直接的研究。文献采用各种数值模型和分析模型对风电机组底板的结构特性进行了分析，考虑了混凝土的线弹性和非线性行为，包括混凝土的开裂和通过钢环从塔到基础的复杂荷载传递。Hamdan 和 Hunaiti（1991）针对条型钢材混凝土偏心受压构件的黏结强度和黏结刚度的特征规律进行试验研究，结果表明混凝土强度对黏结强度无明显影响。Charles W. Roeder（1984）首次考虑沿锚固长度方向上的黏结应力变化情况，并得出黏结应力在条型钢材表面的特征规律。Dong Dang 等（2013）运用 ANSYS 针对钢锚箱空间进行数值模拟分析，研究其力学性能。Song Xue 等（2017）分析了钢筋与混凝土在高温作用下的锚固力学性能，并使用 ABAQUS 进行了数值模拟分析。Petr Bílý 和 Alena Kohoutková（2017）针对预应力混凝土围护结构钢衬的应力—应变特性及钢衬与墙之间的锚固单元进行了数值分析，发现衬砌板的初始缺陷对衬砌内部应力分布和混凝土裂缝形态具有重要影响。Qingquan Liang 等（2005）在钢筋混凝土结构梁和预应力钢—混凝土组合梁的黏结滑移方面做了非线性接触的数值模拟和相关试验。这些研究为风电机组基础内部竖向钢筋的锚固黏结力的研究、设计与钢筋布置方案提供了参考。

汪宏伟（2016）采用有限元方法计算不同环梁高度情况下风电机组基础的应力，结果表明，风电机组基础环侧壁应力和水平位移对不同高度下环梁的影响程度不高，加高基础环外侧混凝土会使穿孔钢筋峰值应力略有增加，环梁高度超出 500mm，混凝土位于基础环下法兰处的应力集中有所改善。李大钧等（2016）验证了基础承载力受基础环埋深和下法兰宽度的影响，随着基础环埋深增加，钢筋应力减小，下法兰宽度扩大，减小了混凝土的应力，缓解了混凝土应力集中问题。李大钧（2016）计算了风电机组底座混凝土及钢筋应力、底座环位移等，结果表明钢筋应力随着钢筋数量增加而减小，环孔附近应力作用改善。张家志等（2015，2016）将大型风电机组基础简化为 1/4 缩比例微元模型，通过对简化模型试件进行拉拔试验，研究黏结应力分布规律，并提出相应的理论表达式。同时，运用 ANSYS 建立风电机组基础缩尺简化试验的有限元模型，运用面面接触技术模拟钢板与混凝土间的接触，对风电机组基础中钢板与混凝土间的黏结滑移性能进行模拟。吕伟荣（2015）在工程实地调查以及总结他人成果的基础上，提出了风电机组基础损伤破坏过程：由初始裂隙—疲劳、冲击及雨水侵蚀致裂隙扩展，基础环摇晃进一步使裂隙扩展并形成局部"杠杆"受力机制，直至倾覆。周新刚等（2014）提出目前在对风电机组基础的设计计算中缺乏对基础环下法兰附近混凝土在受压荷载作用下的疲劳强度计算，在极端荷载的作用下，基础环与混凝土之间黏结力过小，下法兰附近混凝土容易发生疲劳破坏。李艳慧等（2012）定性分析了钢板锚固机理、黏结性能影响因素，结合已有的钢筋混凝土黏结应力计算方法，提出钢环混凝土试验中黏结应力理论计算方法及传递长度的计算方法。刘锡军等（2012）为了研究风电基础环与混凝土的黏结机理，通过简化模型的拉拔试验，分析了上拔荷载作用下型钢与混凝土黏结应力沿锚固长度的分布规律。

### 1.3.3　检测评估

通过查阅国外相关文献，风电机组基础检测和评估方面的相关研究工作较少。国外研究工作主要集中在结构监测方面，包括采用无线结构监测技术对陆上风电机组混凝土基础稳定性进行监测；将无线位移传感器安装在风电机组基础中，在风电机组运行及其他工况条件下，通过数据监测采集系统记录基础环位移数据。现场试验证明无线结构监测技术对提高风电机组基础稳定及安全性有较大作用。

国内工程技术人员对于风电机组基础安全性检测进行了较多的工作，黄昊等（2013）采用冲击回波技术检测风电机组基础内部施工冷缝缺陷，并建立了风电机组基础施工冷缝评估方法。徐驰（2016）利用超声波检测风电机组基础环和周围混凝土裂隙、下法兰处的空腔，为工程实际风电机组基础提供检测依据，并提供合理的检测方法，以便对风电机组基础进行随时加固。郑少平（2018）采用尺寸复测、感观检查、混凝土构件回弹、电磁探测、超声波探测、钻芯取样验证等方法，探明风电机组基础混凝土实际强度、钢筋配置、结构密实度及结合面质量，采用植筋和外黏钢板相结合的方式对结构进行加固设计和施工，有效消除结构缺陷所带来的质量和安全风险。黄冬平（2016）针对基础环和基础混凝土交接处在疲劳荷载作用下容易脱开，以及基础环下法兰附近混凝土易损伤等问题，提出基于超声波检测的改进的无损检测方法，对于混凝土内部质量缺陷及损伤，混凝土及基础环结合面损伤有较好的检测效果。彭文春等（2015）基于 ABAQUS 对风电机组进行流固耦合分析，得到塔筒的内力和变形，并与实测结果和常规静力计算结果做相关对比。马德云等（2014）通过对某风电机组基础的检测，分别从风电机组施工角度和基础设计查明塔筒倾斜的原因。贾行建等（2017）通过测试同种情况下有裂缝的风电机组基础和相对完好的风电机组基础的塔架振动情况，发现基础裂缝对塔架的振动影响较大，特别是顶端的振动。马人乐等（2014）对风电机组的亚健康状态进行了研究，认为采用基础环型式基础节点存在明显不足，即钢筒抗疲劳能力强，而基础混凝土疲劳性能不足，基础环周边混凝土容易产生疲劳破坏。

### 1.3.4　修补加固

迟洪明等（2014）针对陆上风电机组基础存在的承台裂缝、防水破坏、基础环溢浆等问题，采用三维有限元方法并考虑了钢筋与混凝土的耦合作用，在受力分析的基础上对防止基础破坏提出了有针对性的加固方法。李凯等（2018）通过调研相关工程，分析了风电机组基础锚栓松动的原因，采用水泥浆液和环氧浆液进行风电机组基础混凝土裂缝加固，风电机组松动锚栓预应力值提高且达到了风电机组安全运行要求。王志勇等（2015）提出调整搅拌温度、浇筑和养护温度等温度控制措施。汪宏伟（2016）提出环下法兰处混凝土损伤的问题，使用灌浆加固基础。席向东等（2013）使用压力灌浆和在分层面增设抗剪键的修复方案。康明虎等（2017）采用有限元方法分析基础环附近混凝土基础的局部受力情况，对可能产生的损伤原因进行探讨，基础环与混凝土基础之间的间隙会造成局部应力显著提升，且间隙越大应力水平越高。在现有基础上增加环梁的加固方案可提升原混凝土基础上表面的局部强度，但对降低混凝土基础局部应力的作用极其有限。严姗姗等（2015）介绍了水平度修复增设斜法兰的方案，研究了修复后法兰节点的静力和疲劳性能、斜法兰厚度对节点受力性能的影响，建议取最小厚度来满足刚度需求。

## 1.3.5　小结

（1）原有的《风电机组地基基础设计规定》(FD 003) 中仅明确地基和基础安全两个方面，对塔筒和基础连接之间的锚固安全尚无明确说明；现有规范《陆上风电场工程风电机组基础设计规范》(NB/T 10311) 中提到需验算锚固安全，但并没有明确计算方法，锚固安全存在认识程度方面的差异，容易在实际运行中导致锚固破坏风险。

（2）风电机组相对分散，施工条件恶劣，且由于施工单位不够重视，容易出现混凝土低强、施工冷缝和温度裂缝等缺陷，将严重影响结构安全，需要进一步加强后期检测评估工作。

（3）由于风电机组基础属于大体积混凝土，且埋置于土体之中，当前尚无比较有效的办法开展检测评估工作，且风电机组基础加固后的效果评价也没有公认有效的办法。

（4）国内外的研究者在风电机组基础有限元分析、方案比选及优化、受力特点、常见事故分析以及海上风电机组基础的受力分析等方面做了较深入的研究，但在实际风电场项目中，基础病害频发特别是环式基础的疲劳破坏问题逐渐影响风电机组正常运行，行业亟需关于基础疲劳破坏有关形态、发展历程以及检测手段等方面的研究，以期能及早发现、根治以及预防风电机组基础频发的疲劳损伤问题。

（5）目前国内虽然对风电机组基础损伤检测做了一些相关研究工作，但整体上缺乏统一的检测评估标准。本研究通过对现场基础结构全面检测，获得基础混凝土实际强度、损伤等现状数据，结合有限元软件对风电机组基础承载力进行验算，综合评价风电机组基础安全性，并对存在安全隐患的混凝土基础进行修补加固，保障风电机组混凝土基础的安全运行。

# 第2章　风电机组混凝土基础结构

风电机组属于高耸建筑物，通过塔筒作用在风电机组基础顶面的荷载主要有竖向荷载、水平荷载、弯矩和扭矩，对应的荷载工况分为正常运行荷载工况、极端荷载工况、地震荷载工况及疲劳荷载工况。

风电机组具有承受 360°重复荷载和大偏心受力的特点，因此对地基的稳定性和基础的不均匀沉降要求较高。风电机组基础及地基型式多种多样，根据不同的环境地质条件，地基型式一般可采用天然地基、复合地基、桩基础等，对应混凝土基础结构型式可采用圆形基础、八边形基础、圆形肋梁基础等。作为大体积混凝土结构，风电机组混凝土基础的施工和运行方式也有别于其他工程。

在面对环境污染及能源紧缺日益加剧的情况下，风力发电将在产能方面发挥重要作用，因此对风电机组基础结构的荷载、结构设计、耐久性设计、施工工艺、运行等特点的研究尤为重要。

## 2.1　荷　　载

风电机组基础作为风电机组的固定端，与塔筒一起将风电机组矗立在 $60 \sim 150\mathrm{m}$ 高空，是保证风电机组正常发电的重要因素。与一般高耸结构不同的是风电机组轮毂高度及顶部质量大，并且在极端风速情况下承受较大的水平荷载，从而使风电机组基础持续承受 360°方向重复荷载和大偏心受力，在对地基和基础的倾斜度及稳定性方面要求较高。

### 2.1.1　荷载种类

1. 重力和惯性力荷载

重力和惯性力荷载包括静态荷载和动态荷载，它们是由重力、振动、旋转以及地震作用产生的。

2. 空气动力荷载

空气动力荷载包括静态荷载和动态荷载，它们是由气流与风电机组的静止部件和运动部件相互作用所引起的。气流由诸多因素确定，主要因素包括流过风轮平面的平均风速和湍流、风轮转速、空气密度、风电机组零部件的空气动力外形和这些因素之间的相互作用（包括气动弹性效应）。

3. 驱动荷载

驱动荷载由风电机组的运行和控制所产生，它可以分为发电机/变流器的转矩控制、偏航和变桨的驱动荷载以及机械制动荷载。在计算响应和荷载时，考虑有效的驱动力范围是非常重要的，尤其对于机械制动器，在任何制动情况下，检查响应和荷载时都应考虑易受温度和老化影响的摩擦力、弹力或压力的范围。

4. 其他荷载

根据时变特征，基础荷载可分为静态荷载和动态荷载。其中，静态荷载是指荷载的平均值，如平均风引起的气动荷载、叶片内离心力、作用在基础上的机组质量等；动态荷载则是指随时间变化的荷载，如循环荷载、瞬变荷载和随机荷载等，另外还有其他荷载，如尾流荷载、冲击荷载、冰荷载等都可能发生。

5. 风电机组基础主要荷载受力分析

图 2-1 所示为上述荷载在基础上的作用状况，$F_{ZF}$ 为机组及基础的自重。倾覆力矩 $M$ 是由机组自重的偏心、风轮产生的正压力及风荷载等因素所引

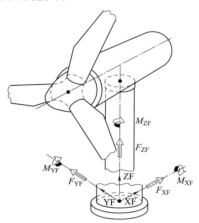

图 2-1 风电机组基础
荷载示意图

起的 $M_{XF}$ 和 $M_{YF}$ 的合力矩；$M_{ZF}$ 为机组偏航时所产生的转矩；水平剪力 $F_{XF}$ 则由风轮产生的正压力以及风荷载所引起。

一般情况下，剪力 $F_{XF}$ 和 $F_{YF}$、转矩 $M_{ZF}$ 相对其他荷载小得多。

## 2.1.2 设计荷载工况

在风电机组基础的设计中，分析计算与设计工况有关，又与荷载状态有关，可以分为若干设计荷载状态。各种工况的设计荷载状态见表 2-1。设计工况可以分为两类：一类是运行工况，如启动、发电和关机等；另一类是临时性工况，如运输、吊装和维护等。风电机组的荷载主要是空气动力荷载，此外还有重力和惯性力等。空气动力荷载取决于风况，而风况有正常和极端两种情况。不同的设计工况与不同外部条件的组合决定了相应的分析计算方法。

通常分析计算的组合形式有：①正常设计工况和正常或极端的外部条件；②故障设计工况和适当的外部条件；③运输、安装和维护设计工况和适当的外部条件。如果极端外部条件和故障设计工况两者存在相关性，可以将它们组合在一起，作为一种设计荷载状态考虑。

在每种设计工况中，应考虑几种设计荷载状态，以验证结构的完好性，至少应考虑表 2-1 规定的设计荷载工况。在特殊风电机组设计中，如需要时，应考虑与安全有关的其他设计荷载工况。

表 2-1　设 计 荷 载 工 况（DLC）

| 序号 | 设计荷载工况 | DLC | 风　　况 | | 其 他 条 件 | 工况类型 | 状态 |
|---|---|---|---|---|---|---|---|
| 1 | 发电 | 1.1 | NTM | $v_{in} < v_{hub} < v_{out}$ | 极端事件外推 | U | N |
| | | 1.2 | NTM | $v_{in} < v_{hub} < v_{out}$ | | F | * |
| | | 1.3 | ETM | $v_{in} < v_{hub} < v_{out}$ | | U | N |
| | | 1.4 | ECD | $v_r - 2$<br>$v_{hub} = v_r$<br>$v_r + 2$ | | U | N |
| | | 1.5 | EWS | $v_{in} < v_{hub} < v_{out}$ | | U | N |
| 2 | 发电兼有故障 | 2.1 | NTM | $v_{in} < v_{hub} < v_{out}$ | 控制系统故障或脱网 | U | N |
| | | 2.2 | NTM | $v_{in} < v_{hub} < v_{out}$ | 保护系统或之前的内部电气故障 | U | A |
| | | 2.3 | EOG | $v_{hub} = v_r + -2$ 和 $v_{out}$ | 内部或外部电气故障，包括脱网 | U | A |
| | | 2.4 | NTM | $v_{in} < v_{hub} < v_{out}$ | 控制、保护或电气故障，包括脱网 | F | * |
| 3 | 启动 | 3.1 | NWP | $v_{in} < v_{hub} < v_{out}$ | | F | * |
| | | 3.2 | EOG | $v_{hub} = v_{in}$, $v_r + -2$ 和 $v_{out}$ | | U | N |
| | | 3.3 | EDC | $v_{hub} = v_{in}$, $v_r + -2$ 和 $v_{out}$ | | U | N |
| 4 | 正常关机 | 4.1 | NWP | $v_{in} < v_{hub} < v_{out}$ | | F | * |
| | | 4.2 | EOG | $v_{hub} = v_r + -2$ 和 $v_{out}$ | | U | N |
| 5 | 紧急关机 | 5.1 | NTM | $v_{hub} = v_r + -2$ 和 $v_{out}$ | | U | N |
| 6 | 停机（静止或空转） | 6.1 | EWM | 50 年一遇 | | U | N |
| | | 6.2 | EWM | 50 年一遇 | 脱离电网连接 | U | A |
| | | 6.3 | EWM | 1 年一遇 | 极端偏航偏差 | U | N |
| | | 6.4 | NTM | $v_{hub} < 0.7 v_r$ | | F | * |
| 7 | 停机兼有故障 | 7.1 | EWM | 1 年一遇 | | U | A |
| 8 | 运输、组装、维护和修理 | 8.1 | NTM | $v_{maint}$ 由主机厂家设定 | | U | T |
| | | 8.2 | EWM | 1 年一遇 | | U | A |

**注：** 1. F 表示疲劳荷载分析；U 表示极限强度分析；N 表示正常状态；A 表示非正常状态；T 表示运输和吊装状态；* 表示疲劳局部安全系数。

2. ECD 表示方向变化的极端相干阵风；EDC 表示极端风向变化；EOG 表示极端运行阵风；ETM 表示极端湍流模型；EWM 表示极端风速模型；EWS 表示极端风切变；NWP 表示正常风廓线模型；NTM 表示正常湍流模型。

3. $v_{in}$ 表示切入风速；$v_{hub}$ 表示轮毂高度处的风速；$v_{out}$ 表示切出风速；$v_r$ 表示额定风速；$v_{maint}$ 表示维护风速。

对每种设计荷载状态，在表 2-1 中用 F 和 U 规定了相应的分析类型。F 表示疲劳荷载分析，用于疲劳强度评估；U 表示极限强度分析，如材料强度分析、叶尖挠度分析和结构稳定性分析等。

工况为 U 的设计荷载状态，又分为正常（N）、非正常（A）、运输和吊装（T）等状态。在风电机组正常寿命期内，正常设计荷载状态是要频繁出现的，此时风电机组处于正常状态或仅出现短时的异常或轻微的故障。非正常设计荷载状态出现的可能性较小，它的出现往往对应导致系统保护功能启动的严重故障。设计荷载状态 N、A或 T 决定极限荷载使用的局部安全系数 $y_f$。

对于不同的设计工况，设计计算方法也不同。

1. 发电（DLC1.1～DLC1.5）

在此设计工况下，风力发电机组处于运行状态，并有电力负载。在设计计算中应考虑风轮不平衡的影响，即应考虑风轮制造中所规定的最大不平衡质量和气动不平衡（如叶片桨距和扭角的偏差）。此外，在运行荷载分析中，应考虑实际运行工况同理论上最佳运行工况的偏差，如偏航误差和控制系统跟踪误差等。

DLC1.1 和 DLC1.2 体现了由于风电机组寿命期内正常运行时由大气湍流所引起的荷载要求。DLC1.3 体现了极端湍流情况下所造成的极限荷载的要求。DLC1.4 和DLC1.5 考虑的则是风电机组寿命期内可能出现的危险事件的瞬态情况。

DLC1.1 的仿真数据统计分析，至少要包括叶根面内和面外的弯矩以及叶尖挠度的极限设计值计算。如果 DLC1.3 计算出的极限设计值超过 DLC1.1 计算出的参数极限设计值，则 DLC1.1 的进一步分析可以省略。如果 DLC1.3 计算出的极限设计值没有超过 DLC1.1 计算出的参数极限设计值，可以增加 DLC1.3 所使用的极端湍流模型中参数 $r$ 的数值，直到 DLC1.3 计算出的极限设计值等于或大于 DLC1.1 中所计算出的极限设计值。

2. 发电兼有故障或失去电网连接（DLC2.1～DLC2.4）

这种设计工况包括在风电机组发电过程中由于故障或失去电网连接所触发的瞬时事件。任何对风电机组荷载有重要影响的控制和保护系统故障或电气系统内部故障（如发电机短路）都应考虑。DLC2.1 中与控制功能或失去电网连接有关的故障可认为是正常事件。对于 DLC2.2 这种不常出现的与保护功能或内部电气系统有关的故障，被认为是非正常事件。DLC2.3 中，可能发生的重要风况极端运行阵风 EOG，与电气系统内部或外部故障（包括失去电网连接）的组合被认为是非正常事件。这种情况下，两种事件发生顺序的选择应能得到最不利荷载。如果发生故障或失去电网后未能引起立刻关机，由此产生的荷载可导致严重疲劳破坏，这种情况可能的持续时间和在正常湍流条件（NTM）下所造成的疲劳损伤，应在 DLC2.4 中进行评估。

3. 启动（DLC3.1～DLC3.3）

这种设计工况包括风电机组从静止或空转状态到发电状态过渡期间产生荷载的所有事件。发生的次数应根据控制系统的行为进行估计。

**4. 正常关机（DLC4.1～DLC4.2）**

这种设计工况包括风电机组从发电状态到静止或空转状态过渡期间产生荷载的所有事件。发生的次数应根据控制系统的行为进行估计。

**5. 紧急关机（DLC5.1）**

考虑由于紧急关机引起的荷载。

**6. 停机（静止或空转，DLC6.1～DLC6.4）**

在这种设计状态下，风轮处在静止或空转状态。在 DLC6.1、DLC6.2 和 DLC6.3 设计状态下采用极端风速模型（EWM）。对于 DLC6.4，采用正常湍流模型（NTM）。

对于风况由极端风速模型（EWM）确定的设计荷载状态，应采用稳态极端风速模型或湍流极端风速模型。

在 DLC6.1 中，对于有主动偏航系统的风电机组，如果可以确保偏航系统不产生滑动，那么采用稳态极端风速模型时允许最大偏航误差为±15°，或采用湍流极端风速模型时允许平均偏航误差为±8°。

在 DLC6.2 中，应考虑暴风初期阶段极端风况下电网发生断电的情况。除非能为控制和偏航系统提供备用电源，并且具有至少 6h 的偏航调节能力，否则必须分析风向变化±180°所产生的影响。

在 DLC6.3 中，1 年一遇的极端风况应与极大偏航偏差相结合。采用稳态极端风速模型时假定极大偏航偏差为±30°，采用湍流极端风速模型时假定平均偏航偏差为±20°。

在 DLC6.4 中，对任何部件可能出现严重疲劳损伤（如源于空转叶片的质量）的各种风速条件，应考虑在这些风速所对应的波动荷载下预期的停机时间。

**7. 停机兼有故障（DLC7.1）**

对由于电网或风电机组自身故障引起的不正常现象，应进行分析。如果任何故障（除失去电网连接外）造成机组的不正常现象，则应分析可能产生的后果。故障状态应与 1 年一遇的极端风速模型（EWM）结合起来，这些条件应该是湍流风或修正的准稳态阵风和动态响应。

对于偏航系统故障，应考虑±180°的偏航偏差。对于任何其他故障，偏航偏差应符合 DLC6.1 的规定。在 DLC7.1 中特征荷载的作用下，如果偏航系统发生滑动，则应考虑最大的不利滑动。

**8. 运输、组装、维护和修理（DLC8.1～DLC8.2）**

DLC8.1 中厂家说明风电机组运输、现场组装和维修中所假定的所有风况和设计状态。如果最大限定风况下风电机组上产生很大的荷载，那么在设计中应考虑最大限定风况。为了保证合适的安全水平，厂家要在限定风况和设计中考虑风况之间留有足够的余量，该余量可通过在限定风况基础上风速增加 5m/s 得到。

DLC8.2 中包括所有持续时间可能超过一周的运输、安装和维修情况。相应地还包括未吊装完的塔架或塔架上没有安装机舱以及风电机组上缺少叶片的情况，可假设所有叶片同时安装。应假定在以上任何情况下都没有电网连接。可采取一些措施来减少其中任何一种状态下的荷载，只要这些措施不需要电网连接。锁定装置应能承受由 DLC8.1 中相关状态引起的荷载，尤其应考虑最大设计驱动力的应用。

### 2.1.3 荷载计算

每种设计荷载工况都要考虑停机故障荷载，相应地还应考虑下列情况：

（1）由风电机组自身引起的风场扰动（尾流诱导速度、塔影效应等）。

（2）三维气流对叶片气动特性的影响（如三维失速和叶尖损失）。

（3）非定常空气动力影响。

（4）结构动力学及振动模态耦合。

（5）气动弹性效应。

（6）风电机组控制系统和保护系统动作。

通常采用结构动力学模型的动态仿真来计算风电机组的荷载。某些特定的荷载工况有湍流风输入，在这些情况下荷载数据的总周期应足够长，以确保对特征荷载估算的统计可靠性。在仿真中，对于每个轮毂高度处的平均风速，应至少需要 6 个 10min 随机（或持续 60min）风速。对于 DLC2.1、DLC2.2 和 DLC5.1，给定风速下的每种情况则至少应进行 12 次仿真。在仿真的初期，由于动态仿真的初始条件对荷载统计有影响，因此在任何涉及湍流风况输入的分析中，应剔除最初 5s（或必要时剔除更长时间）的数据。

在许多情况下，所给风电机组的零部件关键位置的局部应变或应力取决于同时作用的多轴向荷载。在这种情况下，仿真输出的正交荷载时间序列有时可确定设计荷载。当采用该正交荷载分量时间序列计算疲劳和极限荷载时，应将这些荷载分量合成，以保持其相位和幅值。因此，直接的方法是基于主要应力时间序列的推导。极限和疲劳的预测方法则适用于单个信号，避免了荷载合成的问题，也可用保守的方法将极限荷载分量合成，即假定各分量的极限值同时发生。

## 2.2　结　构　设　计

风电机组基础设计应贯彻国家技术经济政策，坚持因地制宜、保护环境和节约资源的原则，充分考虑结构的受力特点，做到安全适用、经济合理、技术先进。按照国家、行业现行规范的要求，对工程中风电机组地基的承载力、变形、稳定性、基础的内力、配筋、材料强度、裂缝宽度、基础动态刚度等多项指标进行验算，以使工程中风电机组基础设计满足国家相关标准的要求，保证风电机组基础的安全。

### 2.2.1　规范要求

根据《陆上风电场工程风电机组基础设计规范》（NB/T 10311）的相关规定，风电机组基础结构设计有以下一些要求。

#### 2.2.1.1　一般要求

（1）风电机组结构在规定的设计使用年限内应具有足够的可靠度。基础结构设计除疲劳计算外应采用以概率论为基础、以分项系数表达为主的极限状态设计方法。

（2）风电机组基础结构的设计基准期应为 50 年。

（3）风电机组基础结构设计使用年限不应低于 50 年，基础结构在规定的设计使用年限内：在正常使用时能够承受可能出现的各种荷载；在正常使用时具有良好的工作性能；在正常维护下具有足够的耐久性能；在设计规定的偶然事件发生时及其发生后仍能保持整体的稳定性。

（4）风电机组基础设计级别应根据风电机组单机容量、轮毂高度和地基类型等分为甲级、乙级、丙级，基础设计级别应符合表 2-2 的规定。

表 2-2　基 础 设 计 级 别

| 设计级别 | 单机容量、轮毂高度、地基类型等 | 设计级别 | 单机容量、轮毂高度、地基类型等 |
|---|---|---|---|
| 甲级 | 单机容量 2.5MW 及以上 | 乙级 | 介于甲级、丙级之间的地基基础 |
| | 轮毂高度 90m 及以上 | 丙级 | 单机容量不大于 1.5MW |
| | 地质条件复杂的岩土地基或软土地基 | | 轮毂高度小于 70m |
| | 极限风速超过 IECI 类风电机组 | | 地基条件简单的岩土地基 |

注：1. 基础设计级别按表中指标分属不同级别时，应按最高级别确定。

　　2. 采用新型基础时，基础设计级别宜提高一个级别。

风电机组基础应满足承载力和稳定性要求。

设计级别为甲级和乙级的风电机组基础设计应进行地基变形计算。地基承载力特征值小于 130kPa、压缩模量小于 8MPa，以及软土等特殊的岩土地基的丙级风电机组基础也应进行变形计算。

风电机组基础设计应进行工程地质勘察，勘察内容和方法应符合现行行业标准《陆地和海上风电场工程地质勘察规范》（NB/T 31030）的规定。

风电机组基础型式的选择应根据地质条件和上部结构对基础的要求，通过技术经济分析比较确定。不同场址工程地质条件适用的基础结构型式应符合表 2-3 的规定。

表 2-3 不同场址工程地质条件适用的基础结构型式

| 序号 | 场址工程地质条件 | 基础结构型式 |
|---|---|---|
| 1 | 砂土、碎石土、全风化岩石且地基承载力特征值不小于 180kPa 的地基 | 扩展基础 |
| 2 | | 梁板基础 |
| 3 | 中硬岩以上完整岩石地基 | 岩石预应力锚杆基础 |
| 4 | 软弱土层或高压缩性土层地基 | 桩基础 |
| 5 | 砂砾石、黏土或碎石土地基 | 预应力筒型基础 |

风电机组基础结构安全等级应按表 2-4 的规定确定。

风电机组基础设计应对基础环或锚笼环与基础的连接进行设计复核。

表 2-4 风电机组基础结构安全等级

| 基础结构安全等级 | 风电机组基础设计级别 |
|---|---|
| 一级 | 甲级 |
| 二级 | 乙级、丙级 |

风电机组基础设计应对地基动态刚度进行验算。

抗震设防烈度为 9 度及以上的陆上风电场工程，风电机组基础设计应进行专门研究。

注：风电机组基础结构安全等级应与机组和塔筒等上部结构的安全等级一致。

基础结构材料的疲劳计算应满足现行国家标准《混凝土结构设计规范》（GB 50010）的规定。

### 2.2.1.2 承载能力极限状态计算

风电机组基础结构承载能力极限状态计算应包括：基础结构、桩身强度和承载力计算；抗倾覆和地基、基础抗滑稳定计算；基础结构疲劳计算；有抗震设防要求的，应对地基基础进行抗震承载能力计算。

风电机组基础结构承载能力极限状态应采用荷载基本组合或偶然组合的效应设计值，即

$$\gamma_0 S_d \leqslant \frac{1}{\gamma_d} R \qquad (2-1)$$

式中  $\gamma_0$ ——结构重要性系数，一级取 $\gamma_0 = 1.1$，二级取 $\gamma_0 = 1.0$；

$S_d$ ——承载能力极限状态下荷载组合的效应设计值；

$\gamma_d$ ——结构系数，结构系数取值按表 2-5 确定；

$R$ ——基础结构的抗力设计值。

### 2.2.1.3 正常使用极限状态验算

风电机组地基、基础结构正常使用极限状态验算应包括：地基承载力验算；地基软弱下卧层承载力复核；地基基础的沉降和倾斜变形验算；基础结构抗裂或限裂验算。

表 2 - 5　结构系数 $\gamma_d$ 取值

| 荷载效应组合 | 计算内容 | 结构系数 $\gamma_d$ 取值 |
|---|---|---|
| 基本组合 | 截面抗弯计算 | 1.0 |
|  | 截面抗剪计算 | 1.0 |
|  | 截面抗冲切计算 | 1.0 |
|  | 抗滑稳定计算 | 1.3 |
|  | 抗倾覆稳定计算 | 1.6 |
| 偶然组合 | 抗滑稳定验算 | 1.0 |
|  | 抗倾覆稳定验算 | 1.0 |

混凝土基础结构正常使用极限状态应采用荷载标准组合的效应设计值，即

$$S \leqslant C \tag{2-2}$$

式中　$S$——正常使用极限状态荷载标准组合的效应设计值；

　　　$C$——基础结构达到正常使用要求所规定的变形、应力、裂缝宽度和自振频率等的限值。

### 2.2.1.4　材料性能

混凝土强度等级应按立方体抗压强度标准值确定。

混凝土强度标准值、设计值、弹性模量及疲劳变形模量应按表 2 - 6 的要求。

表 2 - 6　混凝土强度标准值、设计值、弹性模量及疲劳变形模量　　单位：N/mm²

| 种　类 | 符号 | 混 凝 土 强 度 等 级 | | | | | | | | | | | | | |
|---|---|---|---|---|---|---|---|---|---|---|---|---|---|---|---|
| | | C15 | C20 | C25 | C30 | C35 | C40 | C45 | C50 | C55 | C60 | C65 | C70 | C75 | C80 |
| 抗压强度标准值 | $f_{ck}$ | 10.0 | 13.4 | 16.7 | 20.1 | 23.4 | 26.8 | 29.6 | 32.4 | 35.5 | 38.5 | 41.5 | 44.5 | 47.5 | 50.2 |
| 抗拉强度标准值 | $f_{tk}$ | 1.27 | 1.54 | 1.78 | 2.01 | 2.20 | 2.39 | 2.51 | 2.64 | 2.74 | 2.85 | 2.93 | 2.99 | 3.05 | 3.11 |
| 抗压强度设计值 | $f_c$ | 7.2 | 9.6 | 11.9 | 14.3 | 16.7 | 19.1 | 21.1 | 23.1 | 25.3 | 27.5 | 29.7 | 31.8 | 33.8 | 35.9 |
| 抗拉强度设计值 | $f_t$ | 0.91 | 1.10 | 1.27 | 1.43 | 1.57 | 1.71 | 1.80 | 1.89 | 1.96 | 2.04 | 2.09 | 2.14 | 2.18 | 2.22 |
| 弹性模量（×10⁴） | $E_c$ | 2.20 | 2.55 | 2.80 | 3.00 | 3.15 | 3.25 | 3.35 | 3.45 | 3.55 | 3.60 | 3.65 | 3.70 | 3.75 | 3.80 |
| 疲劳变形模量（×10⁴） | $E_c^f$ | — | — | — | 1.30 | 1.40 | 1.50 | 1.55 | 1.60 | 1.65 | 1.70 | 1.75 | 1.80 | 1.85 | 1.90 |

风电机组基础混凝土应具有较高的耐久性和施工和易性，并应满足现行国家标准《混凝土结构设计规范》（GB 50010）的要求。扩展基础、梁板基础及承台采用的混凝土强度等级不宜低于 C40；预应力混凝土结构的混凝土强度等级不应低于 C40。混凝土抗冻等级应按《水工建筑物抗冰冻设计规范》（NB/T 35024）的有关规定确定。基础混凝土宜选用 P.O42.5 硅酸盐水泥或普通硅酸盐水泥。选用其他品种和标号的，应通过对比试验确定。基础混凝土中宜掺粉煤灰或其他优质掺和料。掺和料的种类及掺量应通过试验确定。粉煤灰的质量应符合现行国家标准《粉煤灰混凝土应用技术规范》（GB/T 50146）的有关规定。基础混凝土宜掺用引气剂和减水剂，根据要求也可掺用调节混凝土凝结时间的其他种类外加剂。外加剂的种类及掺量应通过试验确定。

钢筋强度标准值的保证率不应小于95%。普通钢筋强度标准值应按表2-7的规定采用，普通钢筋强度设计值应按2-8的规定采用。

表2-7 普通钢筋强度标准值

| 牌 号 | 符 号 | 公称直径 $d$ /mm | 屈服强度标准值 $f_{yk}$ /(N/mm²) | 极限强度标准值 $f_{ck}$ /(N/mm²) |
|---|---|---|---|---|
| HPB300 | B | 6～22 | 300 | 420 |
| HRB400 | C | 6～50 | 400 | 540 |
| HRBF400 | CF | | | |
| RRB400 | CR | | | |
| HRB500 | D | 6～50 | 500 | 630 |
| HRBF500 | D$^F$ | | | |

表2-8 普通钢筋强度设计值

| 牌 号 | 抗拉强度设计值 $f_y$ | 抗压强度设计值 $f_y$ |
|---|---|---|
| HPB300 | 270 | 270 |
| HPB400、HRBF400、RRB400 | 360 | 360 |
| HPB500、HRBF500 | 435 | 410 |

### 2.2.1.5 荷载效应组合

风电机组荷载应采用荷载标准值，分正常运行荷载、极端荷载和疲劳荷载三类。上部结构传至塔筒底部与基础交界面的荷载，应包括水平力 $F_{xk}$ 和 $F_{yk}$、水平合力 $F_{rk}$、竖向力 $F_{zk}$、水平轴力矩 $M_{xk}$ 和 $M_{rk}$、水平轴合力矩 $M_{rk}$、扭矩 $M_{zk}$ 荷载标准值。有抗震设防要求的陆上风电场工程，风电机组基础设计时应计算正常运行工况遭遇地震的风电机组荷载。

风电机组基础设计应按正常运行工况、极端荷载工况、疲劳工况、多遇地震工况等进行分析计算。

（1）正常运行工况应为上部结构传来的正常运行荷载叠加基础所承受的其他有关荷载，主要荷载应包括风电机组及塔筒自重、基础结构自重、回填土重、正常运行状况下风电机组荷载。

（2）极端荷载工况应为上部结构传来的极端荷载叠加基础所承受的其他有关荷载，主要荷载应包括风电机组及塔筒自重、基础结构自重、回填土重、极端状况下风电机组荷载。

（3）疲劳工况应为上部结构传来的疲劳荷载叠加基础所承受的其他有关荷载，主要荷载应包括风电机组及塔筒自重、基础结构自重、回填土重、风电机组疲劳荷载。

（4）多遇地震工况应为上部结构传来的正常运行荷载叠加多遇地震作用和基础所承受的其他有关荷载，主要荷载应包括风电机组及塔筒自重、基础结构自重、回填土重、正常运行状况下风电机组荷载、多遇地震作用。

作用于风电机组基础上可能同时出现的荷载效应，应分别按承载能力极限状态和正常使用极限状态进行组合。承载能力极限状态应采用荷载效应的基本组合和偶然组合；正常使用极限状态应采用荷载效应的标准组合。

按地基承载力确定基础底面积及埋深或按单桩承载力确定桩基础桩数时，荷载效应应按正常使用极限状态下荷载的标准组合，相应的抗力应采用地基承载力特征值或单桩承载力特征值。

计算地基基础沉降和倾斜变形、基础结构抗裂或裂缝宽度时，荷载效应应按正常使用极限状态下荷载的标准组合，相应的限值应为地基变形允许值、应力限值和裂缝宽度允许值。

计算地基基础抗滑稳定和抗倾覆稳定时，荷载效应应按承载能力极限状态下荷载的基本组合，但其分项系数为 1.0。

计算基础结构以及基桩内力、确定配筋和验算材料强度时，荷载效应应按承载能力极限状态下荷载的基本组合。

验算基础结构疲劳强度时，荷载效应应按承载能力极限状态下荷载的基本组合，但其分项系数为 1.0。

多遇地震工况下地基承载力验算时，荷载效应应按正常使用极限状态下荷载的标准组合；截面抗震验算时，荷载效应应按承载能力极限状态下的基本组合。

罕遇地震工况下，基础抗滑稳定和抗倾覆稳定计算的荷载效应应按承载能力极限状态下荷载的偶然组合。

地震作用计算和地基基础抗震验算应符合《建筑抗震设计规范》(GB 50011)、《构筑物抗震设计规范》(GB 50191) 的规定，地基基础抗震设计还应符合《建筑地基基础设计规范》(GB 50007)、《建筑桩基技术规范》(JGJ 94) 的有关规定。

偶然组合和标准组合荷载分项系数均为 1.0。

地震作用分析系数应同时考虑水平与竖向地震作用，水平地震作用分项系数取 1.3，竖向地震作用分项系数取 0.5。

验算裂缝宽度时，混凝土抗拉强度等材料特性指标应采用标准值。

主要荷载分项系数应按表 2-9 的规定确定。

## 2.2.2　结构计算方法

### 2.2.2.1　地基安全

1. 桩基础

根据《陆上风电场工程风电机组基础设计规范》(NB/T 10311)，荷载效应标准组合应按轴心竖向力作用、偏心竖向力作用、水平力作用进行计算，即

$$N_{ik} = \frac{N_k + G_k}{n} \qquad (2-3)$$

$$N_{ik} = \frac{N_k + G_k}{n} \pm \frac{M_{xk} y_i}{\sum y_i^2} \pm \frac{M_{yk} x_i}{\sum x_i^2} \qquad (2-4)$$

$$H_{ik} = \frac{H_k}{n} \qquad (2-5)$$

式中　　$N_{ik}$——荷载效应标准组合轴心或偏心竖向力作用下第 $i$ 基桩或复合基桩的竖向力，kN；

$N_k$——荷载效应标准组合下作用于桩基承台顶面的竖向力，kN；

$G_k$——桩基承台和承台上土自重，kN，对地下水位以下部分扣除水的浮力；

$n$——桩数；

$M_{xk}$、$M_{yk}$——荷载效应标准组合偏心竖向力作用下作用于承台底面，绕通过桩群形心的 $y$、$x$ 主轴的力矩，kN·m；

$x_i$、$y_i$——第 $i$、$j$ 基桩或复合基桩至 $y$、$x$ 轴的距离；

$H_{ik}$——荷载效应标准组合下作用于第 $i$ 基桩或复合基桩的水平力，kN；

$H_k$——荷载效应标准组合下作用于桩承台底面的水平力，kN。

表 2-9　主要荷载分项系数

| 极限状态 | 设计状况 | 荷载效应组合 | 计 算 内 容 | 主要荷载 | | | | | | | | |
|---|---|---|---|---|---|---|---|---|---|---|---|---|
| | | | | $F_{rk}$ | $M_{rk}$ | $F_{zk}$ | $M_{zk}$ | $G_1$ | $G_2$ | $F_{e1}$ | | $F_{e2}$ |
| 承载能力极限状态 | 持久设计状况 | 基本组合 | 截面抗弯计算 | 1.4 | 1.4 | 1.2/1.0 | — | 1.2/1.0 | 1.2/1.0 | H | 1.3 | — |
| | | | | | | | | | | V | 0.5 | |
| | | | 截面抗剪计算 | 1.4 | 1.4 | 1.2 | — | — | — | H | 1.3 | — |
| | | | | | | | | | | V | 0.5 | |
| | | | 截面抗冲切计算 | 1.4 | 1.4 | 1.2 | — | — | — | H | 1.3 | — |
| | | | | | | | | | | V | 0.5 | |
| | 偶然设计状况 | 偶然组合 | 抗滑稳定计算 | 1.0 | 1.0 | 1.0 | 1.0 | 1.0 | 1.0 | 1.0 | | — |
| | | | 抗倾覆稳定计算 | 1.0 | 1.0 | 1.0 | 1.0 | 1.0 | 1.0 | — | | 1.0 |
| | | | 疲劳验算 | 1.0 | 1.0 | 1.0 | 1.0 | 1.0 | 1.0 | 1.0 | | — |
| | | | 抗滑稳定验算 | 1.0 | 1.0 | 1.0 | 1.0 | 1.0 | 1.0 | — | | 1.0 |
| | | | 抗倾覆稳定验算 | 1.0 | 1.0 | 1.0 | — | 1.0 | 1.0 | — | | 1.0 |
| 正常使用极限状态 | 持久设计状况 | 标准组合 | 地基承载力验算 | 1.0 | 1.0 | 1.0 | — | 1.0 | 1.0 | 1.0 | | — |
| | | | 地基软弱下卧层承载力复核 | 1.0 | 1.0 | 1.0 | — | 1.0 | 1.0 | 1.0 | | — |
| | | | 抗裂或限裂验算 | 1.0 | 1.0 | 1.0 | — | 1.0 | 1.0 | 1.0 | | — |
| | | | 变形计算 | 1.0 | 1.0 | 1.0 | — | 1.0 | 1.0 | 1.0 | | — |

2. 地基基础

根据《陆上风电场工程风电机组基础设计规范》(NB/T 10311)，地基承载力计算如下：

(1) 承受轴心荷载

$$P_k \leqslant f_a \tag{2-6}$$

式中　$P_k$——荷载效应标准组合下，基础底面处平均压力，kPa。

(2) 承受偏心荷载的，除应满足式 (2-6) 的要求外，尚应满足

$$P_{kmax} \leqslant 1.2 f_a \tag{2-7}$$

式中　$P_{kmax}$——荷载效应标准组合下，基础底面边缘最大压力，kPa；

　　　$f_a$——地基承载力特征值。

(3) 对扩展基础或梁板基础，在核心区外承受偏心荷载，基础底面部分脱开且脱开面积不大于全部面积 1/4 的，风电机组圆形基础底面压力为

$$p_{kmax} = \frac{N_k + G_k}{\xi R^2} \tag{2-8}$$

$$\alpha_c = \tau R \tag{2-9}$$

式中　$R$——基础底板半径，m；

　　　$\alpha_c$——基础受压面积宽度，m；

　　$\xi$、$\tau$——系数，按《陆上风电场工程风电机组基础设计规范》(NB/T 10311) 进行
　　　　　　取值。

### 2.2.2.2　地基稳定性

1. 抗滑稳定计算

抗滑稳定最危险滑动面上的抗滑力与滑动力应满足

$$\gamma_0 F_s \leqslant \frac{1}{\gamma_d} F_R \tag{2-10}$$

式中　$\gamma_0$——系数；

　　　$F_s$——荷载效应基本组合下的滑动力设计值，kN；

　　　$F_R$——荷载效应基本组合下的抗滑力，kN；

　　　$\gamma_d$——结构系数，取 $\gamma_d = 1.3$。

2. 抗倾覆计算

沿基础底面的抗倾覆稳定计算，其最不利计算工况应满足

$$\gamma_0 M_s \leqslant \frac{1}{\gamma_d} M_R \tag{2-11}$$

式中　$M_s$——荷载效应基本组合下的倾覆力矩设计值，kN·m；

　　　$M_R$——荷载效应基本组合下的抗倾覆矩，kN·m；

　　　$\gamma_d$——结构系数，取 $\gamma_d = 1.6$。

### 2.2.2.3 基础结构截面抗冲切计算

当为圆形基础时，在环壁与底板交接处的冲切强度为

$$F_t \leqslant 0.35\beta_h f_{tt}(b_t + b_b)h_0 \qquad (2-12)$$

$$b_b = 2\pi(r_2 + h_0) \text{（用于验算环壁外边缘）} \qquad (2-13)$$

$$b_t = 2\pi r_2 \qquad (2-14)$$

$$b_t = 2\pi r_3 \qquad (2-15)$$

式中　$F_t$——冲切破坏锥体以内的荷载设计值，kN；

$f_{tt}$——混凝土在温度作用下的抗拉强度设计值，kN/m²；

$b_b$——冲切破坏锥体斜截面的下边圆周长，m；

$b_t$——冲切破坏锥体斜截面的上边圆周长，m；

$h_0$——基础底板计算截面处的有效厚度，m；

$\beta_h$——受冲切承载力截面高度影响系数，当 $h \leqslant 800\text{mm}$ 时，取 $\beta_h = 1.0$；当 $h \geqslant 2000\text{mm}$ 时，取 $\beta_h = 0.9$，其间按线性内插法采用。

### 2.2.2.4 基础结构截面抗弯计算

#### 1. 桩基础

桩基础承台底板配筋应按抗弯计算确定，并按现行国家标准《混凝土结构设计规范》(GB 50010) 中的有关规定计算配筋，桩基础圆形承台抗弯计算可按简化方法确定，群桩圆形承台计算截面，以最大受力桩与基础连线为中心线，取承台变阶处和基础环或锚笼环边，并取包含外圈三根基桩所受均分的承台扇形面作为计算单元，底板配筋计算弯矩径向可取 $2/3M_{ws}$，环向可取 $1/3M_{ws}$，计算单元截面处弯矩为

$$M_{ws} = \sum(N_{1i}R_1 + N_{2j}R_2) \qquad (2-16)$$

式中　$M_{ws}$——桩对计算单元截面处的弯矩设计值，kN·m；

$N_{1i}$、$N_{2j}$——荷载效应基本组合下基础扇形面内外圈第 $i$ 根桩和内圈第 $j$ 根桩的柱顶反力设计值，kN；当计算承台上表面配筋时，采用柱顶拔力设计值；

$R_1$、$R_2$——桩中心距计算截面距离，m。

#### 2. 地基基础

环形基础底板下部和底板内悬挑上部均采用径、环向配筋时，确定底板配筋用的弯矩设计值计算公式如下：

（1）底板下部半径 $R_2$ 处单位弧长的径向弯矩设计值 $M_R$ 为

$$M_R = \frac{P}{3(R_1 + R_2)} \cdot (2R_1^3 - 3R_1^2 R_2 + R_2^3) \qquad (2-17)$$

式中　$R_1$——基础底面直径，m；

$R_2$——台柱直径，m。

（2）底板下部单位宽度的环向弯矩设计值 $M_\theta$ 为

$$M_\theta = \frac{M_R}{2} \qquad (2-18)$$

### 2.2.2.5　基础结构斜截面受剪计算

不配置箍筋和弯起钢筋的一般受弯构件，其斜截面承载力应符合

$$\gamma_0 V_j \leqslant 0.7\beta_h f_t b h_0 \qquad (2-19)$$

式中　$V_j$——荷载效应基本组合下，构件斜截面上最大剪力设计值；

$\beta_h$——受剪截面高度影响系数，当 $h<800\text{mm}$ 时，取 $h_0=800\text{mm}$；当 $h>2000\text{mm}$ 时，取 $h_0=2000\text{mm}$；

$f_t$——混凝土轴心抗拉强度设计值，$\text{kN/m}^2$；

$b$——截面宽度，m；

$h_0$——截面处的有效厚度，m。

### 2.2.2.6　基础结构扩展部分裂缝宽度计算

风电机组基础为受弯和偏心受压构件，其荷载效应组合按标准组合考虑，最大裂缝宽度 $\omega_{\max}$ 为

$$\omega_{\max} = \alpha_{cr}\psi\frac{\sigma_s}{E_s}\left(1.9C_s + 0.08\frac{d_{eq}}{\rho_{te}}\right) \qquad (2-20)$$

$$\psi = 1.1 - 0.65\frac{f_{tk}}{\rho_{te}\sigma_s} \qquad (2-21)$$

$$d_{eq} = \frac{\sum n_i d_i}{\sum n_i d_i v_i} \qquad (2-22)$$

$$\rho_{te} = \frac{A_s}{A_{te}} \qquad (2-23)$$

式中　$\alpha_{cr}$——构件受力特征系数，对于钢筋混凝土受弯、偏心受压构件 $\alpha_{cr}=1.9$；

$\psi$——裂缝间纵向受力钢筋应变不均匀系数，当 $\psi_1<0.2$ 时，取 $\psi_1=0.2$；当 $\psi_1>1$ 时，对直接承受重复荷载的构件，取 $\psi_1=1$；

$\sigma_s$——按荷载效应的标准组合计算钢筋混凝土构件纵向受拉钢筋的应力，对于受弯构件 $\sigma_s=M/0.87h_0 A_s$；

$E_s$——钢筋弹性模量；

$C_s$——最外层纵向受拉钢筋外边缘至受拉区底边的距离，mm；当 $C_s<20$ 时，取 $C_s=20$；当 $C_s>65$ 时，取 $C_s=65$；

$\rho_{te}$——按有效受拉混凝土截面面积计算的纵向受拉钢筋配筋率；在最大裂缝宽度计算中，当 $\rho_{te}<0.01$ 时，取 $\rho_{te}=0.01$；

$A_{te}$——有效受拉混凝土截面面积；对轴心受拉构件，取构件截面面积；对受弯、偏心受压和偏心受拉构件，取 $A_{te}=0.5b_h+(b_f-b)$，此处 $b_f$、$h_f$

为受拉翼缘的宽度、高度；

$A_s$——受拉区纵向钢筋截面面积；

$d_{eq}$——受拉区纵向钢筋的等效直径，mm；

$d_i$——受拉区第 $i$ 种纵向钢筋的公称直径，mm；

$n_i$——受拉区第 $i$ 种纵向钢筋的根数；

$v_i$——受拉区第 $i$ 种纵向钢筋的相对黏结特性系数，光圆钢筋取 $v_i=0.7$，带肋钢筋取 $\gamma_i=1.0$。

### 2.2.2.7 锚固安全

1. 受冲切截面

$$F_l \leqslant 1.2 f_t \eta \mu_m h_0 \qquad (2-24)$$

2. 配置箍筋、弯起钢筋时的受冲切承载力

$$F_l \leqslant (0.5 f_t + 0.25 \sigma_{pc,m}) \eta \mu_m h_0 + 0.8 f_{yv} A_{svu} + 0.8 f_y A_{sbu} \sin\alpha \qquad (2-25)$$

式中　$F_l$——局部荷载设计值或集中反力设计值；板柱节点，取柱所承受的轴向压力设计值的层间差值减去柱顶冲切破坏锥体范围内板所承受的荷载设计值；

$\sigma_{pc,m}$——计算截面周长上两个方向混凝土有效预压应力按长度的加权平均值，其值宜控制在 $1.0 \sim 3.5 \text{N/mm}^2$ 范围内；

$\mu_m$——计算截面的周长，取距离局部荷载或集中反力作用面积周边 $h_0/2$ 处板垂直截面的最不利周长；

$h_0$——截面有效高度，取两个方向配筋的截面有效高度平均值；

$\eta$——局部荷载或集中反力作用面积形状的影响系数；

$f_{yv}$——箍筋的抗拉强度设计值；

$A_{svu}$——与呈 45°冲切破坏锥体斜截面相交的全部箍筋截面面积；

$A_{sbu}$——与呈 45°冲切破坏锥体斜截面相交的全部弯起钢筋截面面积；

$\alpha$——弯起钢筋与板底面的夹角。

### 2.2.2.8 锚栓极限强度验算

1. 破坏模式校核

塔筒半拉力 $Z$ 为

$$Z = \frac{M}{2W} t_b c \qquad (2-26)$$

式中　$M$——法兰处弯矩标准值；

$W$——塔筒截面模量；

$t_b$——塔筒壁厚；

$c$——区格宽度。

锚栓设计承载力 $N_{rd}$ 为

$$N_{rd} = \min\left(\frac{f_{ybk}A_{sch}}{1.1\gamma M}, \frac{f_{ubk}A_{sp}}{1.25\gamma M}\right) \tag{2-27}$$

$$\gamma = \frac{a}{b} \tag{2-28}$$

式中　$f_{ybk}$——锚栓屈服强度；

$A_{sch}$——锚栓公称面积；

$a$——锚栓边距；

$b$——为锚栓壁距与塔筒壁厚的一半之和。

破坏模式 A 校核

$$Z_{ua} = N_{rd} \geqslant Z \tag{2-29}$$

破坏模式 B 校核

$$Z_{ub} = \frac{N_{rd}a + M_{pl3,MN}}{a+b} \geqslant Z \tag{2-30}$$

$$M_{pl3,MN} = M_{pl3}\left[1-(Z/N_{pl3})^2\right] \tag{2-31}$$

式中　$M_{pl3}$——塔筒塑性极限弯矩；

$N_{pl3}$——塔筒塑性极限拉力。

破坏模式 C 校核

$$Z_{uc} = \frac{M_{pl2,Mq} + M_{pl3,MN}}{b} \geqslant Z \tag{2-32}$$

$$M_{pl2,Mq} = \begin{cases} M_{pl2}\left[1-\left(\dfrac{F-Z}{Q_{pl2}}\right)^2\right] & Z < 0.5F \\[2mm] M_{pl2}\left[1-\left(\dfrac{Z}{Q_{pl2}}\right)^2\right] & Z \geqslant 0.5F \end{cases} \tag{2-33}$$

式中　$M_{pl2}$——法拉塑性极限弯矩；

$Q_{pl2}$——法拉塑性极限剪力。

2. 抗剪承载力校核

$$V_{grd} = \frac{n_u(F_{v0} - qF)}{1.15} \geqslant V = \frac{Q}{n} \tag{2-34}$$

式中　$F_{v0}$——锚栓预拉力；

$q$——分布系数；

$F$——不考虑预拉时的锚栓拉力；

$Q$——法兰处剪力标准值；

$n$——单圈锚栓个数。

3. 锚栓间距校核

$$c_b = \frac{\pi[d_a - (t_b + 2b)]}{n} \geqslant c_{min} \tag{2-35}$$

式中 $d_a$——塔筒外径；

$c_{min}$——锚栓最小允许间距。

4. 锚栓与筒壁间距校核

$$b' \geqslant b_{min} \tag{2-36}$$

式中 $b_{min}$——锚栓最小壁距。

5. 法兰脱开检测

$$F_{vd} \geqslant 0 \tag{2-37}$$

式中 $F_{vd}$——法兰接触压力。

**2.2.2.9 局压验算**

配置间接钢筋的混凝土结构构件，其局部受压区的截面尺寸应符合

$$F_l \leqslant 1.35\beta_c\beta_l f_c A_{ln} \tag{2-38}$$

$$\beta_l = \frac{A_b}{A_l} \tag{2-39}$$

式中 $F_l$——局部受压面上作用的局部荷载或局部压力设计值；

$f_c$——混凝土轴心抗压强度设计值；在后张拉法预应力混凝土构件的张拉阶段验算中，可根据相应阶段的混凝土立方体抗压强度 $f'_{cu}$ 值以线性内插法确定；

$\beta_c$——混凝土强度影响系数；

$\beta_l$——混凝土局部受压时的强度提高系数；

$A_l$——混凝土局部受压面积；

$A_{ln}$——混凝土局部受压净面积；对后张法构件，应在混凝土局部受压面积中扣除孔道、凹槽部分的面积；

$A_b$——局部受压的计算底面积。

配置方格网式或螺旋式间接钢筋的局部受压承载力应符合

$$F_l \leqslant 0.9(\beta_c\beta_l f_c + 2\alpha\rho_v\beta_{cor} f_{yv}) \tag{2-40}$$

当为方格网式配筋时，钢筋网两个方向上单位长度内钢筋截面面积的比值不宜大于 1.5，其体积配筋率 $\rho_v$ 为

$$\rho_v = \frac{n_1 A_{s1} l_1 + n_2 A_{s2} l_2}{A_{cor} s} \tag{2-41}$$

当为螺旋式配筋时，其体积配筋率 $\rho_v$ 为

$$\rho_v = \frac{4A_{ss1}}{d_{cor} s} \tag{2-42}$$

式中 $\beta_{cor}$——配置间接钢筋的局部受压承载力提高系数；

$\alpha$——间接钢筋对混凝土约束的折减系数；

$f_{yv}$——间接钢筋的抗拉强度设计值；

$A_{cor}$——方格网式或螺旋式间接钢筋内表面范围内的混凝土核心截面面积，应大于混凝土局部受压面积 $A_1$，其重心应与 $A_1$ 的重心重合，计算中按同心、对称的原则取值；

$\rho_v$——间接钢筋的体积配筋率；

$n_1$、$A_{s1}$——方格网沿 $l_1$ 方向的钢筋根数、单根钢筋的截面面积；

$n_2$、$A_{s2}$——方格网沿 $l_2$ 方向的钢筋根数、单根钢筋的截面面积；

$A_{ss1}$——单根螺旋式间接钢筋的截面面积；

$d_{cor}$——螺旋式间接钢筋内表面范围内的混凝土截面直径；

$s$——方格网式或螺旋式间接钢筋的间距，宜取 $30\sim80\text{mm}$。

### 2.2.2.10　地基动态刚度验算

风电机组基础的地基动态刚度应符合风电机组动力性能要求。

（1）风电机组扩展基础和梁板基础的地基旋转动态刚度的计算为

$$K_{\varphi,dyn}=\frac{4(1-2v)}{3(1-v)^2}R_0^3 E_{s,dyn} \tag{2-43}$$

式中　$K_{\varphi,dyn}$——地基和基础之间的旋转动态刚度，$\text{N}\cdot\text{m/rad}$；

$v$——岩土体泊松比；

$R_0$——基础半径，$\text{m}$；

$E_{s,dyn}$——基础底面土层土壤的动态压缩模量，$\text{MPa}$。

（2）扩展基础和筏板基础的地基水平动态刚度的计算为

$$K_{H,dyn}=\frac{2(1-2v)}{(1-v)^2}R E_{s,dyn} \tag{2-44}$$

式中　$K_{H,dyn}$——地基和基础之间的水平动态刚度，$\text{N}\cdot\text{m/rad}$。

（3）预应力筒型基础地基旋转动态刚度的计算为

$$K_{\varphi,dyn}=\frac{4(1-2v)}{3(1-v)^2}\left(1+2\frac{h_m}{R}\right)R^3 E_{s,dyn} \tag{2-45}$$

式中　$h_m$——筒型基础埋置深度，$\text{m}$；

$R$——筒型基础计算等效半径，$\text{m}$。

（4）预应力筒型基础地基水平动态刚度的计算为

$$K_{H,dyn}=\frac{4(1-2v)}{(1-v)^2}\left(1+\frac{2}{3}\frac{h_m}{R}\right)R E_{s,dyn} \tag{2-46}$$

### 2.2.2.11　疲劳计算

风电机组基础结构在规定的设计使用年限内应具有足够的可靠度。由于钢基础环（预应力锚环）与混凝土材料性能不同，在周期往复荷载作用下，T 型板上方基础环外侧混凝土容易产生疲劳破坏，需要对其进行疲劳验算。《陆上风电场工程风电机组基础设计规范》（NB/T 10311）要求，基础结构设计除疲劳计算外应采用以概率理论为基础、以分项系数表达的极限状态设计方法。疲劳验算需按照《混凝土结构设计规范》（GB 50010）执行，其评判标准受压区边缘的混凝土压应力应满足

$$\sigma_{cc,max}^{f} \leqslant f_{c}^{f} \qquad (2-47)$$

式中　$\sigma_{cc,max}^{f}$——截面受压区边缘纤维的混凝土压应力；

　　　$f_{c}^{f}$——混凝土轴心抗压强度设计值。

然而当前《混凝土结构设计规范》（GB 50010）中混凝土的疲劳强度验算是基于200万次疲劳荷载进行的，不适用于风电机组基础。根据国外风电机组设计规范要求，当混凝土满足以下条件时，不需要进行疲劳验算；否则应当参照欧洲规范 FIB Model Code 2010 的要求进一步开展疲劳验算，即

$$S_{cd,max} \leqslant 0.4 + 0.46 S_{cd,min} \qquad (2-48)$$

$$S_{cd,min} = \gamma_{sd} \cdot \sigma_{c,min} \cdot \eta_{c} / f_{cd,fat} \qquad (2-49)$$

其中　　　　$$S_{cd,max} = \gamma_{sd} \cdot \sigma_{c,max} \cdot \eta_{c} / f_{cd,fat} \qquad (2-50)$$

$$f_{cd,fat} = \frac{0.85 \beta_{cc}(t) f_{cg} \left(1 - \dfrac{f_{cg}}{250}\right)}{\gamma_{c}} \qquad (2-51)$$

式中　　　$\gamma_{cd}$——疲劳工况荷载安全系数；

　　　　　$\eta_{c}$——混凝土压力不均匀系数；

$\sigma_{c,max}$、$\sigma_{c,min}$——截面受压区边缘纤维的混凝土最大、最小压应力；

　　　$f_{cd,fat}$——混凝土疲劳强度设计值；

　　　$\beta_{cc}(t)$——混凝土取决于时间变化强度的系数。混凝土龄期超过 28 天时周期初始荷载对应不得超过 1.0。对于处于早期龄期混凝土的周期初始荷载，应确定小于 1.0；

　　　　$f_{cg}$——混凝土抗压强度特征值，$N/mm^2$，如 C40 对应取值为 $40N/mm^2$；

　　　　$\gamma_{c}$——混凝土分项系数，预制混凝土取 1.4，其他情况取 1.5。

## 2.2.3　数值模拟

有限元分析与非线性有限元分析为风电机组混凝土基础结构安全复核和损伤破坏模拟提供了解决方法。非线性的结构问题与线性问题的区别在于其结构刚度随变形而变化。非线性的结构问题计算中刚度依赖于位移，刚度矩阵在分析时必须进行多次求逆与生成，反复迭代直至计算收敛。非线性有限元分析方法可以评估混凝土结构在产生非弹性变形的不同等级的荷载下，由非线性材料性能造成的影响。非线性问题包括材料非线性、几何非线性和接触非线性。

（1）材料非线性：不满足完全弹性假设。

（2）几何非线性：不满足小变形假设。

（3）接触非线性：位移和力边界条件，以及装配体之间的接触非线性。

1. 混凝土塑性损伤模型

混凝土是高度非线性材料，即本构关系高度非线性。有限元分析中常用的混凝土本构有混凝土损伤、混凝土断裂模型。混凝土塑性损伤模型（Concrete Damaged Plasticity，CDP）是以塑性为基础，具有连续性的损伤模型，其基本假定是各向同性的受压和受拉导致了材料的损伤、开裂破坏。该模型通用于隐式求解和显式动态分析，可在后处理中展现各种强度混凝土材料的非弹性开裂破坏行为。

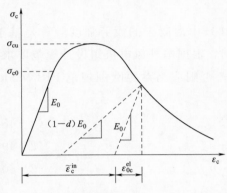

图 2-2　损伤塑性受压 $\sigma$-$\varepsilon$ 关系图

（1）受压参数转换。CDP 模型规定在压应力未达到 $\sigma_{c0}$ 前为弹性阶段，即视作线弹性体无初始损伤，损伤塑性受压 $\sigma$-$\varepsilon$ 关系如图 2-2 所示。

具体转换计算为

$$\sigma_c = f_{ck} y \tag{2-52}$$

$$\varepsilon = \varepsilon_c x \tag{2-53}$$

$$y = \begin{cases} \alpha_a x + (3 - 2\alpha_a) x^2 + (\alpha_a - 2) x^3 & (x \leqslant 1) \\ \dfrac{x}{\alpha_d (x-1)^2 + x} & (x > 1) \end{cases} \tag{2-54}$$

$$x = \frac{\varepsilon}{\varepsilon_c} \tag{2-55}$$

$$y = \frac{\sigma}{f_c^*} \tag{2-56}$$

$$\tilde{\varepsilon}_c^{in} = \varepsilon - \varepsilon_{0c}^{el} \tag{2-57}$$

$$\varepsilon_{0c}^{el} = \frac{\sigma_c}{E_0} \tag{2-58}$$

式中　$\sigma_c$——受压非弹性应力；

　　　$f_{ck}$——混凝土抗压强度标准值；

　　　$y$——受压应力与抗压强度标准值之比；

　　　$\varepsilon$——混凝土应变；

　　　$\varepsilon_c$——混凝土峰值压应变；

　　　$x$——任意点的应变与峰值应变的比值；

　　$\alpha_a$、$\alpha_d$——单轴受压应力应变曲线上升段、下降段的参数；

$f_c^*$——混凝土的单轴抗压强度；

$\tilde{\varepsilon}_c^{in}$——受压非弹性应变；

$\varepsilon_{0c}^{el}$——初始刚度下的弹性压应变；

$E_0$——初始弹性模量。

其中式（2-54）～式（2-58）来源于《混凝土结构设计规范》（GB 50010）附录 C.2。

（2）受拉参数转换。实际拉应力依然需要换算才能输入软件内使用。损伤塑性受拉 $\sigma - \varepsilon$ 关系如图 2-3 所示。具体转换计算公式为

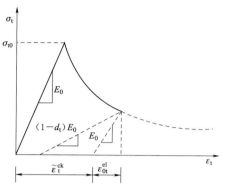

图 2-3 损伤塑性受拉 $\sigma - \varepsilon$ 关系图

$$\sigma_t = f_{t,r} y \qquad (2-59)$$

$$\varepsilon = \varepsilon_t x \qquad (2-60)$$

$$y = \begin{cases} 1.2x - 0.2x^6 & (x \leqslant 1) \\ \dfrac{x}{\alpha_t (x-1)^{1.7} + x} & (x > 1) \end{cases} \qquad (2-61)$$

$$x = \frac{\varepsilon}{\varepsilon_t} \qquad (2-62)$$

$$y = \frac{\sigma}{f_t^*} \qquad (2-63)$$

$$\tilde{\varepsilon}_t^{ck} = \varepsilon - \varepsilon_{0t}^{el} \qquad (2-64)$$

$$\varepsilon_{0t}^{el} = \frac{\sigma_t}{E_0} \qquad (2-65)$$

式中　　$\sigma_t$——受拉非弹性应力；

$f_{t,r}$——规范给出的混凝土单轴抗拉强度；

$y$——受拉应力与抗拉强度标准值之比；

$\varepsilon$——混凝土应变；

$\varepsilon_t$——混凝土峰值拉应变；

$x$——任意点的应变与峰值应变的比值；

$\tilde{\varepsilon}_t^{ck}$——受拉非弹性应变；

$\varepsilon_{0t}^{el}$——初始刚度下的弹性拉应变；

$E_0$——初始弹性模量。

其中式（2-61）～式（2-65）来源于《混凝土结构设计规范》（GB 50010）附录 C.2。

（3）损伤因子。1958 年 Kachanov 为研究金属徐变，提出损伤理论。即材料内部黏聚力在荷载下进展性地减弱，使受载材料产生缺陷裂纹与微孔。随着理论的发展，

损伤被应用到弹塑性以及黏塑性等材料中。不同学者对损伤的定义也不同，因此损伤因子的推导方法较多。经多种方法试验计算后，发现 Sidoroff 根据能量等效性假设，于 1981 年提出的混凝土损伤因子计算方法可通用于受拉和受压损伤因子的计算，易收敛。则损伤因子 $d$ 为

$$d = 1 - \sqrt{\frac{\sigma}{E_0 \varepsilon}} \tag{2-66}$$

式中　$d$——混凝土损伤因子；

　　　$\sigma$——受拉或受压非弹性应力；

　　　$E_0$——初始弹性模量；

　　　$\varepsilon$——混凝土应变。

**2. 边界非线性**

实际的边界接触是极度不连续的非线性行为。接触属性分类如图 2-4 所示，定义钢基础环与混凝土基础之间的摩擦系数，主、从面间可以存在"弹性滑移"。主、从面之间的节点侵入关系如图 2-5 所示。虽然实际工程中基础环与混凝土之间已经采取了密封灌注胶、胶贴密封防水带等措施进行处理，但是，在承受巨大荷载时，基础环薄壁会变形，与混凝土之间极易出现滑动、摩擦等，所以必须需设置摩擦约束才能更好地进行仿真模拟分析。

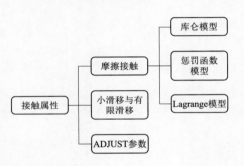

图 2-4　接触属性分类

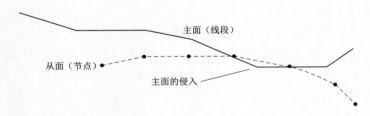

图 2-5　主、从面之间的节点侵入关系

具体接触算法的逻辑如图 2-6 所示。$h$ 为从面节点侵入主面、表面的距离，$p$ 为从面节点上的接触压力。

**3. 单元类型**

一般而言，钢筋模型可采用杆单元（只能承载拉伸或压缩荷载，可根据材料情况具体定义横截面的面积）；基座、基础环、加固体、塔筒、地基等均可采用实体，八节点三维缩减积分单元如图 2-7 所示。图 2-8 是受弯矩 $M$ 的线性减缩单元模拟受纯

弯变形，单元中的两条虚线长度与夹角始终不会发生变化，表示该单元的一个积分点上所有的应力分量都为零。减缩积分线性单元在受力时，能较好地承受扭曲变形。

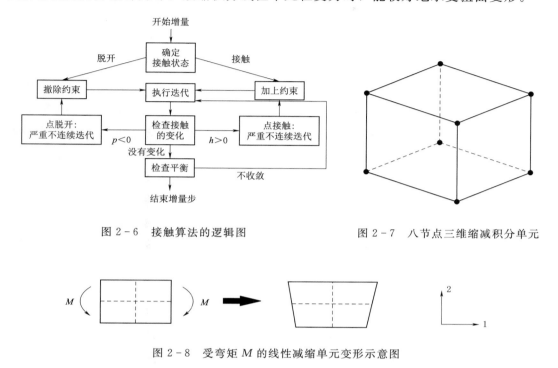

图 2-6　接触算法的逻辑图　　　　　　图 2-7　八节点三维缩减积分单元

图 2-8　受弯矩 $M$ 的线性减缩单元变形示意图

　　钢筋混凝土结构默认钢筋与混凝土之间锚固情况良好，不会出现黏结滑移，所以钢筋模型可以采用绑定形式嵌入混凝土模型，默认两者的节点之间紧密接触。

# 2.3　耐　久　性　设　计

## 2.3.1　规范要求

　　耐久性设计不仅仅是确定材料的耐久性能指标与钢筋的保护层厚度，适当的防水排水构造措施也能够非常有效地减轻环境的腐蚀作用，因此这些措施应作为耐久性设计的重要内容。混凝土结构的耐久性在很大程度上还取决于混凝土的施工质量与钢筋保护层厚度的施工误差，由于目前国内现行的施工规范较少考虑耐久性的需要，因此必须提出基于耐久性的施工养护与保护层厚度的质量要求。

　　在严重腐蚀环境的作用下，单纯靠提高混凝土保护层的材料质量与厚度往往不能保证设计使用年限，这时就应采取一种或多种防腐蚀附加措施组成合理的多重防护策略；对于使用过程中难以检测和维修的关键部件如预应力钢绞线，应采取多重防护措施。

混凝土结构的设计使用年限是建立在预定的维修与使用条件下的。因此，耐久性设计需要明确结构在使用阶段的维护、检测要求；对于重要工程，需预置耐久性监测和预警系统。

对于严重腐蚀环境作用下的混凝土工程，为确保使用寿命，除进行施工建造前的结构耐久性设计外，还应根据竣工后实测的混凝土耐久性能和保护层厚度进行结构耐久性再设计，以便发现问题并及时采取措施；在结构的使用年限内，还需根据实测的材料劣化数据对结构的剩余使用寿命做出判断并针对问题继续进行再设计，必要时追加防腐蚀措施或适时修理。一般环境下的民用建筑在设计使用年限内无须大修，其结构构件的设计使用年限应与结构整体设计使用年限相同。

混凝土基础结构的耐久性设计可分为传统的经验方法和定量计算方法。目前，各类环境作用下耐久性设计的定量计算方法尚未成熟到能在工程中普遍应用的程度，国内外现行的混凝土结构设计规范中，所采用的耐久性设计方法仍然是传统方法或改进的传统方法。根据《陆上风电场工程风电机组基础设计规范》（NB/T 10311）要求，混凝土基础结构的耐久性设计应包括下列内容：

（1）基础结构所处环境类别。

（2）混凝土基础结构材料耐久性基本要求。

（3）基础结构中钢筋的混凝土保护层厚度。

（4）混凝土基础结构裂缝控制要求。

（5）不同环境条件下的耐久性技术措施。

（6）基础结构使用阶段的检测与维护要求。

## 2.3.2 环境类别

风电机组基础混凝土结构环境类别划分应符合表 2-10 的规定。

表 2-10 风电机组基础混凝土结构环境类别划分

| 环境类别 | 环 境 条 件 |
|---|---|
| 二 a | 非严寒和非寒冷地区的暴露环境；<br>非严寒和非寒冷地区与无侵蚀性的水或土壤直接接触的环境；<br>严寒和寒冷地区的冰冻线以下与无侵蚀性的水或土壤直接接触的环境 |
| 二 b | 干湿交替环境；水位频繁变动环境；严寒和寒冷地区的暴露环境；严寒和寒冷地区冰冻线以上与无侵蚀性的水或土壤直接接触的环境 |
| 三 a | 严寒和寒冷地区冬季水位变动区环境；受除冰盐影响环境；<br>海风环境 |

续表

| 环境类别 | 环　境　条　件 |
|---|---|
| 三 b | 盐渍土环境；海岸环境 |
| 四 | 海水环境 |
| 五 | 受人为或自然的侵蚀性物质影响的环境 |

注：1. 严寒和寒冷地区的划分应符合《民用建筑热工设计规范》(GB 50176) 的有关规定。
　　2. 海风环境和海岸环境宜根据当地情况，考虑主导风向及结构所处迎风、背风部位等因素的影响，由调查研究和工程经验确定。
　　3. 暴露环境是指混凝土结构表面所处的环境。

## 2.3.3　材料要求

1. 耐久性控制指标

对重要工程或大型工程，应针对具体的环境类别和作用等级，分别提出抗冻耐久性指数、氯离子在混凝土中的扩散系数等具体量化的耐久性指标。常用的混凝土耐久性指标包括一般环境下的混凝土抗渗等级、冻融环境下的抗冻耐久性指数或抗冻等级、氯化物环境下的氯离子在混凝土中的扩散系数等。这些指标均由实验室标准快速试验方法测定，可用来比较胶凝材料组分相似的不同混凝土之间的耐久性能高低，主要用于施工阶段的混凝土质量控制和质量检验。

如果混凝土的胶凝材料组成不同，用快速试验得到的耐久性指标往往不具有可比性。标准快速试验中的混凝土龄期过短，不能如实反映混凝土在实际结构中的耐久性能。某些在实际工程中耐久性能表现良好的混凝土，如低水胶比大掺量粉煤灰混凝土，由于其成熟速度比较缓慢，在快速试验中按照标准龄期测得的抗氯离子扩散指标往往不如相同水胶比的无矿物掺和料混凝土，与实际情况不符。

抗渗等级仅对低强度混凝土的性能检验有效，对于密实的混凝土宜用氯离子在混凝土中的扩散系数作为耐久性能的评估标准。

对于混凝土基础结构，不同腐蚀性环境下其混凝土的耐久性评价控制指标见表 2-11。

表 2-11　混凝土耐久性评价项目

| 环境类别 | 混凝土耐久性评价项目 |
|---|---|
| 碳化环境 | 最低强度等级、氯离子含量、碱含量、电通量、抗裂性、护筋性、抗碱—骨料反应性 |
| 氯盐环境 | 最低强度等级、氯离子含量、碱含量、电通量、氯离子扩散系数、抗裂性、护筋性、抗碱—骨料反应性 |
| 化学侵蚀环境 | 最低强度等级、氯离子含量、碱含量、电通量、胶凝材料抗蚀系数、抗裂性、护筋性、抗碱—骨料反应性 |
| 盐类结晶破坏环境 | 最低强度等级、氯离子含量、碱含量、电通量、抗盐类结晶干湿循环系数、含气量、气泡间距系数、抗裂性、护筋性、抗碱—骨料反应性 |

| 环境类别 | 混凝土耐久性评价项目 |
| --- | --- |
| 冻融破坏环境 | 最低强度等级、氯离子含量、碱含量、电通量、抗冻系数、含气量、气泡间距系数、抗裂性、护筋性、抗碱—骨料反应性 |
| 磨蚀环境 | 最低强度等级、氯离子含量、碱含量、电通量、耐磨性、抗裂性、护筋性、抗碱—骨料反应性 |

**2. 混凝土胶凝材料**

混凝土材料应根据结构所处的环境类别、作用等级和结构设计使用年限，按同时满足混凝土最低强度等级、最大水胶比和混凝土原材料组成等要求来确定。

结构构件的混凝土强度等级应同时满足耐久性和承载能力的要求。结构构件需要采用的混凝土强度等级，在很多情况下是由环境作用决定的，并非由荷载作用控制。因此，在进行构件的承载能力设计之前，应该首先确定耐久性要求的混凝土最低强度等级，二类和三类环境基础结构混凝土材料耐久性指标见表 2 - 12。

**表 2 - 12　二类和三类环境基础结构混凝土材料耐久性指标**

| 环境类别 | 最大水胶比 | 最小胶凝材料用量/（kg/m³） | 混凝土最低强度等级 | 最大氯离子含量/% | 最大碱含量/（kg/m³） |
| --- | --- | --- | --- | --- | --- |
| 二 a | 0.55 | 260 | C30 | 0.20 | |
| 二 b | 0.50 | 280 | C30 | 0.15 | 3.0 |
| 三 a | 0.45 | 300 | C35 | 0.15 | |
| 三 b | 0.40 | 320 | C40 | 0.10 | |

**注：** 1. 氯离子含量指其占胶凝材料总量的百分比。
　　 2. 预应力构件混凝土中的最大氯离子含量为 0.06%；其最低混凝土强度等级宜按表中的规定提高两个等级。
　　 3. 有工程经验的，二类环境中的最低混凝土强度等级可降低一个等级。
　　 4. 使用非碱活性骨料，对混凝土中的碱含量可不作限制。

一般来说，除长期处于湿润环境、水下环境或潮湿土中环境的构件可以采用大掺量粉煤灰（掺量可不大于 50%，而水胶比应随掺量增加而减少）混凝土外，对暴露于空气中的一般构件混凝土，粉煤灰掺量不宜大于 20%，且单方混凝土胶凝材料中的硅酸盐水泥用量不宜小于 240kg。

冻融环境下环境作用等级为 D 或 D 以上的混凝土必须掺用引气剂。对引气混凝土的最低强度等级、最大水胶比和胶凝材料最小用量，可降低一个环境作用等级取用。冻融环境作用等级为 C 的混凝土可不加引气剂，但此时混凝土的强度应不低于 C40。冻融环境下混凝土胶凝材料中的粉煤灰掺量不宜超过 30%，并应限制所用粉煤灰的含碳量（宜不大于 2%）。在海水和除冰盐等氯盐环境下，不宜单独采用硅酸盐或普通硅酸盐水泥作为胶凝材料配制混凝土，应掺加大掺量或较大掺量矿物掺和料，并宜加入少量硅灰。海水环境下也不宜单独采用抗硫酸盐的硅酸盐水泥配制混凝土。

硫酸盐等化学腐蚀环境下应选用低 $C_3A$ 量的水泥并适当掺加矿物掺和料，严重化学腐蚀环境下的耐久混凝土宜通过专门的试验研究确定。

《混凝土结构耐久性设计标准》(GB/T 50476)基于不同设计使用年限，规定了配筋混凝土结构满足耐久性要求的混凝土最低强度等级，见表 2-13。

表 2-13　满足耐久性要求的混凝土最低强度等级

| 环境类别与作用等级 | 设计使用年限 | | |
|---|---|---|---|
| | 100 年 | 50 年 | 30 年 |
| I-A | C30 | C25 | C25 |
| I-B | C35 | C30 | C25 |
| I-C | C40 | C35 | C30 |
| II-C | Ca35，C45 | Ca30，C45 | Ca30，C40 |
| II-D | Ca40 | Ca305 | Ca35 |
| II-E | Ca45 | Ca40 | Ca40 |
| III-C、IV-C、V-C、III-D、IV-D | C45 | C40 | C40 |
| V-D、III-E、IV-E | C50 | C45 | C45 |
| V-E、III-F | C55 | C50 | C50 |

注：预应力混凝土构件的混凝土最低强度等级不应低于 C40。

单位体积混凝土的胶凝材料用量宜加以控制，不同强度混凝土水胶比及其用量见表 2-14。

表 2-14　不同强度混凝土水胶比及其用量

| 最低强度等级 | 最大水胶比 | 最小用量/(kg/m³) | 最大用量/(kg/m³) |
|---|---|---|---|
| C25 | 0.60 | 260 | 400 |
| C30 | 0.55 | 280 | |
| C35 | 0.50 | 300 | |
| C40 | 0.45 | 320 | 450 |
| C45 | 0.40 | 340 | |
| C50 | 0.36 | 360 | 480 |
| ≥C55 | 0.36 | 380 | 500 |

注：1. 表中数据适用于最大骨料粒径为 20mm 的情况，骨料粒径较大时宜适当降低胶凝材料用量，骨料粒径较小时可适当增加。
2. 引气混凝土的胶凝材料用量与非引气混凝土要求相同。
3. 对于强度等级达到 C60 的泵送混凝土，胶凝材料最大用量可增大至 530kg/m³。

《混凝土结构耐久性设计标准》(GB/T 50476)中规定配筋混凝土的胶凝材料中，矿物掺和料用量占胶凝材料总量的比值应根据环境类别与作用等级、混凝土水胶比、钢筋的混凝土保护层厚度以及混凝土施工养护期限等因素综合确定，并应符合下列规定：

(1) 长期处于室内干燥一般环境中的混凝土结构构件，当其钢筋（包括最外侧的箍筋、分布钢筋）的混凝土保护层不大于 20mm，水胶比大于 0.55 时，不应使用矿物掺和料或粉煤灰硅酸盐水泥、矿渣硅酸盐水泥；永久的静水浸没环境中的混凝土结构构件可使用矿物掺和料，且厚度较大的构件宜采用大掺量矿物掺和料混凝土。

（2）非干湿交替的室内潮湿环境、非干湿交替的室内潮湿环境、长期湿润环境、干湿交替环境和各类冻融环境中的混凝土结构构件，可使用少量矿物掺和料，并可随水胶比的降低适当增加矿物掺和料用量。当混凝土的水胶比不小于 0.4 时，不应使用大掺量矿物掺和料混凝土。

（3）氯化物环境和化学腐蚀环境中的混凝土结构构件，应使用较大掺量矿物掺和料混凝土，海洋大气区、潮汐区和浪溅区、除冰盐腐蚀严重环境中的混凝土结构构件，应采用水胶比不大于 0.4 的大掺量矿物掺和料混凝土，且宜在矿物掺和料中再加入胶凝材料总重 3%～5% 的硅灰。

用作矿物掺和料的粉煤灰应选用游离氧化钙含量不大于 10% 的低钙灰。冻融环境下用于引气混凝土的粉煤灰掺和料，其含碳量不宜大于 1.5%。氯化物环境下不宜使用抗硫酸盐硅酸盐水泥。

硫酸盐化学腐蚀环境中，当环境腐蚀性作用中度和严重时，水泥中的铝酸三钙含量应分别低于 8% 和 5%；当使用大掺量矿物掺和料时，水泥中的铝酸三钙含量可分别不大于 10% 和 8%；当环境腐蚀性作用非常严重时，水泥中的铝酸三钙含量应低于 5%，并应同时掺加矿物掺和料。

硫酸盐环境中使用抗硫酸盐水泥或高抗硫酸盐水泥时，宜掺加矿物掺和料。当环境作用等级超过 V－E 级时，应根据当地的大气环境和地下水变动条件，进行专门实验研究和论证后确定水泥的种类和掺和料用量，且不应使用高钙粉煤灰。硫酸盐环境中的水泥和矿物掺和料中，不得加入石灰石粉。

对可能发生碱—骨料反应的混凝土，宜使用大掺量矿物掺和料；单掺磨细矿渣的用量占胶凝材料总重不小于 50%，单掺粉煤灰不小于 40%，单掺火山灰质材料不小于 30%，并应降低水泥和矿物掺和料中的含碱量和粉煤灰中的游离氧化钙含量。

《工业建筑防腐蚀设计标准》（GB/T 50046）基于环境的不同腐蚀性等级，规定了结构混凝土的基本要求，见表 2－15。

表 2－15　结构混凝土的基本要求

| 项　目 | 混凝土的基本要求 | | |
|---|---|---|---|
| | 强 | 中 | 弱 |
| 最低混凝土强度等级 | C40 | C35 | C30 |
| 最小水泥用量/(kg/m³) | 340 | 320 | 300 |
| 最大水灰比 | 0.40 | 0.45 | 0.50 |
| 最大氯离子含量（水泥用量的百分比） | 0.80 | 0.10 | 0.10 |

注：1. 预应力混凝土构件最低混凝土强度等级应按表中提高一个等级；最大氯离子含量为水泥用量的 0.60%。
　　2. 当混凝土中掺入矿物掺和料时，表中"水泥用量"为"胶凝材料用量"，"水灰比"为"水胶比"。

混凝土和水泥砂浆宜选用硅酸盐水泥、普通硅酸盐水泥；地下结构或在弱腐蚀条件下，也可选用矿渣硅酸盐水泥或火山灰质硅酸盐水泥。

硅酸盐水泥宜掺入矿物掺和料；普通硅酸盐水泥可掺入矿物掺和料。

受碱液作用的混凝土和水泥砂浆，应选用普通硅酸盐水泥或硅酸盐水泥，不得选用高铝水泥或以铝酸盐成分为主的膨胀水泥，并不得采用铝酸盐类膨胀剂。

中抗硫酸盐硅酸盐水泥，可用于硫酸根离子含量不大于2500mg/L的液态介质；高抗硫酸盐硅酸盐水泥，可用于硫酸根离子含量不大于8000mg/L的液态介质。

强度等级不低于C20的混凝土，可用于浓度不大于8%氢氧化钠作用的部位。抗渗等级不低于S8的密实混凝土，可用于浓度不大于15%氢氧化钠作用的部位。采用铝酸三钙含量不大于9%的普通硅酸盐水泥或硅酸盐水泥，且抗渗等级不低于S12的密实混凝土，可用于浓度不大于22%氢氧化钠作用的部位。

常用防护材料如硬聚氯乙烯板、水玻璃类材料、氯磺化聚乙烯胶泥等的选择可依据《工业建筑防腐蚀设计标准》（GB/T 50046）中的相关规定执行。

3. 混凝土骨料

细骨料应选用级配合理、质地坚固、吸水率低、孔隙率小的洁净天然中粗河砂，也可选用专门设备生产的人工砂。混凝土用砂在开采、运输、堆放和使用过程中，应采取防止遭受海水污染或混用海砂的措施。

混凝土粗骨料应选用粒形良好、质地坚固、线膨胀系数小的洁净碎石，并应采用两级配或多级配骨料混配而成。

骨料的含泥量及其本身的抗冻性是影响混凝土抗冻性的关键，在冻融破坏环境下，应严格控制骨料中的含泥量及吸水率。骨料的坚固性和有害物质含量对混凝土的耐久性影响较大，必须加以控制。

各类环境中配筋混凝土中骨料最大粒径应满足表2-16的规定。

表2-16 配筋混凝土中骨料最大粒径　　　　　　　　单位：mm

| | 混凝土保护层最小厚度 | 20 | 25 | 30 | 35 | 40 | 45 | 50 | ≥60 |
|---|---|---|---|---|---|---|---|---|---|
| 环境作用 | 一般非干湿交替环境 | 20 | 25 | 30 | 35 | 40 | 40 | 40 | 40 |
| | 干湿交替、冻融和化学腐蚀环境 | 15 | 20 | 20 | 25 | 25 | 30 | 35 | 35 |
| | 各类氯化物环境 | 10 | 15 | 15 | 20 | 20 | 25 | 25 | 25 |

混凝土的砂、石应致密，可采用花岗石、石英石或石灰石，但不得采用有碱—骨料反应隐患的活性骨料。

4. 钢筋及金属预埋件

冷加工钢筋和细直径钢筋对锈蚀比较敏感，作为受力主筋使用时需要相应提高耐久性要求。冷加工钢筋不宜作为预应力筋使用，也不宜作为按塑性设计构件的受力主筋，细直径钢筋可作为构造钢筋。

同一构件中的受力钢筋宜使用同材质的钢筋。这是由于埋于混凝土中的钢筋，若材质有所差异且相互连接时能够导电，引起的电位差有可能促进钢筋锈蚀，所以宜采用同样牌号或代号的钢筋，不同材质的金属预埋件之间尤其不能在连接时导电。

### 2.3.4　钢筋的保护层厚度

一般情况下，混凝土构件中最外侧的钢筋会首先发生锈蚀，一般是箍筋和分布筋，在双向板中也可能是主筋。箍筋的锈蚀可引起构件混凝土沿箍筋的环向开裂，而墙、板中分布筋的锈蚀除引起开裂外，还会导致混凝土保护层的开裂。因此，不同环境作用下钢筋主筋、箍筋和分布筋，其混凝土保护层厚度应满足钢筋防锈以及与混凝土之间黏结力传递的要求，且混凝土保护层厚度设计值不得小于钢筋的公称直径。

保护层最小厚度应随设计使用年限的增加而增加。混凝土保护层可以有效保护结构钢筋免受腐蚀，保护层厚度越大，外界腐蚀介质到达钢筋表面所需的时间将越长，混凝土结构就越耐久。一般混凝土结构的保护层厚度尺寸较小，在施工过程中，混凝土保护层厚度将不可避免的产生一定的施工偏差，这些施工偏差虽然对构件的强度或承载力来说影响轻微，但显然会对结构在正常设计使用寿命内的耐久性造成很大的影响。因此，钢筋的保护层设计厚度不应小于由耐久性所确定的保护层最小厚度和保护层厚度施工允许误差之和。1990 年颁布的 CEB - FIP 规范、2004 年正式生效的欧盟规范及英国历届规范中，都将用于设计计算和标注于施工图上的保护层设计厚度称为"名义厚度"，并规定其数值不得小于耐久性所要求的最小厚度与施工允许负偏差的绝对值之和。

由于预应力钢筋可能存在的脆性破坏特征，预应力钢筋的耐久性保证率应高于普通钢筋。因此，在严重的环境条件下，除混凝土保护层外还应对预应力筋采取多重防护措施。对于单纯依靠混凝土保护层防护的预应力筋，其保护层厚度应比普通钢筋大 10mm。

中度及以上腐蚀性环境作用等级的混凝土结构构件，应按下列要求进行保护层厚度的施工质量验收：

（1）对选定的配筋构件，选择有代表性的最外侧钢筋 8～16 根进行混凝土保护层厚度的无破损检测；对每根钢筋，应选取 3 个代表性部位测量。

（2）对同一构件所有的测点，如有 95% 或以上的实测保护层厚度 $c_1$ 满足以下要求，则认为合格，即

$$c_1 \geqslant c - \Delta \tag{2-67}$$

式中　$c$——保护层设计厚度；

Δ——保护层施工允许负偏差的绝对值。

（3）当不能满足式（2-67）的要求时，可增加同样数量的测点进行检测，按两次测点的全部数据进行统计；如仍不能满足要求，则判定为不合格，并要求采取相应的补救措施。

（4）钢筋的混凝土保护层最小厚度还应满足有关规范规定的关于与混凝土骨料最大粒径相匹配的要求。

根据《陆上风电场工程风电机组基础设计规范》（NB/T 10311）要求，依据环境作用等级和设计基准期的不同，规定了混凝土保护层的最小厚度，见表2-17。

表 2-17　混凝土保护层最小厚度　　　　　　　　　　单位：mm

| 基础或承台部位 | 钢筋部位 | 环 境 条 件 类 别 | | | |
|---|---|---|---|---|---|
| | | 二 | 三 | 四 | 五 |
| 顶面、侧面（无地下水时） | 外层钢筋 | 30 | 35 | 40 | 45 |
| 顶面、侧面（有地下水时） | 外层钢筋 | 40 | 45 | 50 | 55 |
| 底部 | 外层钢筋 | 60 | 80 | 90 | 100 |

灌注桩主筋的混凝土保护层厚度不应小于35mm，水下灌注桩的主筋混凝土保护层厚度不应小于50mm。四类、五类环境中桩身混凝土保护层厚度不应小于75mm。预应力筒型基础底面和内表面主筋的混凝土保护层厚度不应小于80mm，顶面及筒壁外表面混凝土保护层厚度不应小于50mm。严寒和寒冷地区受冰冻部位的保护层厚度应适当加大。

## 2.3.5　裂缝宽度

相关室内和野外试验研究均表明：混凝土表面的宏观裂缝宽度只要不是过大（0.4mm以内），对钢筋碳化锈蚀不会有明显影响，只是裂缝截面上的钢筋发生局部锈蚀的时间会提前，但是这种局部锈蚀会较快停止，一直要等到保护层下的混凝土碳化和钢筋去钝后，才会一起进入钢筋锈蚀的稳定发展期。但预应力钢筋因能发生应力腐蚀，钢筋在氯盐环境下易发生局部坑蚀，应该较为严格地限制表面宏观裂缝的宽度。

在一定程度上增加保护层厚度，在同样荷载作用下的构件表面裂缝宽度将增大，但就防止裂缝截面上发生锈蚀而言仍然具有较大优势。因此，不能因为表面裂缝宽度有所增加而限制增加保护层厚度。

此外，不能为了减少裂缝计算宽度而在厚度较大的混凝土保护层内加设没有防锈措施的钢筋网，因为钢筋网的首先锈蚀会导致网片外侧混凝土的剥落，减少内侧箍筋和主筋应有的保护层厚度，对构件的耐久性造成更为有害的后果。

《混凝土结构耐久性设计标准》(GB/T 50476) 基于环境作用等级和构件种类的不同，规定了在荷载作用下配筋混凝土构件的表面裂缝最大计算宽度限值，见表 2 - 18。

**表 2 - 18　表面裂缝最大计算宽度限值**　　　　单位：mm

| 环境作用等级 | 钢筋混凝土构件 | 有黏结预应力混凝土构件 |
|---|---|---|
| A | 0.40 | 0.20 |
| B | 0.30 | 0.20（0.15） |
| C | 0.20 | 0.10 |
| D | 0.20 | 按二级裂缝控制或按部分预应力 A 类构件控制 |
| E，F | 0.15 | 按一级裂缝控制或按全预应力类构件控制 |

注：1. 括号中的宽度适用于采用钢丝或钢绞线的先张预应力构件。
　　2. 裂缝控制等级为二级或一级时，按《混凝土结构设计规范》(GB 50010) 计算裂缝宽度。
　　3. 有自防水要求的混凝土构件，其横向弯曲的表面裂缝计算宽度不应超过 0.20mm。

《混凝土结构设计规范》(GB 50010) 依据结构类型和环境类别等的不同，规定了结构构件的裂缝控制等级及最大裂缝宽度限值，见表 2 - 19。

**表 2 - 19　结构构件的裂缝控制等级及最大裂缝宽度的限值**　　　　单位：mm

| 环境类别 | 钢筋混凝土结构 | | 预应力混凝土结构 | |
|---|---|---|---|---|
| | 裂缝控制等级 | 最大裂缝宽度宽限值 | 裂缝控制等级 | 最大裂缝宽度宽限值 |
| 一 | 三级 | 0.30（0.40） | 三级 | 0.20 |
| 二 a | | 0.20 | | 0.10 |
| 二 b | | | 二级 | — |
| 三 a，三 b | | | 一级 | — |

注：对处于年平均相对湿度小于 60% 地区一类环境下的受弯构件，其最大裂缝宽度限值可采用括号内的数值。

依据《陆上风电场工程风电机组基础设计规范》(NB/T 10311)，正常运行工况下风电机组基础混凝土最大裂缝宽度不应超过 0.2mm。

## 2.3.6　其他构造、防护要求

混凝土结构构件的形状和构造应有效地避免水、汽和有害物质在混凝土表面的积聚。

应尽量减少混凝土结构构件表面的暴露面积，并应避免表面的凹凸变化；构件的棱角宜做成圆角。

施工缝、伸缩缝等连接缝的设置宜避开局部环境作用不利的部位，否则应采取有效的防护措施。

暴露在混凝土结构构件外的连接件等金属部件，表面应采用可靠的防腐措施；后张法预应力体系应采取多重防护措施。

对于后张预应力结构，在设计和施工中应考虑到可能影响后张预应力构件耐久性的主要因素及后果，见表2-20。预应力筋（钢绞线、钢丝）的耐久性能可通过材料表面处理、预应力套管、预应力套管填充、混凝土保护层和结构构造措施等环节提供保证，目前可能采取的预应力筋耐久性防护工艺和措施见表2-21。预应力锚固端的耐久性应通过锚头组件材料、锚头封罩、封罩填充、锚固区封填和混凝土表面处理等环节提供保证，目前可能采取的锚固端耐久性防护工艺和措施见表2-22。

表 2-20 影响预应力体系耐久性的主要因素及其后果

| 序号 | 影响因素 | 后 果 |
|---|---|---|
| 1 | 预应力体系的材料缺陷 | 材料（如高强钢丝、金属孔管道、灌浆材料等）自身耐久性不足 |
| 2 | 预应力施工质量 | 预应力管道灌浆质量缺陷 |
| 3 | 伸缩缝 | 漏水，腐蚀性物质侵入预应力体系内部 |
| 4 | 施工缝 | 透水，腐蚀性物质侵入预应力体系内部 |
| 5 | 混凝土开裂 | 降低混凝土抗渗性，腐蚀性物质侵入 |
| 6 | 管道与锚固段布置 | 不当的布置导致钢绞线保护体系失效 |
| 7 | 预制节段的拼接方式 | 拼接界面不密封，腐蚀性物质侵入 |
| 8 | 海洋环境和除冰盐环境 | 氯离子侵入预应力体系造成钢丝锈蚀破坏 |
| 9 | 防水、排水系统 | 外界水分和含有化学腐蚀物质的水溶液侵入预应力体系内部 |
| 10 | 结构检测设施不完善 | 无法掌握预应力的实际运营状态 |

表 2-21 预应力筋耐久性防护工艺和措施

| 防 护 工 艺 | 防 护 措 施 |
|---|---|
| 预应力筋表面处理 | 油脂涂层或环氧涂层 |
| 预应力套管内部填充 | 水泥基浆体、油脂或石蜡 |
| 预应力套管内部特殊填充 | 管道填充浆体中加入阻锈剂 |
| 预应力套管 | 高密度聚乙烯、聚丙烯套管或金属套管 |
| 预应力套管特殊处理 | 套管表面涂刷防渗涂层 |
| 混凝土保护层 | 具有连续密封套管的后张预应力钢筋，其混凝土保护层厚度可与普通钢筋相同且不应小于孔道直径的1/2；否则应比普通钢筋增加10mm |
| 混凝土表面涂层 | 耐腐蚀表面涂层和防腐蚀面层 |

注：1. 预应力筋钢材质量需要符合《预应力混凝土用钢丝》(GB/T 5223)、《预应力混凝土用钢绞线》(GB/T 5224)与《预应力钢丝及钢绞线用热轧盘条》(YB/T 146)的技术规定。

　　2. 金属套管仅可用于体内预应力体系。

表 2－22　预应力锚固端耐久性防护工艺和措施

| 防护工艺 | 防护措施 |
| --- | --- |
| 锚具表面处理 | 锚具表面镀锌或者镀氧化膜工艺 |
| 锚头封罩内部填充 | 水泥基浆体、油脂或者石蜡 |
| 锚头封罩内部特殊填充 | 填充材料中加入阻锈剂 |
| 锚头封罩 | 高耐磨性材料 |
| 锚头封罩特殊处理 | 锚头封罩表面涂刷防渗涂层 |
| 锚固端封端层 | 细石混凝土材料 |
| 锚固段表面涂层 | 耐腐蚀表面涂层和防腐蚀面层 |

注：1. 锚具组件材料需要符合《预应力筋用锚具、夹具和连接器》(GB/T 14370)、《预应力筋用锚具、夹具和连接器应用技术规程》(JGJ 85) 的技术规定。

2. 锚固端封端需采用无收缩高性能细石混凝土封锚，其水胶比不得大于本体混凝土的水胶比，且不应大于 0.4；保护层厚度不应小于 50mm，且在氯化物环境中不应小于 80mm。

# 2.4　施　工　工　艺

　　风电场一般建设于偏远地区，自然条件恶劣、运输条件差、施工难度大、经常遭遇阻工等，对于风电机组基础的施工极为不利。风电机组基础属于大体积混凝土工程，容易因水泥的水化热而产生温度应力和收缩应力，引起混凝土裂缝。基于上述诸多原因，风电机组基础混凝土施工时应根据风电场所处地理环境的特点，结合以往施工经验，从原材料到浇筑完毕后的养护测温整个过程的各个环节进行控制，以保证风电机组基础的质量。

## 2.4.1　大体积混凝土施工基本要求

　　《大体积混凝土施工标准》(GB 50496) 规定：混凝土结构物实体最小几何尺寸不小于 $1m^3$ 的大体量混凝土，或预计会因混凝土中胶凝材料水化引起的温度变化和收缩而导致有害裂缝产生的混凝土，称为大体积混凝土。风电机组基础混凝土属于大体积混凝土结构。按 GB 50496 规定，进行施工组织设计，包括以下内容：

　　(1) 大体积混凝土浇筑体温度应力和收缩应力计算结果。

　　(2) 施工阶段主要抗裂构造措施和温控指标的确定。

　　(3) 原材料优选、配合比设计、制备与运输计划。

　　(4) 主要施工设备和现场总平面布置。

　　(5) 温控监测设备和测试布置图。

　　(6) 浇筑顺序和施工进度计划。

（7）保温和保湿养护方法。

（8）应急预案和应急保障措施。

（9）特殊部位和特殊天气条件下的施工措施。

## 2.4.2 材料特点

1. 材料的选择

（1）水泥的选择。水泥是混凝土的主要构成材料，在进行大体积浇筑混凝土施工前必须根据施工所在地的自然环境和工程项目建设的要求选择适合的水泥。而且为了确保水泥的质量，进场前应进行严格的检查，要求水泥供应商提供相应的出场证明、质量检测报告等，并对进场水泥的型号、品种、等级、出场日期等细节性问题进行细致的检查。此外，为避免裂缝等问题出现，在施工过程中应选择水化热较低的水泥。

（2）骨料的选择。应根据工程项目的具体建设要求以及施工所在地的不同选择骨料，且在骨料进场前要进行严格的质量检测。

（3）掺和料与外加剂的选择。在选择掺和料和外加剂时应选择绿色环保产品并且保证所选择的掺和料和外加剂已经过权威部门检测。

2. 合理设计混凝土配合比

混凝土配合比指混凝土中各组成材料之间的比例关系。设计混凝土配合比是混凝土施工中非常重要的工作，直接关系到混凝土工程的质量、混凝土工程的成本及混凝土工程的顺利进行。不同的混凝土工程，其对混凝土配合比的要求是不同的。因此，在具体的施工过程中，施工人员应根据工程建设特点，通过实验选择确定合适的混凝土配合比，并根据原材料的含水率及时对配合比进行调整以保证工程质量。在选择确定合适的混凝土配合比后，为了确保混凝土的质量，还应该加强对混凝土配合比的管理，需要对混凝土的拌制实行全程监督管理。

## 2.4.3 浇筑施工

1. 浇筑施工前的检查

在进行混凝土浇筑施工前，首先应该对基础环钢筋保护层的厚度、平整度、预埋管位置等进行检查，以确保其符合工程项目的质量要求。此外，为了避免基础环上的镀锌层受到水泥泥浆的污染还必须做好基础环的防护工作。

2. 混凝土的拌和

应该严格按照科学的配合比进行混凝土拌和，保证施工的精准。此外，还应该时刻监测砂石骨料等含水量的变化情况。混凝土在拌和过程中还需要严格控制坍落度，混凝土在拌和均匀出场时应组织专门人员对混凝土坍落度进行检测，确保混凝土符合质量标准后方可进行浇筑施工。

3. 浇筑施工顺序

混凝土浇筑施工应该首先从风电机组基础的中心开始，然后向四周扩展，在浇筑的过程中采用斜边分层浇筑的方法进行浇筑。在进行混凝土浇筑施工时应组织专门的检查人员对混凝土的凝结情况进行跟踪检查，在混凝土初凝完成前及时覆盖。在浇筑底部模板时，首先应振捣密实该部分的混凝土，然后在模板外部进行铺高施工，防止振捣时出现混凝土漏浆的情况。在进行混凝土浇筑时，需要对模板、基础环、预埋管线、钢筋等情况安排专职人员进行跟踪检查，发现问题及时上报处理，以确保工程的顺利进行。

4. 浇筑的注意事项

浇筑过程中，对于混凝土表面出现的浮浆应该指派专人进行清除，并且在混凝土终凝前进行压实打磨，避免混凝土出现裂缝。此外，混凝土在浇筑过程中还应有效避免出现坍落度较大的现象。

5. 混凝土振捣

混凝土在振捣过程中应将振动板插至下层混凝土下 50cm 左右处，从而使上下混凝土有效融合成一体。当混凝土振捣到位，气泡完全排出时方可进行后续振捣点的施工。混凝土在振捣过程中应该均匀选择振捣点，并按顺序逐个振捣，而且在振捣过程中应严格控制振捣的时间和强度。

## 2.4.4　施工养护

混凝土的温控包括混凝土的湿度和温度控制。新浇筑混凝土时应立即开始养护，避免水分的蒸发。湿养护不得中断，对不同构件，在不同季节应采取不同的初始（初凝前）的湿养护和温控措施。对于水胶比低于 0.45 的混凝土和大掺量矿物掺和料混凝土，尤其应注意初始保湿养护，避免新浇表面过早暴露在空气中。大掺量矿物掺和料混凝土在结束正常养护后仍应采取适当措施，在一段时间内防止混凝土表面快速失水干燥。不同组成凝胶材料的混凝土湿养护最低期限见表 2-23。

表 2-23　不同组成凝胶材料的混凝土湿养护最低期限

| 混凝土类型 | 水胶比 | 50%＜RH＜75%无风，无阳光直射 | | RH＜50%有风，或阳光直射 | |
| --- | --- | --- | --- | --- | --- |
| | | 日平均气温/℃ | 湿养护期限/d | 日平均气温/℃ | 湿养护期限/d |
| 胶凝材料中掺有粉煤灰（比例大于15%）或矿渣（比例大于30%） | ≥0.45 | 5 | 14 | 5 | 21 |
| | | 10 | 10 | 10 | 14 |
| | | ≥20 | 7 | ≥20 | 7 |
| | ＜0.45 | 5 | 10 | 5 | 14 |
| | | 10 | 7 | 10 | 10 |
| | | ≥20 | 5 | ≥20 | 7 |

| 混凝土类型 | 水胶比 | 50%<RH<75%无风，无阳光直射 | | RH<50%有风，或阳光直射 | |
|---|---|---|---|---|---|
| | | 日平均气温/℃ | 湿养护期限/d | 日平均气温/℃ | 湿养护期限/d |
| 胶凝材料主要为硅酸盐或普通硅酸盐水泥 | ≥0.45 | 5 | 10 | 5 | 14 |
| | | 10 | 7 | 10 | 10 |
| | | ≥20 | 5 | ≥20 | 7 |
| | <0.45 | 5 | 7 | 5 | 10 |
| | | 10 | 5 | 10 | 7 |
| | | ≥20 | 3 | ≥20 | 5 |

注：当有实测混凝土保护层温度数据时，表中气温用实测温度代替；RH 为大气湿度。

《混凝土结构耐久性设计标准》(GB/T 50476) 根据结构所处的环境类别与作用等级，对混凝土耐久性所需的施工养护制度做出了相应的规定，见表 2-24。

表 2-24 施 工 养 护 制 度 要 求

| 环境作用等级 | 混凝土类型 | 养护制度 |
|---|---|---|
| Ⅰ-A | 一般混凝土 | 至少养护 1d |
| | 大掺量矿物掺和料混凝土 | 浇筑后立即覆盖并加湿养护，至少养护 3d |
| Ⅰ-B、Ⅰ-C、Ⅱ-C、Ⅲ-C、Ⅳ-C、V-C、Ⅱ-D、V-D、Ⅱ-E、V-E | 一般混凝土 | 养护至现场混凝土的强度不低于 28d 标准强度的 50%，且不少于 3d |
| | 大掺量矿物掺和料混凝土 | 浇筑后立即覆盖并加湿养护，养护至现场混凝土的强度不低于 28d 标准强度的 50%，且不少于 7d |
| Ⅲ-D、Ⅳ-D、Ⅲ-E、Ⅳ-E、Ⅲ-F | 大掺量矿物掺和料混凝土 | 浇筑后立即覆盖并加湿养护，养护至现场混凝土的强度不低于 28d 标准强度的 50%，且不少于 7d。加湿养护结束后应继续用养护喷涂或覆盖保湿、防风一段时间至现场混凝土的强度不低于 28d 标准强度的 70% |

注：1. 表中要求适用于混凝土表面大气温度不低于 10℃的情况，否则应延长养护时间。
    2. 有盐的冻融环境中混凝土施工养护应按Ⅲ类、Ⅳ类环境的规定执行。
    3. 大掺量矿物掺和料混凝土在Ⅰ-A环境中用于久浸没于水中的构件。

## 2.4.5 山地施工

### 2.4.5.1 山地风电场的施工难点分析

1. 地形地势难点

在山地进行风电场施工时，由于其地形地势环境以及地质条件都比较复杂，且地理位置也相对偏远，其相对落后的交通基础条件给施工设备材料的运输带来了较大的困难，同时也不利于施工人员的进出作业。特别是在运输大容量单机设备时，由于风

· 51 ·

电机组塔筒的高度比较高，而且风轮直径较大，其整体重量也相对较大，这种超重超长部件对施工运输技术提出了更高的要求，同时也给设备的吊装施工带来了很大的难度。在风电场的建设过程中，由于必须严格控制风电机组尾流之间的相互干扰，因此在施工中需要将风电机组的水平间距控制在塔高的 3～4 倍，客观上加大了风电场的施工面积，而山地复杂多变的地形条件则给施工设备的转场以及施工操作带来了很大的困难。地形条件还会对一般山地风电场吊装作业平台面积产生较大的限制，造成作业平台面积相对较小，给吊装作业的开展带来较大困难。此外，山地复杂的地质条件对爆破开挖以及基础施工技术也都提出了很高的要求。

2. 气候条件难点

在山地风电场的施工建设中，由于此类区域的气候条件会随着海拔的不同产生相应的变化，整体气候比较复杂，各施工位置的温度往往存在明显的差异，这给混凝土的配置、浇捣以及养护等施工都增加了难度。此外，在施工过程中如果遇到下雨、夏季高温以及冬季温度较低，会对山地风电场的混凝土施工以及设备运输产生不利的影响。

3. 施工技术难点

山地风电场的施工建设对施工技术水平有很高的要求，因此施工技术的合理应用是风电场施工中的难点环节。在山地风电场的施工建设中，施工单位必须在全面、充分收集山地地区的气象、地质水文等环境资料的基础上科学选择施工技术工艺，对施工技术方案的可行性要进行全面的审核，做好技术交底工作；同时要优化工艺流程，合理配置施工材料设备和人员，尽量减少大型设备的转场，并要采取严格的施工技术质量控制措施，才能有效提高山地风电场的施工质量和效率。

### 2.4.5.2　山地施工质量控制要点分析

1. 道路施工质量控制要点

在山地风电场建设中，道路施工是重要的环节。由于山地风电场施工时一般会有大量爆破作业，因此在道路施工中会出现碎石跌落山崖或者砸坏树木等环保问题。施工单位的管理人员要按照施工图纸要求严格控制道路的放线测量精度。在施工过程中，质量管理人员要对道路开挖土方的尺寸以及技术工艺进行严格控制，同时应按照设计标准监测对边坡坡率。此外在道路施工中严禁擅自改变自然水源的流向，不得侵占超出征地范围外的林地以及耕地，并要做好相关的水土保持措施，加强对弃渣存放场地的管理，减少对自然环境的破坏。

2. 预埋设施工质量控制要点

施工单位还要对排水管以及电缆管等预埋件的施工质量加强管理监督，并确保防雷接地设备连接可靠。质量管理人员应严格按照施工图纸对预埋管的埋设位置以及管件规格等进行检查，同时要确保管件外观完好，无裂缝以及破损存在；同时要对防雷接地设备连接的可靠性和安全性进行检测，以确保施工的质量安全。

3. 浇筑混凝土施工质量控制要点分析

（1）严格控制混凝土混合料质量性能及配比。在山地风电场的施工过程中，混凝土的配置是质量控制的重点环节之一。施工单位要严格按照混凝土混合料的设计配比来控制各成分的用量。同时施工单位应根据设计要求尽量选择水化热较低的水泥型号，以防止混凝土出现温度裂缝，影响风电机组承台结构稳定性。因此施工单位应首先制作混凝土试块，合理选择外加剂，并对其强度、坍落度以及和易性等指标参数进行检测，并准确把握混凝土的初、终凝时间，以确保混凝土混合料的质量性能符合设计标准。

（2）严格控制浇捣混凝土施工质量要点。在浇注混凝土施工时，由于风电机组承台大多属于大体积混凝土构件，因此在施工中应采取分层浇筑方式，且应合理控制分层厚度，根据施工经验分层厚度一般应在 40cm 以内。此外在连续浇筑施工时，应尽量在 14h 内完成分层浇筑作业。浇筑过程中应首先浇筑风电机组基础结构外侧部分，以减少侧向力对整体基础结构稳定性的影响。同时施工单位要注意监测浇筑施工中的天气以及温度变化情况，以保证施工的质量。在振捣施工过程中应采取分段振捣方式，合理设置振点，振捣要充分均匀，并要准确控制振捣时间。此外在振捣施工时要准确控制振捣棒与模板之间的距离，确保两者间距达到 20cm 左右，以避免碰触破坏模板。完成浇捣施工后，施工单位还要对混凝土构件加强养护管理，以防止混凝土构件出现裂缝。

待模板、钢筋及预应力系统和各种预埋件施工完毕，经监理工程师检查认可后，即可进行混凝土浇筑。桥墩两侧梁段悬臂施工应对称、平衡，浇筑顺序由悬臂自由端向固定端浇筑，实际不平衡偏差不得超过块段重量的 20%。在混凝土浇筑完毕后，及时在顶板表面拉毛并进行混凝土养护。用棉被覆盖，并通蒸汽养护，气温较低时要保证养护温度，确保混凝土强度。当混凝土强度达到 2.5MPa 后方可拆除堵头模板，进行凿毛，经凿毛处理的混凝土面，应用水冲洗干净。

（3）预应力施工。待混凝土具备的强度超过 90% 时才能够实施张拉操作。张拉要严格根据规范流程开展工作；对于预应力施工过程中应用的机具和仪表，要派遣专人从事应用以及管理工作，同时要在规定的时间内对应用的机具和仪表进行养护。对预应力筋实施锚固操作时，要在张拉控制下的应力达到稳定的情况下开展。

（4）锚栓式基础施工质量控制要点。山地风电场锚栓式基础的施工质量也是质量控制中的重点环节，施工单位应指派专业技术人员对锚栓式基础施工加强监督控制。尤其上下锚板处的混凝土振捣施工单位的质量管理人员应加强监督管理，确保振捣设备选择合理，且要对振捣施工人员的操作规范性进行监督控制，以确保振捣均匀充分，且应科学控制振捣时间，以防止混凝土出现离析等现象，影响其密实度和强度。

在二次灌浆施工中，质量管理人员应对水泥砂浆防漏层的施工质量、模板接缝的紧密性等加强检测。锚栓式基础浇筑施工完成后，质量控制人员严格检测混凝土强度以及混凝土构件表面的平整度和密实度，对于存在质量缺陷的位置应及时要求施工人员采取修补或返工措施。

# 2.5　运　行　维　护

目前，国内不少风电场风电机组都暴露出不同程度的安全问题，主要表现在：①有些风电机组位于地质较差处，出现基础不均匀沉降，风电机组塔筒出现一定程度的偏斜；②风电机组基础混凝土施工质量差，强度偏低，基础整体刚度不足，振动较大；③风电机组基础环松动偏斜，基础环下法兰周边混凝土破坏，引起风电机组塔筒摆动过大，甚至歪斜；④塔筒分节处连接螺栓逐渐松动，甚至引起塔筒折断；⑤极端工况下有些风电机组倾覆倒塌；⑥采用预应力锚栓基础型式的风电机组基础，存在预应力锚栓断裂和预应力损失严重等现象。

风电机组在运行阶段往往受到极端运行工况、恶劣运行环境、地震等诸多影响因素的作用，基础作为维持风电机组正常运行的保证，其在诸多影响因素下能否正常工作就显得尤为重要。对于风电机组基础安全的日常维护主要包括定期监测和巡检工作。现有的安全监测主要是通过能够反映风电机组基础结构安全的变形监测进行，包括基础沉降监测和塔筒垂直度监测。定期巡检的内容主要包括外观检查、损伤检查，通过初步检查后开展基础混凝土质量专项检测。

# 第3章 风电机组混凝土基础结构缺陷及损伤机理

在工程实践中，风电机组基础出现了损伤破坏现象，需要分析其破坏机理，探究混凝土基础结构缺陷，研究其破坏的形式。本章通过对比不同时期风电机组基础的典型破坏形式，分析主要缺陷问题，研究混凝土基础结构破坏机理和耐久性损伤机理，在调查与分析结果的基础上，对基础加固处理及混凝土基础的设计、施工、检测评估和修补加固工作提出建议。

## 3.1 典型破坏型式

近年来，随着风电行业的大规模发展，风电机组基础施工和设计日益成熟，风电机组基础结构安全日益提高。尽管风电机组基础破坏仍时有发生，但大规模的倒塌事故越来越少。2010—2017 年，公开报道的风电倒塌事故 12 起。例如：2010 年年初，辽宁凌河风电场华锐风电两台风电机组倒塌，原因为调试施工过程发生倒塌；2016 年 2 月 20 日，大唐山西偏关水泉风电场 14 号风电机组倒塌，原因为峰值振动超标，振动跳闸装置未能开启，导致法兰疲劳开裂风电机组倒塌。类似的事故国外也有发生，2016 年 10 月 2 日，美国夏威夷毛伊岛一台 3MW - 101 直驱风电机组倒塌；2017 年 1 月 4 日，加拿大 Grand Etang 一风电场发生极端阵风导致的事故。由此可见风电机组典型破坏情况亟待解决，尤其在极端天气条件下应力状态的破坏型式，这对保障风电工程的安全性和可靠性至关重要。原有的《风电机组地基基础设计规定》(FD 003) 中仅明确地基和基础安全两个方面，对塔筒和基础连接之间的锚固安全尚无明确说明；现有规范《陆上风电场工程风电机组基础设计规范》(NB/T 10311) 中提到需验算锚固安全，但并没有明确的计算方法，锚固安全存在认识程度方面的差异，在实际运行中易导致锚固损伤破坏现象。施工期缺陷及危害见表 3 - 1。

表 3 - 1 施工期缺陷及危害

| 序号 | 类别 | 原因 | 危害 |
|---|---|---|---|
| 1 | 低强 | 原材料、配合比和工艺不当 | 承载力不足、耐久性影响 |
| 2 | 冷缝 | 施工工艺 | 承载力不足、耐久性影响 |

| 序号 | 类　别 | 原　因 | 危　害 |
|------|--------|--------|--------|
| 3 | 空洞、不密实 | 施工工艺 | 承载力不足、耐久性影响 |
| 4 | 裂缝 | 原材料、配合比、施工工艺、养护不当 | 承载力不足、耐久性损伤 |

### 3.1.1　施工期风电机组基础破坏

在 2006 年 8 月 10 日 "桑美" 台风中，某风电场 28 台风电机组全部受损，其中 5 台倒塌（3 台单机容量 600kW 风电机组钢塔筒被折断、2 台刚完成吊装的单机容量 750kW 风电机组地基被拔出）、5 台风电机组机舱盖被吹坏、11 台风电机组叶片被吹断。据被吹倒的测风仪留下的最后数据显示，风电场的瞬时风速达 85m/s。2006 年 "桑美" 台风中被破坏的风电机组基础如图 3-1 所示。

图 3-1　2006 年 "桑美" 台风中被破坏的风电机组基础

该风电场的大部分基础承受了超设计风速的考验，但连根拔出的基础至少在设计和施工方面存在以下不安全因素：

（1）基础环（法兰筒）的底端在基础台柱和底板的分界面，没有伸入基础底板与扩展基础形成整体。

（2）混凝土级配和混凝土现场搅拌质量较差，基础台柱和底板混凝土分两次浇筑，且没有采取可靠的缝面处理措施，缝面黏接质量差，影响了台柱与底板之间的整体性。

（3）台柱与底板之间的圆周向配筋太少，钢筋间距达 60cm 左右，进一步削弱了台柱与底板混凝土之间的整体性连接；台柱高度方向的配筋很少，钢筋间距在 40cm 左右，削弱了台柱刚度。

### 3.1.2 运行期风电机组基础破坏

某风电场同批次施工安装了 59 台单机容量 850kW 的风电机组并经过了 72h 的试运行。在 2008 年 4 月正常运行时，一台风电机组突然倒塌，基础连根被拔出，倒塌时风速约 12m/s，已进入风电机组的额定风速，塔筒底部（基础环）钢筋被完全拔出。某风电场被破坏的风电机组基础如图 3-2 所示。

图 3-2　某风电场被破坏的风电机组基础

经分析，该风电机组基础混凝土设计强度等级 C30，但事故后检测芯样的强度等级仅为 C10～C25，基础混凝土实际强度偏低，主要原因在于：混凝土搅拌、振捣不均匀，混凝土级配较差；基础施工可能存在施工间歇，存在施工冷缝，缝面有沙土现象，且钢筋数量减少、长度不足。初期运行时风电机组振动较厉害，且倒塌的风电机组换过叶片，与上部结构及基础的刚度也有关。

### 3.1.3 运行期基础环接触部位损伤

投运以后的风电场中经常可以发现，在基础环与混凝土的交接面上出现翻浆和开裂现象。随着塔筒带动基础环摆动，筒壁与混凝土之间侵入的水不断被挤出和侵入，在没有水时这种挤压也在发生，基础环与混凝土之间持续摩擦，钢筒将强度相对较小的混凝土磨成粉。这种粉尘以冒浆的形式带出接触面，在筒内外侧形成泥浆，磨损严重的已导致穿孔钢筋剪断。

近年来，我国风电装机容量迅猛发展，自 2012 年以来我国风电装机容量开始保持世界第一。目前，风电机组基础与底部塔筒的连接方式主要有基础环和锚栓两种。其中基础环具有安装简便、施工方便的优势，是主流设备厂家应用广泛的连接方式。近年来，随着这种连接方式的不断应用，基础环在运行中存在的问题也在不断暴露出来。

接触部位裂缝的基础环实质是厚壁钢筒，可以视作刚体，其弹性模量与混凝土差别非常大。上部塔筒在风荷载作用下会有一定程度的变形，连接底部塔筒的基础环随着上部塔筒的摆动，也会发生一定位移。虽然基础环生产厂家在工厂会对基础环壁做喷砂处理，但基础环与混凝土之间仍然会有相对变形，即基础环和混凝土的接触面会脱开。这种脱开，是基础环连接方式本身的缺陷，无法避免。脱开意味着基础环相对基础混凝土发生位移，基础环顶面的倾斜度增加，导致塔筒倾斜，二阶弯矩增大，而二阶弯矩又进一步加剧基础环相对混凝土的位移。具体表现为基础环与混凝土之间的裂缝进一步扩大，塔筒的振动加剧，严重时塔筒内的振动监测装置报警停机。上述裂缝问题在目前投产的风电场较为常见，但是截至目前，还未出现基础环从基础中拔出而导致风电机组倒塌的事故。这是由于厂家在基础环底部焊接了厚壁底法兰，使其嵌固在混凝土内部，这个法兰提供的嵌固力避免了基础环被拔出。同时在基础环壁上开孔，配置一定数量的穿孔钢筋，将基础环锚固于混凝土内。

投运以后的风电场，运行人员雨后到风电机组进行例行巡视时可以发现，在基础环与混凝土的交接面上很多风电机组会出现冒泡的情况，这其实是基础环与混凝土之间脱开的有力证明。基础环与混凝土之间有水侵入，随着塔筒带动基础环摆动，筒壁与混凝土之间侵入的水不断被挤出和侵入，产生冒泡现象。不光是有水的情况，在没水的情况下，这种挤压也在发生，基础环与混凝土之间持续摩擦，钢筒将强度相对较小的混凝土磨成粉。有水侵入时，水会将这种粉尘以冒浆的形式带出接触面，在筒内外侧形成泥浆。更有甚者，穿孔钢筋由于这种循环磨损的存在而疲劳破坏，被剪断。这种情况下，基础环与基础的连接就全靠底法兰与混凝土的嵌固力，底法兰以上，基础环与混凝土之间已经不存在黏结力。

### 3.1.4　预应力锚栓存在的问题

鉴于基础环基础存在以上问题，锚栓基础现阶段在市场上也在逐步发展。锚栓采用高强度合金钢制作而成，强度大，配合高强度灌浆，可施加预应力，与混凝土结合的整体性好，避免了基础环与混凝土结合面出现的各类问题。但锚栓也有其自身的问题，例如断裂、锈蚀等。

#### 1. 预应力锚栓无法持力

随着锚栓质量控制逐渐规范，因锚栓断裂而产生的破坏越来越少。风电机组预应力锚栓基础施工中应特别注意混凝土振捣和高强灌浆料的质量问题。与传统基础环基础不同，预应力锚栓基础在塔筒吊装、锚栓张拉时，混凝土受到比较大的预压力。若混凝土振捣不足，尤其是上锚板下方和下锚板上方振捣不足，混凝土疏松或强度不足，会引起锚栓张拉之后锚板发生较大的变形，直接表现是混凝土表面有大大小小的裂缝，间接表现是锚栓张拉之后锚栓的伸长量参差不齐，锚栓预拉力难以稳定，无法验收，上锚板水平度变大等（图 3-3）。此类施工不利发生后，需要钻芯测量混凝土内部强度，然后根据强度决定处理方法。若强度满足，则清除表面不密实处，做修补；若强度不满足，则需要钻孔开槽进行压力灌浆，或减小预压力，或与主机厂协调降低风电机组功率。此类问题一旦发生，将带来较大的直接经济损失和其他间接损失（如发电量等）。只有用合适的振捣设备，按施工规范要求认真振捣，此类问题才不会发生。

图 3-3 混凝土振捣不密实

**2. 高强砂浆质量差**

高强灌浆料要求无收缩、自流平、微膨胀。其施工容易保证，一般不存在施工问题，出现问题大多是因为采用国产品牌灌浆料带来的施工质量不稳定问题。风电机组锚栓基础中的高强灌浆料，不同于一般的加固用高强灌浆料，其直接承受上锚板传来的巨大压力，再传递到混凝土中，且受风电机组往复疲劳荷载作用。根据以往的经验，表现在吊装前分层开裂，或吊装后破坏等（图 3-4、图 3-5）；而采用成熟品牌，只要施工得当，就不会出现此类问题。灌浆料吊装前出问题尚可补救；若吊装后暴露出问题，则难以补救，严重的要拆下风电机组处理。

图 3-4 灌浆层开裂　　　　　　　　图 3-5 灌浆层脱落

# 3.2　缺　陷　主　要　原　因

## 3.2.1　施工期缺陷主要原因

风电机组混凝土基础结构拆模后，表面经常显露出各种不同程度的缺陷，如麻面、蜂窝、露筋、孔洞、掉角、缝隙、夹渣层等。此外，也易出现预应力锚栓张拉变形较大、灌浆料开裂等现象。这些缺陷的存在表明混凝土和灌浆料不密实、强度低，构件截面削弱，结构承载能力降低。产生上述缺陷主要原因是原材料质量差、混凝土配合比不当、施工工艺问题和养护不当等方面存在的问题。

#### 3.2.1.1 原材料质量差

1. 水泥质量不良

（1）水泥实际活性（强度）低。常见的有两种情况：①水泥出厂质量差，而在实际工程中应用时，又在水泥 28d 强度试验结果未测出前，先估计水泥强度等级配制混凝土，当 28d 水泥实测强度低于原估计值时，就会造成混凝土强度不足；②水泥保管条件差或储存时间过长，造成水泥结块、活性降低，从而影响混凝土强度。

（2）水泥安定性不合格。水泥安定性不合格的主要原因是水泥熟料中含有过多的游离氧化钙或游离氧化镁，有时也可能由于掺入石膏过多导致。水泥熟料中的游离氧化钙和游离氧化镁都是烧过的，遇水后熟化极缓慢，熟化所产生的体积膨胀会延续很长时间。当石膏掺量过多时，石膏与水化后水泥中的水化铝酸钙反应生成水化硫铝酸钙，也会产生体积膨胀。这些体积变形若在混凝土硬化后产生，会破坏水泥结构，导致混凝土开裂，同时降低混凝土强度。尤其需要注意的是，用安定性不合格的水泥配制的混凝土，表面虽无明显裂缝，但强度却极低。

2. 骨料（砂、石）质量不良

（1）石子强度低。在有些混凝土试块试压中可见不少石子被压碎，说明石子强度低于混凝土的强度，导致混凝土实际强度下降。

（2）石子体积稳定性差。由多孔燧石、页岩、带有膨胀黏土的石灰岩等制成的碎石，在干湿交替或冻融循环作用下，常表现为体积稳定性差，从而导致混凝土强度下降。

（3）石子形状与表面状态不良。针片状石子含量高会影响混凝土强度。具有粗糙和多孔表面的石子因与水泥结合较好，对混凝土强度尤其是抗弯和抗拉强度会产生有利的影响。在水泥和水灰比相同的条件下，碎石混凝土比卵石混凝土的强度高 10%左右。

（4）骨料（尤其是砂）中有机杂质含量高。骨料中含腐烂动植物等有机杂质对水泥水化产生不利影响，从而使混凝土强度下降。

（5）黏土、粉尘含量高。由此原因造成的混凝土强度下降主要表现为：①这些微粒包裹在骨料表面，影响骨料与水泥的黏结；②这些微粒增加了骨料表面积，增加了用水量；③黏土颗粒体积不稳定，干缩湿胀，对混凝土有一定破坏作用。

（6）三氧化硫含量高。骨料中含有硫铁矿或生石膏等硫化物或硫酸盐，当三氧化硫含量较高时（例如大于 1%），有可能与水泥发生水化作用，生成硫铝酸钙，发生体积膨胀，导致硬化的混凝土开裂和强度下降。

（7）砂中云母含量高。由于云母表面光滑，与水泥石的黏结性能极差，加之极易沿节理裂开，因此砂中云母含量较高，对混凝土的各项物理力学性能（包括强度）均有不利影响。

3. 拌和水质量不合格

拌制混凝土时若使用有机杂质含量较高的沼泽水，含有腐殖酸或其他酸、盐（特别是硫酸盐）的污水和废水，可能造成混凝土物理力学性能下降。

4. 外加剂质量差

目前某些小厂生产的外加剂质量不合格的现象相当普遍，由于外加剂质量差造成混凝土强度不足，甚至混凝土不凝结的事故时有发生。

### 3.2.1.2 混凝土配合比不当

混凝土配合比是决定强度的重要因素之一，其中水灰比直接影响混凝土强度，其他如用水量、砂率等也影响混凝土的各种性能，从而造成强度不足事故。这些因素在工程施工中，一般表现在如下方面：

（1）随意套用配合比。混凝土配合比是根据工程特点、施工条件和原材料情况，由工地向试验室申请试配后确定的。部分工程未开展配合比试验，套用其他工程的配合比，从而造成强度不足的事故。

（2）水泥用量不足。除了施工工地计量不准外，包装水泥的重量不足也屡有发生。而工地上习惯采用以包计量的方法，易导致混凝土中水泥用量不足，也会造成强度偏低。

（3）用水量加大。较常见的有搅拌机上加水装置计量不准，不扣除砂、石中的含水量，甚至有在浇灌地点任意加水等情况。用水量加大后，混凝土的水灰比和坍落度增大，易造成强度不足事故。

（4）砂、石计量不准。较普遍的是计量工具陈旧或维修管理不好，精度不合格。有的工地对砂、石不认真过磅，有的将质量比折合成体积比，造成砂、石计量不准。

（5）外加剂用错。

1）品种用错。在未搞清外加剂具有何种性能（早强、缓凝、减水等）前，盲目乱掺外加剂，导致混凝土达不到预期的强度。

2）掺量不准。曾发现有两个工地掺用木质素磺酸钙，因掺量失控，造成混凝土凝结时间推迟，强度发展缓慢，其中一工地混凝土浇完后 7d 不凝结，另一工地混凝土 28d 强度仅为正常值的 32%。

（6）碱骨料反应。当混凝土总含碱量较高，又使用含有碳酸盐或活性氧化硅成分的粗骨料（蛋白石、玉髓、黑曜石、沸石、多孔燧石、流纹岩、安山岩、凝灰岩等制成的骨料）时，可能产生碱骨料反应，即碱性氧化物水解后形成的氢氧化钠与氢氧化钾与活性骨料发生化学反应，生成不断吸水膨胀的凝胶体，造成混凝土开裂和强度下降。在其他条件相同的情况下，碱骨料反应后混凝土强度仅为正常值的 60% 左右。

### 3.2.1.3　施工工艺问题

（1）混凝土拌制不佳。混凝土拌制不佳包括向搅拌机中加料顺序颠倒、搅拌时间过短、造成拌和物不均匀等。

（2）运输条件差。如在运输中发现混凝土离析，但未采取有效的措施（如重新搅拌等）；运输工具漏浆等。

（3）浇灌方法不当。浇灌方法不当包括浇灌时混凝土已初凝、混凝土浇灌前已离析等。

（4）模板严重漏浆。某工程钢模严重变形，模板缝 5～10mm，严重漏浆，实测混凝土 28d 强度仅达设计值的一半。

（5）成型振捣不密实。混凝土入模后的空隙率达 10%～20%，不按施工操作规程认真操作，造成漏振或模板漏浆，必然影响强度。

（6）大体积钢筋混凝土采用斜向分层浇筑，很可能造成底部附近混凝土孔洞。此外，混凝土浇灌口间距太大，或一次下料过多，同时又存在平仓和振捣力量不足等问题，也易造成孔洞事故。

### 3.2.1.4　养护不当

混凝土浇捣后，逐渐凝固、硬化，这个过程主要由水泥和水发生水化作用来实现。而水化作用必须在适当的温度和湿度条件下才能逐渐完成。如果没有水，水泥水化作用难以进行，所以混凝土捣制后应保持潮湿状态。此外，温度对它也有一定影响；温度升高时，水泥水化作用加快，混凝土强度增长速度也加快；温度降低时，混凝土硬化速度也会相应地减慢。因此，混凝土振捣成型后，必须对混凝土进行养护。尤其在空气干燥、气候炎热、风吹日晒的环境中，混凝土中水分蒸发过快，不但影响水泥的水化，而且还会出现表面脱皮、起砂、干裂等现象。

混凝土的强度增长与养护时期的气温有密切关系。在 4℃时比在 16℃时养护时间长 3 倍。当气温在 0℃ 以下时，水化作用基本停止。当气温低于 −3℃ 时，混凝土中的水发生冻结，水在结冰时体积膨胀 8%～9%，使混凝土有被胀裂的危险。

实践证明，混凝土在凝结前 3～6h 受冻结，其 28d 强度将比设计强度下降 50%；如果在凝结后 2～3h 受冻结，其 28d 强度将比设计强度下降 15%～20%；而当强度达到设计强度 50% 以上，并且抗压强度不低于 5MPa 时受冻结，则不会影响它的强度。因此，在冬季施工前后，应密切注意天气预报，以防气温突然下降，遭受寒潮和霜冻的袭击；冬季浇筑的混凝土，必须注意前几天的保温养护工作，确保在受冻前，混凝土的抗压强度不低于规定值。

### 3.2.2 设计缺陷及破坏

基础结构设计缺陷是不常出现的，但在工程实践中也存在设计缺陷导致的后期承载力不足，而产生基础和基础环破坏现象。

主要造成破坏的设计原因既包括技术标准不规范，同时又存在设计过程中的人为误差。以风电机组基础锚固安全为例，技术标准制定得不够详细明确而导致误差比较大，原有的《风电机组地基基础设计规定》（FD 002）中并无关于锚固安全的要求。以华东某项目为例，2018 年某风电场运行不到 100d 的时间内，就发现整个风电场基础均存在不同程度的开裂现象，后经核对图纸后发现，风电机组基础设计存在较为严重的问题，由于竖向钢筋配置较少，且锚固深度不足，导致基础环锚固承载力不足。这与 2006 年、2008 年发生的基础倒塌原因类似。该问题出现后，新颁布的《陆上风电场工程风电机组基础设计规范》（NB/T 10311）中明确要求开展锚固设计，但并未明确相关计算方法。

### 3.2.3 厂家控制策略问题及破坏

随着风能的大规模开发，风电机组逐渐向高塔架迈进，基础结构受到的荷载也越来越大。高塔架风电机组在国内的研究起步相对较晚，但始终是行业的热点。风电机组结构绝非仅仅是塔架高度的简单提升，还涉及机组控制策略、运输、安装、施工等一系列技术问题的整体工程解决方案。

随着钢塔筒不断加高，塔架一阶固有频率和风轮转速频率重合，塔架共振问题是塔筒和基础结构安全所面临的重要问题。目前常见的柔塔控制策略是采用动态穿越来应对（图 3-6），已经比较成熟，当风电机组运行转速接近共振转速时，共振穿越策略会让风电机组快速地穿越到其他转速，使风电机组几乎很难在共振转速附近运行，从而有效避开塔架共振问题。部分厂家还会在共振穿越策略避共振的基础上，酌情考虑采用摆锤或水箱等方式对塔架进行加阻，从而进一步削弱机组的塔架共振现象。

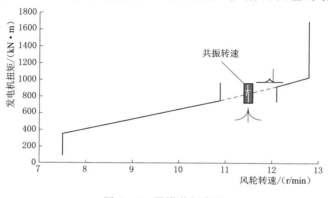

图 3-6 柔塔共振穿越

然而在工程实践中，由于受控制策略和控制设备的制约，也可能会出现短暂共振现象，可能会出现基础结构所受荷载超过原有极端荷载而发生损伤和破坏的现象。

# 3.3　结构破坏机理

## 3.3.1　施工冷缝破坏机理

在风荷载产生弯矩和水平力以及重力荷载作用下，风电机组基础底面将产生如图 3-7 所示的非均布地基反力。在该地基反力作用下，基础挑出端（基础变阶处断面外侧）将形成类悬臂梁结构，从而在变阶处断面上产生弯矩 $M$，如图 3-8 所示。

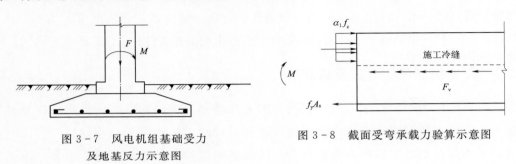

图 3-7　风电机组基础受力　　　　图 3-8　截面受弯承载力验算示意图
及地基反力示意图

根据钢筋混凝土结构正截面承载力设计原理，该弯矩 $M$ 将由截面底部钢筋拉力和顶部混凝土受压区压力共同承担。如果出现图 3-8 中所示的水平施工冷缝，则该冷缝抗剪强度必须满足不小于受压区混凝土所产生的压力条件，从而使截面上的混凝土压力和钢筋拉力形成有效力偶来抵抗截面弯矩。如施工冷缝不能提供足够抗剪强度，则在施工冷缝上下会形成两个独立结构，严重削弱结构承载力。施工冷缝的抗剪强度与垂直于冷缝的压力、配置钢筋数量有关。

两个叠合界面的抗剪性能可以归结于新旧混凝土植筋界面的抗剪性能。目前相关的规范针对新旧混凝土的计算都是基于剪切—摩擦理论。剪切—摩擦理论将界面剪力分成界面黏结力 $V_{adh}(s)$、摩擦力 $V_{sf}(s)$ 和界面钢筋的销栓力 $V_{sr}(s)$ 3 个部分，即

$$V(s) = V_{adh}(s) + V_{sf}(s) + V_{sr}(s) \tag{3-1}$$

界面黏结力是新旧混凝土之间的化学作用产生的，当达到最大界面黏结力时混凝土界面开始出现分离，剪应力通过机械咬合作用传递。如果界面受法向压应力，剪应力通过剪切—摩擦传递，随着界面法向位移增加，穿过界面的钢筋受拉直至屈服，由剪切钢筋受拉产生了界面摩擦力 $V_{sf}(s)$，通过摩擦力传递剪切荷载。界面的滑移使得钢筋受剪，钢筋产生销栓力 $V_{sr}(s)$。

（1）$V_{adh}(s)$ 的大小由新旧混凝土间的黏结抗剪强度 $\tau_{adh}$ 决定，即

$$V_{adh}(s) = A_c \tau_{adh} \qquad (3-2)$$

式中 $A_c$——界面面积；

$\tau_{adh}$——新旧混凝土结合面黏结的抗剪强度，与许多因素有关，如界面粗糙度、界面剂类型以及新旧混凝土的立方体抗压强度等。

（2）剪切钢筋受拉产生界面摩擦力 $V_{sf}(s)$，其计算公式为

$$V_{sf}(s) = \mu F_g \sin\alpha \qquad (3-3)$$

式中 $F_g$——预埋钢筋抗拔承载力；

$\mu$——界面摩擦系数；

$\alpha$——剪切钢筋和剪切面的角度。

根据新旧混凝土结合面的破坏可知，结合面黏结破坏时植入钢筋破坏形式主要有锥体—黏结复合破坏、黏结破坏、钢筋屈服破坏及纯粹锥体破坏 4 种情况。

从试验的情况可以看出，在极限荷载时界面连接钢筋锚固良好，钢筋受拉屈服，因此钢筋屈服时提供的 $F_g$ 为

$$F_g = n A_s f_y \qquad (3-4)$$

式中 $n$——界面钢筋根数；

$A_s$——钢筋面积；

$f_y$——钢筋抗拉强度。

（3）钢筋产生销栓作用，通过对钢筋混凝土裂缝截面剪力传递性能的试验研究认为：裂缝截面的纵向钢筋销栓作用机理承受的剪力约占接合面剪力传递机理所承受剪力的 $20\% \sim 30\%$。分析表明，销栓作用机理对植入钢筋抗剪承载力的主要影响因素有混凝土的抗压强度、植入钢筋直径、植入钢筋锚固深度和植筋胶与钢筋、混凝土的黏结力大小等。最大销栓力可以根据 Dulacska 建议的公式，并考虑剪切钢筋和剪切面的角度，即

$$V_{sr}(s) = 1.27 d^2 \sqrt{f'_c f_y} \sin\alpha \qquad (3-5)$$

式中 $f'_c$——混凝土的圆柱体抗压强度；

$d$——钢筋直径；

$\alpha$——钢筋与界面之间的夹角。

利用上述公式，对所有构件的组成因素进行拆分，由于界面黏结力 $V_{adh}(s)$ 的大小和众多因素有关，叠合构件在开裂之前，界面抗剪承载力主要由界面黏结力承担，开裂之后，随着滑移的增加，一侧黏结力发生破坏，界面黏结力突然降低，此侧由黏结力承担的荷载转移到钢筋，因此剪切钢筋受拉产生的界面压力以及钢筋的销栓作用力有一个跳跃；随着滑移的增加，另一侧的界面黏结力继续发挥作用，剪切钢筋受拉产生的界面压力以及钢筋的销栓力也逐渐增加；在极限状态时，界面的黏结力已有一定的破坏，因此在计算极限承载力时并不能用界面黏结力和剪切钢筋受拉产生的界面

压力、钢筋销栓力三者的最大值简单相加。叠合桁架构件在一侧黏结力发生破坏后，界面黏结力降低幅度较大，而叠合箍筋构件降低幅度较低，在达到极限荷载后，叠合桁架构件的界面黏结力几乎完全丧失，而叠合箍筋构件仍具备一定的黏结力，从侧面反映出叠合箍筋构件延性优于叠合桁架构件。在极限状态时，叠合界面的黏结力对界面抗剪承载力的贡献在 32%～38%；钢筋受拉产生的界面摩擦力承担了很大的作用，其贡献的比例在 41%～47%；钢筋的销栓力贡献在 21%左右。

### 3.3.2　锚固破坏机理

**1. 底部 T 型板与混凝土锚固机理**

在风电机组基础中，作用在基础钢环上的竖向荷载（永久荷载和可变荷载）都是通过钢环与混凝土之间的黏结和端部钢板锚固作用将力传递到基础上，最终使型钢与混凝土共同受力。为了充分发挥混凝土的承载作用，就应该保证钢环与混凝土之间的锚固作用足够大，足以使作用在钢环上的力能够充分传递到混凝土中。因此，除了合理地确定钢环的自然黏结强度，在两者之间设置 T 型板是非常有必要的，作为风电机组基础结构的关键部件，T 型板的作用可防止界面处两者之间发生相互滑动和分离。

风电机组基础 T 型板属于刚性连接件，抵抗混凝土与钢环之间的纵向剪力，约束两者在沿钢板锚固方向的相对滑移，并防止钢环与混凝土间的掀起作用。由于滑移刚度很大，极限状态时，会使得 T 型板接触的混凝土受压，其抗拔锚固性能提高，但是一旦达到混凝土的抗压强度，抗拔承载力将完全丧失，因此 T 型板与混凝土之间的受拔承载力主要取决于混凝土的局部抗压强度，即其相互作用是通过它们之间的局部承压来平衡的。

目前各国规范对风电机组基础剪力连接件（即 T 型板）的设置没有明确规定，仅仅是假设构造钢筋，因此合理确定基础钢环的埋设深度（自然黏结强度），并根据结构要求在底部设计抗剪连接件，防止基础钢环掀起破坏及减少交界面滑移，具有较大的实用价值和理论意义。

**2. 风电机组基础钢环的锚固机理**

在风电机组基础结构中，锚固长度问题主要存在于基础环的埋设深度及设置 T 型板，在目前的设计及工程应用中，基本都是采用设置剪力连接件的方法等，按照构造要求加强钢混凝土之间的锚固作用，如图 3-9 所示，而没有充分考虑型钢与混凝土之间的黏结作用或者仅仅考虑依靠增加锚固长度而未考虑抗剪连接件的方法。

在风电机组基础中，钢环与混凝土的黏结力或者抗滑移力由以下部分组成：①混凝土中的水泥凝胶体在型钢表面产生的吸附力或者化学黏结力，其抗剪强度取决于水泥的性质和型钢表面的粗糙程度，当型钢受力后产生较大变形、发生局部滑移后，黏结力就丧失了；②当混凝土的黏结力破坏后周围混凝土对型钢的摩阻力发挥作用，它

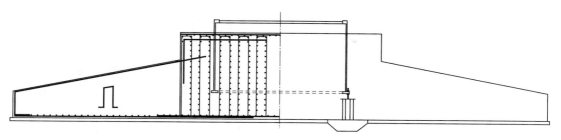

图 3-9　风电机组基础结构施工示意图

取决于混凝土发生收缩或者荷载对型钢的压应力或者拉应力以及两者之间的摩擦系数等；③型钢表面粗糙不平和混凝土之间的机械咬合作用以及钢环底部 T 型板的抗剪和混凝土局部组成的锚固效应等方面的资料较少，因此研究钢环的锚固机理显得尤为重要。

基础钢环上的内力通过混凝土与钢环的黏结作用传递到钢环底部 T 型板上。因此，为了充分发挥混凝土的承载能力，防止交界面滑移及减少竖向掀起，就需要保证混凝土与钢环之间的黏结作用足够大，足以使两者之间的剪力充分传递到混凝土中，同时能够有效抵抗使两者分离的"掀起力"。混凝土与钢环之间的黏结强度可以依靠增大钢环的锚固长度（即提高两者之间的自然黏结作用力），或者设置剪力连接件来实现，理想的剪力连接件，应当为结构提供足够的完整的组合作用。混凝土与钢环之间虽然存在黏结力，但是却不能完全依靠黏结力提供风电机组基础的抵抗力。

风电机组基础的抗剪连接件主要依靠端部焊接钢板实现。试件受荷载作用，钢环整体向上移动，在 T 型板上部的混凝土受压，T 型板下部的混凝土受拉，T 型板产生拉弯应力，对 T 型板的下表面混凝土也产生压应力，这时破坏也就产生在 T 型板上面的混凝土附近，这是一种理想的破坏状况。若 T 型板尺寸较小，加载之后，混凝土受压面积小，对混凝土强化作用很小，混凝土不能与 T 型板很好地协调工作，使与 T 型板接触的混凝土压碎，试件随即突然破坏。

无论是理想破坏状况还是突然破坏，在 T 型板表面混凝土处，测定的应变始终是拉应变。因此，T 型板的承载力与混凝土强度有关，也与 T 型板的尺寸有关。

# 3.4　耐久性损伤机理

风电机组基础结构以钢筋混凝土结构为主。钢筋混凝土结构合理地利用了钢筋的抗拉强度和混凝土的抗压强度，混凝土和钢筋并非无限耐久性建筑材料，它具有一定使用寿命，需要进行保养维护，因此有耐久性的概念。国内外已有工程实践证明，由于耐久性导致混凝土结构使用寿命缩短的损失巨大。风电机组混凝土基础结构所处环境复杂，需要在更多的环境因素（包括地下水、盐、电流、$CO_2$ 等）作用下抵抗耐久性侵蚀，所以基础结构耐久性研究显得更有意义。根据引起钢筋混凝土品质劣化的主导因素和作用机理，钢筋混凝土结构损伤通常主要集中在混凝土中钢筋的锈蚀、混凝土碳化破坏、氯离子侵入破坏、化学介质（如酸、碱、盐等）侵蚀破坏、碱骨料反应及冻融破坏等方面。

### 3.4.1　碳化机理

普通硅酸盐水泥水化产物主要由氢氧化钙、水化硅酸钙、水化铝酸钙、水化硫铝酸钙等组成，正常情况下水泥充分水化后孔隙溶液为饱和的氢氧化钙溶液，其 pH 为 12.5～13.5，呈碱性。混凝土碳化是混凝土中性化的过程，是混凝土中的水化产物与大气环境中的 $CO_2$ 发生化学反应生成碳酸钙或者其他碳酸物，致使混凝土碱度降低的复杂物理化学过程。混凝土碳化可使混凝土孔隙溶液的 pH 从标准降低到 8.5 左右。地下结构中的 $CO_2$ 通过混凝土的微裂隙通道侵入混凝土内部，溶解于孔隙液相，并与水泥水化碱性产物发生化学反应，生成碳酸钙。

混凝土碳化对耐久性影响具有两重作用，并在双重矛盾中得到平衡。一方面是消极的作用，混凝土碳化降低了混凝土的碱度，破坏混凝土钢筋钝化膜（当 pH 降低到 11.5 时，钝化膜就开始被破坏），使钢筋形成腐蚀电池，造成钢筋锈蚀。钢筋锈蚀产物体积膨胀（原始产物体积的 2～4 倍），致使混凝土孔隙胀裂，加快 $CO_2$ 气体侵入混凝土。另一方面是积极的作用，混凝土碳化产物主要以非溶解性的碳酸钙为主，体积微量膨胀（原始产物体积的 17%），致使混凝土部分胶凝孔隙和毛细孔隙堵塞，使得混凝土的密实度及强度有所提高，一定程度上阻碍了 $CO_2$ 向混凝土的内部扩散。

### 3.4.2　氯盐侵蚀机理

氯盐侵蚀危害严重，导致的经济损失巨大。最普遍的耐久性破坏形式是混凝土结构中的钢筋锈蚀。关于氯离子对钢筋混凝土的腐蚀机理主要有 3 种解释：①氧化膜理论；②吸附理论；③化合物理论。其中最关键的是在非均质的混凝土中氯离子能够破坏钢筋钝化膜，使钢筋发生局部腐蚀。在阳极区铁发生腐蚀生成亚铁离子，当钢筋/混凝土界面存在氯离子时，在腐蚀电池电场作用下，氯离子不断向阳极迁移而富集。亚铁离子和氯离子生成可溶于水的 $FeCl_2$，然后向阳极区外扩散，与阴极区的 $[OH^-]$ 生成铁锈前身 $Fe(OH)_2$，遇到水和氧后进一步氧化成铁锈 $Fe_2O_3 \cdot nH_2O$。这个化学反应同时释放出的氯离子继续向阳极循环迁移，搬运出更多的亚铁离子参与氧化反应，在整个过程中 $[Cl^-]$ 不被消耗，仅仅起到循环运输作用，所以氯离子的侵蚀只要条件具备，一旦开始就不会停止。

当混凝土与氯离子接触时，氯离子会透过混凝土毛细通道到达钢筋表面，当钢筋周围的混凝土液相中氯离子含量达到腐蚀的临界值时，钢筋钝化膜就会遭到局部破坏。有研究认为混凝土中钢筋在满足如下条件情况下可能发生锈蚀：①钝化膜被破坏；②存在阳极，发生阳极极化，产生电子；③存在阴极，发生阴极极化，接收电子；④阳极和阴极区有电路连接以输送电子；⑤阴极区提供氧气和水。

[$Cl^-$] 从环境中通过混凝土孔隙、微裂缝向内部传输的过程非常复杂，主要是毛细管作用、渗透、扩散、电化学迁移等侵入方式的组合，还受 [$Cl^-$] 与混凝土间化学结合、物理黏结、吸附等作用影响。

### 3.4.3 硫酸盐侵蚀劣化

硫酸根离子侵蚀是造成结构耐久性破坏的主要因素，硫酸盐对混凝土的侵蚀机理有化学侵蚀与物理侵蚀（盐结晶），前者主要形成钙矾石与石膏，后者主要是水土中所含硫酸盐在衬砌混凝土表面结晶，形成盐霜，引起表层剥落破坏。地下结构临空面混凝土受到化学腐蚀和物理结晶侵蚀的共同作用。

混凝土基础结构周围含有石膏、芒硝和其他盐类溶解的环境水渗透到混凝土表面毛细孔和其他缝隙的盐类溶液，在干湿交替条件下，由于低温蒸发浓缩析出白毛状或棱柱状硫酸盐结晶，可产生很大的结晶压力。结晶压力在混凝土内部引起过大的膨胀，致使混凝土由表及里、逐层破裂疏松脱落。

当地下水中 $SO_4^{2-}$ 浓度高于 $1000mg/L$ 时，与水泥石中的 $Ca(OH)_2$ 反应，生成含水石膏结晶，可引起约 2 倍的体积膨胀量，导致混凝土物理膨胀破坏。当 [$SO_4^{2-}$] 浓度低于 $1000mg/L$ 时，铝酸三钙与 $Ca(OH)_2SO_4$ 共同作用发生化学反应，生成高硫型或单硫型硫铝酸盐晶体，体积增大约 2.22 倍，导致混凝土破坏。

### 3.4.4 钢筋锈蚀

混凝土碳化（中性化）以后，碱度降低，保护钢筋免于生锈的钝化膜活化，在氧气和水的条件下发生电化学反应，生成铁锈，锈蚀产物是铁原体积的 3~8 倍，混凝土保护层受到膨胀压力，出现沿筋的锈胀裂缝。碳化引起的钢筋锈蚀在保护层开裂前属于微电池腐蚀，钢筋锈蚀相对均匀；保护层开裂后裂缝处钢筋成为阳极，则以电池腐蚀为主，钢筋锈蚀速度加快。碳化引起的钢筋锈蚀发展相对缓慢，锈蚀过程的三个阶段（开始锈蚀、保护层胀裂、裂缝开展到一定宽度性能严重退化）取决于环境条件、保护层厚度、混凝土密实性等因素，有时可持续几十年甚至上百年的时间，但环境相对恶劣，保护层过小、混凝土密实性很差时，也可能仅需要经历几年或十几年的时间。

在正常使用条件下，经过一段时间后钢筋混凝土中的钢筋会产生锈蚀。钢筋锈蚀导致混凝土保护层开裂，不仅会降低整体结构的受力性能，还会加剧钢筋的锈蚀。完好的混凝土保护层在没有腐蚀介质的情况下，具有防止钢筋锈蚀的保护作用。这是因为混凝土中水泥水化产物的 pH 值大于 12。在如此强碱性的环境中，钢筋表面形成一定厚度的钝化膜。该钝化膜可以阻止钢筋锈蚀但随着混凝土碳化或氯离子的侵入，钢筋表面的钝化膜会遭到破坏，当钢筋表面钝化膜被破坏后，在潮湿环境下带有 $CO_2$、氧气和水蒸气的空气等渗入并充斥钢筋周围的混凝土微孔，这样就在钢筋周围形成电解质，钢筋锈蚀的电化学反应开始出现。

当钢筋表面有水分存在时，就会发生铁电离的阳极反应和溶解态氧还原的阴极反应，生成的铁离子和氢氧根离子结合生成氢氧化亚铁，与水中的氧作用生成氢氧化铁。氢氧化铁进一步反应一部分生成红锈，另一部分氧化不完全的变成黑锈，铁转化为锈蚀伴随着体积发生相当大的膨胀，而这种体积的膨胀随着铁的氧化程度变化。氧化程度越高，体积膨胀就越大。钢筋锈蚀产物体积膨胀系数如图 3-10 所示，从理论上说，如果有足够水分，铁锈体积可达到钢材体积的 7 倍，在缺氧环境中，铁锈的体积至少也比钢材的体积增大 1.5～3 倍。

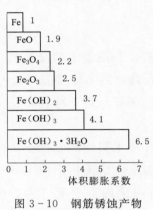

图 3-10 钢筋锈蚀产物
体积膨胀系数

一方面，随着钢筋锈蚀的发展，钢筋截面积逐渐减小，钢筋和混凝土间的黏结力逐渐丧失，导致承载力下降；另一方面，钢筋锈蚀膨胀引起混凝土保护层胀裂、剥落，钢筋锈蚀会进一步加速，最终造成结构破坏。

### 3.4.5 混凝土冻融剥蚀

混凝土冻融破坏是混凝土在负温和正温的交替循环作用下，从表面开始发生剥落、结构疏松，造成混凝土强度降低直到破坏的现象，位于严寒地带并经常与水接触的混凝土结构都会遭受不同程度的冻融破坏。

混凝土冻融破坏是比较复杂的物理变化过程。迄今为止，国内外学者对混凝土冻融破坏机理尚未得到统一的认识和结论。普遍能接受的观点是：冻融破坏是因为在冻结温度下，水结冰产生体积膨胀，引起混凝土内部产生结晶压力、静水压力及渗透压力等。在这些压力的综合作用下混凝土内部会产生微裂缝并逐渐增大、扩展并互相联通，造成混凝土强度逐渐降低直到破坏。目前提出的冻融破坏理论主要有静水压经典理论、渗透压理论、冰棱镜理论、基于过冷液体的静水压修正理论、饱水度理论等。

# 第4章 风电机组混凝土基础结构安全性评估

我国风电行业发展十分迅速，对风电机组基础结构的质量和功能使用等都提出了越来越多的要求。不论是为适应新的使用要求而对风电机组基础实施的改造，还是对病害基础进行正常的修补加固，都需要对风电机组基础结构进行检测和评估。

进行修复加固方案设计和实施前，应首先开展结构安全性和耐久性方面的评价，确定影响结构安全性和耐久性的原因，尽可能改造和消除外界诱因等。为确保风电机组能够安全运行和后续修补加固发挥作用，必须要开展结构安全性评估，了解混凝土缺陷形成的原因，后续选择修补体系才会有针对性，修补也会取得成功，并可最大限度地延长结构使用寿命。风电机组基础结构在下列情况下应进行安全性评估：

（1）达到设计使用年限拟继续使用时。

（2）使用用途或环境改变时。

（3）进行结构加固、改造或扩建时。

（4）遭受灾害或事故后。

（5）存在较严重的质量缺陷或者出现较严重的腐蚀、损伤、变形时。

由于实际结构所处地基情况和使用荷载环境等因素的不同，结构的损伤程度、影响安全和使用等因素也会有所不同，因此需要有针对性地掌握结构状态。风电机组基础混凝土结构安全性评估包括资料调查、现场检测和安全性评估，其中现场检测工作的有关技术要求见第6章。

## 4.1 评 估 内 容

结构安全性评估的主要内容包括现状安全性评估和造成损伤的可能原因，并在此基础上对结构安全性分级。

### 4.1.1 现状安全性评估

现状安全性评估是风电机组混凝土基础结构安全评估的重要工作，这种评估包括审查结构的有效设计文件和施工记录、损伤状态下的结构分析、审查备案试验数据、查阅同类修补工程记录、检查维修记录、对结构进行外观检查、分析锈蚀、破损试验和非破损试验结果以及实验室混凝土试件的化学及岩相分析结果。

### 4.1.2　损伤原因

工程实践中应将缺陷的表象与其真实原因区分开来，在任何情况下采取的手段都应该是治本而不是治标。例如，混凝土开裂的原因可能是干燥收缩、温差、偶然过载、预埋金属的锈蚀以及由设计不周全、施工不当造成的，只有在确定缺陷原因的前提下，才能合理地选择何种加固体系。

完成风电机组混凝土基础结构安全性评估后，应进一步找出缺陷的破坏机理。缺陷往往是多种机理共同作用的结果，所以要弄清特定混凝土结构出现的缺陷类型并解释其产生的原因，了解造成混凝土劣化的原因，全面掌握风电机组混凝土基础结构的现状和造成破损与缺陷的可能原因。

### 4.1.3　评估等级

对结构的安全性能采用分级进行评估，为与《工业建筑可靠性鉴定标准》（GB 50144）和《民用建筑可靠性鉴定标准》（GB 50292）中的规定相协调，分成四个等级进行安全性评估，划分标准如下：

（1）A 级，符合国家现行标准的安全性要求，安全，不必采取措施。

（2）B 级，略低于国家现行标准的安全性要求，不影响安全，可不采取措施。

（3）C 级，不符合国家现行标准的安全性要求，影响安全，应采取措施。

（4）D 级，极不符合国家现行标准的安全性要求，已严重影响安全，必须立即采取措施。

混凝土结构构件的安全性评估是按承载能力、构造、不适于承载的位移或变形、裂缝或其他损伤等方面进行综合评级，以最严重的评级作为基础结构的评级结果。

### 4.1.4　评估程序

应在参考其他国家有关标准的基础上，开展资料调查、荷载负荷评估、现场检测和安全性评估工作。当遇到简单的问题时，可予以适当简化；当遇到特殊的问题时，可进行必要的调整和补充，不能生搬硬套，而要根据实际问题的性质具体安排评估工作。

## 4.2　使 用 条 件 调 查

调查检测包括对使用条件的调查和对风电机组基础结构的调查，其中使用条件调查和检测包括结构上的作用、使用环境和使用历史三个部分。使用条件调查的目的在于通过确定结构的现有状况来获得可靠有效的结构性能评估。

### 4.2.1 资料调查

为了尽可能多地了解风电机组支撑结构，应该研究所有设计、施工、使用寿命内可以利用的信息资料。对风电机组基础的调查，除应查阅岩土工程勘察报告及有关图纸资料外，还应调查基础结构现状、实际使用荷载、沉降量和沉降稳定情况、沉降差、上部结构倾斜、扭曲和裂损情况，以及临近建筑、地下工程和管线等情况。当地基基础资料不足时，根据国家现行有关标准的规定，对场地地基进行补充勘察或进行沉降观测。

地基的岩土性能标准值和地基承载力特征值根据调查和补充勘察结果按国家现行有关标准的规定取值。地基承载力的大小按《建筑地基基础设计规范》(GB 50007) 中规定的方法进行确定。当评定的基础结构使用年限超过 10 年时，可适当考虑地基承载力在长期荷载作用下的提高效应。关于基础的种类和材料性能可通过查阅图纸资料确定；当资料不足时，可以开挖基础检查，但这种破坏性的检测方法在检测评估工作中应该慎用。

### 4.2.2 荷载复核

既有风电机组基础结构评估与新结构设计不同。新设计主要考虑在设计基准期内结构上可能受到的作用、规定的使用环境条件。而既有建筑结构评估，除应考虑下一目标使用期内可能受到的作用和使用环境条件外，还要考虑结构已受到的各种作用和结构工作环境，以及使用历史上受到设计中未考虑的作用。例如地基基础不均匀沉陷、曾经受到的超载作用、灾害作用等造成结构附加内力和损伤也在调查之列。

荷载复核的基本内容是评估过去、现在和将来的荷载情况和环境状况，使荷载结果与实际相符。风电机组基础结构的荷载包括永久荷载、土压力、静水压力、地震作用，以及风、雪、冰等荷载作用。

#### 4.2.2.1 永久荷载

永久荷载包括结构自重和所有附加的永久荷载。一般材料和构件的单位自重可取其平均值，对于自重变异较大的材料和构件，自重的标准值应根据对结构的不利或有利状态，分别取上限值或下限值。常用材料和构件单位体积的自重可按《建筑结构荷载规范》(GB 50009) 取值。结构自重也可用现场测量的尺寸和材料密度估计。单独从设计图纸上获得的尺寸应谨慎使用，由于设计图纸上的尺寸与实际尺寸可能存在很大差异，故应慎用从图纸上获得但未经核实的尺寸。

附加永久荷载包含了构成支撑结构的所有物体，例如内部爬梯、控制柜等电控系统。要估算附加荷载的大小，可以对上述因素进行现场调查，也可以按照其他资料使用正确的荷载来估算。在估算时还应考虑目前未出现但又会在使用寿命期间出现的附加荷载。

#### 4.2.2.2　土压力和静水压力

关于土压力和静水压力的计算可参考《建筑地基基础设计规范》（GB 50007）和《建筑结构荷载规范》（GB 50009）。由于土压力和静水压力作用的荷载是非常显著的，土壤密度和侧向土压力的变化很大，采样和确定土壤真实密度和性质（例如计算内摩擦角）时一定要谨慎。水压力和湿度的变化能够引起侧向力的巨大变化。由于土压力不平衡，建在坡上的结构应进行整体稳定性检查，例如在最大设计水位处液体还有反向压力。地基的受冻上凸、收缩或膨胀，地基环境的不同和排水的不恰当，可能产生荷载或引起损害。

#### 4.2.2.3　地震作用

除《建筑抗震设计规范》（GB 50011）有特别规定者外，建筑结构应进行多遇地震作用下的内力和变形分析，可假定结构与构件处于弹性工作状态，内力和变形分析可采用线性静力方法或线性动力方法，或按《建筑抗震设计规范》（GB 50011）有关规定进行罕遇地震作用下采用静力弹塑性分析或弹塑性时程分析。当结构在地震作用下的重力附加弯矩大于初始弯矩的 10% 时，应计入重力二阶效应的影响。

#### 4.2.2.4　其他荷载

查阅《建筑结构荷载规范》（GB 50009）、当地环境资料和运行监测资料，核实风、雪和冰等荷载与原设计条件的差异，确定当前条件下的荷载参数。

#### 4.2.2.5　荷载组合

安全评估中荷载系数和荷载组合应该符合《建筑结构荷载规范》（GB 50009）和《陆上风电场工程风电机组基础设计规范》（NB/T 10311）的规定。要充分评价结构的性能，一般需要考虑荷载组合的作用。荷载系数和荷载组合随着时间有可能已经发生了相当大的变化。

## 4.3　现场检测指标

需要确认、检查及记录建筑结构构件中所有老化及疲劳区域的类型、位置及严重程度。本节对状况调查的程序进行描述，在进行状况调查的过程中进行工程评估。在具体的强度评估中，并不是对以下所述的所有步骤都做要求，应根据实际情况确定检测内容。对结构和材料性能、几何尺寸和变形、缺陷和损伤等检测内容，相关标准和规范中有如下详细规定：

（1）结构材料性能的检验。当图纸资料有明确说明且无怀疑时，可进行现场抽检验证；当无图纸资料或对存在问题有怀疑时，应按国家现行有关检测技术标准的规定，通过现场取样或现场测试进行检测。

（2）结构或构件几何尺寸的检测。当图纸资料齐全完整时，可进行现场抽检复核；当图纸资料残缺不全或无图纸资料时，应通过对结构布置和结构体系的分析，对重要的有代表性的结构或构件进行现场详细测量。

（3）结构顶点和层间位移、柱倾斜、受弯构件的挠度和侧弯的观测。应在结构或构件变形状况普遍观察的基础上，对于其中有明显变形的结构或构件，可按照国家现行有关检测技术标准的规定进行检测。

（4）制作和安装偏差、材料和施工缺陷应依据国家现行有关建筑材料、施工质量验收标准有关规定进行检测。构件及其节点的损伤，应在其外观全数检查的基础上，对其中损伤相对严重的构件和节点进行详细检测。

（5）当需要进行构件结构性能、结构动力特性和动力反应的测试时，可根据国家现行有关结构性能检验或检测技术标准，通过现场试验进行检测。构件的结构性能现场荷载试验，应根据同类构件的使用状况、荷载状况和检验目的选择有代表性的构件。

（6）动力特性和动力反应测试，应根据结构的特点和检测的目的选择相应的测试方法，仪器宜布置于质量集中、刚度突变、损伤严重以及能够反映结构动力特征的部位。

（7）当需对混凝土结构构件进行材质及有关耐久性检测时，混凝土强度的检验最好采用取芯、超声、回弹或其他有效方法综合确定；混凝土构件的老化可通过外观状况检查；必要时还要进行劣化混凝土岩相及化学分析，混凝土表层渗透性测定等。从混凝土构件中截取的钢筋的力学性能和化学成分也要按国家现行有关标准的规定进行检验。

## 4.3.1 外观检查

所有结构中存在的可见劣化、老化和破坏都应该通过对建筑中关键且具有代表性的结构构件进行全面的表面检验来确定。推荐使用照片、录像以及备忘录等作为检测的原始记录，异常状况的类型、高度、位置和严重程度都应该记录。如果工程师进行表面检验时发现缺陷使建筑物部分或整体不安全，应迅速报告业主。在建筑物重新被使用和继续调查之前应当采取适当的临时措施以确保结构安全。

## 4.3.2 混凝土强度检测

有必要采用混凝土强度检测的分析方法来获取有关构件性能、尺寸和结构组成的位置的准确信息。如果这些信息是不完全或有疑问的，这些缺失的信息应通过实地调查来确认。

利用标准方法推测结构混凝土的抗压强度，或者确定在此结构中的相关混凝土强度。这些与钻芯取样相对的测试方法习惯上称为无损测试，更加形象的名词就是原位试验。原位试验的共同特点就是它不是直接测量抗压强度，而是测量它与抗压强度有相关经验关系的某些特性。这些方法可用来推测抗压强度或比较在此结构中不同位置的抗压强度。

当利用原位试验推测结构的抗压强度时，先在欲测试部位的临近区域钻芯取样，测定芯样强度；然后建立原位试验结果与该抗压强度的相关关系。为获得抗压强度的典型样本，应当尝试从结构的不同部分取得成对数据（取芯强度和原位试验结果）。通过对相关数据的回归分析可形成关于强度评估精确度的预测方程。对于指定的试验方法，混凝土的组成在不同程度上影响强度关系。为了准确评估混凝土的强度，不得使用由试验设备提供或通过其他混凝土结构建立的相关曲线。

当原位试验仅用来比较在结构不同部分混凝土的相对强度时，就不必建立强度相关性。如果使用者没有注意到影响原位试验结果的各种因素，就有可能得到关于相对原位检测强度的错误结果。

### 4.3.3　钢筋检测

为了准确评估结构功能，应当采用多种电磁设备，如保护层厚度探测仪被用来检测钢筋的尺寸、数目、钢筋的位置等。为了准确评估钢筋的布局，有必要使用射线成像、探地雷达等方法，但这些方法目前还不能测量钢筋的尺寸。

### 4.3.4　内部缺陷检测

可采用超声波、冲击回波、相控阵、红外线成像仪、探地雷达和射线等方法来检测和定位内部缺陷。例如内部空隙、裂缝、劣质混凝土区域。

### 4.3.5　塔筒振动检测

塔筒振源的调查主要是为了了解振动的时间历程以及频率和振动强度的范围，用来对测量系统的频响特性进行合理规定。当建筑周边已有明确的振源时，可以采用现场测试的方法对建筑物所在地及上部结构的振动进行测量。同时可根据结构振动的频率、振幅的分析结果，参照现行相关标准和合适的国际标准评价振动对结构产生的影响。

（1）当需考虑振动对承重结构安全和正常使用的影响时，要查明振源的类型、频率范围及相关振动工程的情况；同时还要查明振源与被评估建筑物的地理位置、相对距离及场地地质情况。

（2）应根据待测振动的振源特性、频率范围、幅值、动态范围、持续时间等制定合理的测量规划，以通过测试获得足够的振动数据。

（3）应根据现行有关标准选择待测参数，如位移、速度、加速度、应力等。当选择与结构损伤相关性较显著的振动速度为待测参数时，应通过连续测量建筑物所在地的质点峰值振动速度来确定振动的特性。

（4）振动测试所使用的测量系统，其幅值和频响特性应能覆盖所测振动的范围；测量系统应定期进行校准与检定。

（5）监测因打桩、爆破所引起的结构振动，其检测点的位置应设在基础上或设置在建筑物底层平面主要承重外墙或柱的底部。

（6）当可能存在共振现象时，应进行结构动力特性的检测。

（7）当确定振源对结构振动的影响时，应在振动出现的前后过程中对上部结构构件的损伤进行跟踪检测。

# 4.4 结 构 分 析

结构或构件应按承载能力极限状态进行校核，需要时还应按正常使用极限状态进行校核。对于受力复杂或国家现行设计规范没有明确规定时，可根据国家现行设计规范规定的原则进行分析验算。计算分析模型应符合结构的实际受力和构造状况。对已有建筑物的结构构件进行分析与校核，其要考虑的问题是如何确定符合实际情况的作用（荷载）。因此，要准确确定施加于结构上的作用（荷载），首先要经过现场调查、检测和核实。经调查符合《建筑结构荷载规范》（GB 50009）的规定者，应按规范选用；当《建筑结构荷载规范》（GB 50009）未作规定或按实际情况难以直接选用时，可根据《建筑结构可靠度设计统一标准》（GB 50068）的有关规定确定。当现行荷载规范没有明确规定，且有充分工程经验和理论依据时，也可以结合实际按《建筑结构可靠度设计统一标准》（GB 50068）的规定进行分析判断。

评估应考虑充分并留有余地，以便为建筑物某些用途的适应性做出有意义的结论。可以通过单独的分析方法进行评估或通过分析和现场荷载试验相结合的方法进行评估。除了评估方法，评估包含初步研究中所检测到的所有可疑缺陷也是很重要的。如果有可疑的复合缺陷或者要评估大面积的结构，则需评估多处结构部分。当验算被评估结构或构件的承载能力时，应符合下列规定：

（1）结构构件验算采用的结构分析方法应符合国家现行设计规范的规定。

（2）结构构件验算使用的计算模型应符合其实际受力与构造状况。

（3）结构上的作用应经调查或检测核实，并应按规定取值。

（4）作用的组合、作用的分项系数及组合值系数应按《建筑结构荷载规范》（GB 50009）的规定执行；当结构受到温度、变形等作用，且对其承载有显著影响时，应计入由之产生的附加内力。

（5）当原设计文件有效，且不怀疑结构有严重的性能退化或设计、施工偏差时，可采用原设计的标准值；当调查表明实际情况不符合设计要求时，应进行现场检测，并应确定其标准值。

（6）结构或构件的几何参数应采用实测值，并应计入锈蚀、腐蚀、腐朽、虫蛀、风化、裂缝、缺陷、损伤以及施工偏差等影响。

（7）当怀疑设计有错误时，应对原设计计算书、施工图或竣工图重新进行一次复核。

对混凝土基础结构进行评估时，应确定结构在临界状态的弯矩、扭矩、剪力和轴力。通常假定个体构件是线弹性的，但对钢筋混凝土来说不完全正确。尽管如此，采用弹性理论所作的分析为重要荷载影响的评估提供了合理的评价。评估方法取决于很多因素，例如结构的框架体系、存在条件、推导依据和经济因素。典型的分析方法包括结构验算分析和有限元分析。

### 4.4.1　结构验算分析

风电机组基础的荷载状况具有很高的确定性，同时可获得详尽的结构工程图和材料参数，并且可以通过观测所获得数据。例如：①结构及其构件的大小可通过现场测量确定，它们也被用于确定静载；②钢筋的位置、尺寸及混凝土保护层厚度均能被扫描测量所确定；③能通过破损或非破损试验确定或能合理预估对分析十分重要的材料性能，并能收集充足的数据对结构现有物理状况做出适当的评估，包括对疲劳、老化、破损效果的评估。因此可以采用基于结构力学理论的结构验算分析。

结构验算分析方法主要依据国家现行的检测及设计的规程规范，具体如下：

（1）《工业建筑可靠性鉴定标准》（GB 50144）。

（2）《建筑结构荷载规范》（GB 50009）。

（3）《混凝土结构设计规范》（GB 50010）。

（4）《陆上风电场工程风电机组基础设计规范》（NB/T 10311）。

（5）《高耸结构设计标准》（GB 50135）。

（6）《预应力混凝土结构设计规范》（JGJ 369）。

（7）《烟囱设计规范》（GB 50051）。

### 4.4.2　有限元分析

过去通常开展小尺寸比例模型试验来替代全尺寸结构试验，但现在很少进行这种比例模型试验。随着计算技术的发展，现代计算机技术已基本上可以替代缩尺模型的荷载试验。有限元分析结构构件验算使用的计算模型能够符合其实际受力与构造状况。有限元分析与非线性有限元分析为采用传统分析方法无法处理的事例提供了解决方法。非线性有限元分析方法能用来评估有关结构在产生非弹性变形，包括混凝土开裂、黏结滑移和钢筋屈服等结构的真实状态。

# 4.5 评 估 指 标

根据既有风电机组混凝土基础结构的不同特征和性能等级进行评估,包括结构的稳定性、结构的强度及安全性、整体结构的刚度、长期变形的敏感度、动力响应等,涉及混凝土建筑物的稳定性、强度以及安全性的评估问题。

混凝土结构构件的安全性评估,应按承载能力、构造、不适于承载的位移或变形、裂缝或其他损伤等四个检查项目,分别评估每一受检构件的等级,并取其中最低一级作为该构件的安全性等级。当混凝土结构构件有较大范围损伤时,应根据其实际严重程度直接定为 c 级或 d 级。

## 4.5.1 承载力评估指标

当按承载能力评估混凝土结构构件的安全性等级时,应按表 4-1 的规定分别评估每一验算项目的等级,并应取其中的最低等级作为该构件承载能力的安全性等级。混凝土结构倾覆、滑移、疲劳的验算应按国家现行相关规范进行。

表 4-1 按承载能力评估的混凝土结构构件安全性等级

| 构件类别 | 安全性等级 | | | |
|---|---|---|---|---|
| | a 级 | b 级 | c 级 | d 级 |
| 主要构件 | $R/(\gamma_0 S) \geqslant 1.00$ | $0.95 \leqslant R/(\gamma_0 S) < 1.00$ | $0.90 \leqslant R/(\gamma_0 S) < 0.95$ | $R/(\gamma_0 S) < 0.90$ |

## 4.5.2 构造评估指标

当按构造评估混凝土结构构件的安全性等级时,应按表 4-2 的规定分别评估每个检查项目的等级,并应取其中的最低等级作为该构件构造的安全性等级。

表 4-2 按构造评估的混凝土结构构件安全性等级

| 检查项目 | a 级或 b 级 | c 级或 d 级 |
|---|---|---|
| 结构构造 | 结构构造合理,符合国家现行相关规范要求 | 结构、构件的构造不当,或有明显缺陷,不符合国家现行相关规范要求 |
| 连接或节点构造 | 连接方式正确,构造符合国家现行相关规范要求,无缺陷,或仅有局部的表面缺陷,工作无异常 | 连接方式不当,构造有明显缺陷,已导致焊缝或螺栓等发生变形、滑移、局部拉脱、剪坏或裂缝 |
| 受力预埋件 | 构造合理,受力可靠,无变形、滑移、松动或其他损坏 | 构造有明显缺陷,已导致预埋件发生变形、滑移、松动或其他损坏 |

### 4.5.3　基础沉降评估指标

在进行地基基础的安全性评定时，首先考虑按地基变形观测资料的方法评定。当地基变形观测资料不足或结构存在的问题怀疑是由地基基础承载力不足所致时，其等级评定可按承载力项目进行。在进行斜坡场地上的基础结构评定时，边坡的抗滑稳定计算可采用瑞典圆弧法和改进的条分法，对场地的检测评价参照《建筑边坡工程技术规范》(GB 50330) 的有关规定。由于大面积地面荷载、周边新建建筑以及循环工作荷载会使深厚软弱场地上的建、构筑物地基产生附加沉降，在评定深厚软弱地基上的建、构筑物时，需要对附加沉降产生的影响进行分析评价。观测资料和理论研究表明，当沉降速率小于 0.01mm/d 时，从工程意义上讲可以认为地基沉降进入了稳定变形阶段，一般来说，地基不会再因后续变形而产生明显的差异沉降。但对建在深厚软弱覆盖层上的建、构筑物，地基变形速率的控制标准需要根据建筑结构和设备对变形的敏感程度进行专门研究。

地基的安全性评定等级应按地基变形观测资料和现状的检测结果评定，具体如下：

(1) a 级地基变形小于《建筑地基基础设计规范》(GB 50007) 规定的允许值，沉降速率小于 0.01mm/d、基础结构使用状况良好，无沉降裂缝、变形或位移，发电机组设备运行正常。

(2) b 级地基变形不大于《建筑地基基础设计规范》(GB 50007) 规定的允许值，沉降速率不大于 0.05mm/d，半年内的沉降量小于 5mm，基础结构有轻微沉降裂缝出现，但无进一步发展趋势，沉降对发电机组设备的正常运行基本没有影响。

(3) c 级地基变形大于《建筑地基基础设计规范》(GB 50007) 规定的允许值，沉降速率大于 0.05mm/d，基础结构的沉降裂缝有进一步发展趋势，沉降已影响到发电机组设备的正常运行，但尚有调整余地。

(4) d 级地基变形大于《建筑地基基础设计规范》(GB 50007) 规定的允许值，沉降速率大于 0.05mm/d，基础结构的沉降裂缝发展显著，沉降已导致发电机组设备不能正常运行。

### 4.5.4　基础环水平度评估指标

对基础环的水平度或倾斜，当其实测值大于表 4-3 所列的限值时，应按规定评级。

表 4-3　按水平度评估的混凝土结构构件安全性等级

| 构件类别 | 安 全 性 等 级 | | | |
| --- | --- | --- | --- | --- |
| | a 级 | b 级 | c 级 | d 级 |
| 基础环水平度/mm | <3 | <6 | <12 | >12 |

## 4.5.5 裂缝评估指标

当混凝土结构构件同时存在受力和非受力裂缝时，应按较低一级作为该构件的裂缝等级。混凝土结构构件不适于承载的裂缝宽度的评估，应按表4-4的规定进行评级，并应根据其实际严重程度定为c级或d级。

表 4-4 混凝土结构构件不适于承载的裂缝宽度的评估

| 检 查 项 目 | 环境 | 构 件 类 别 | | c级或d级 |
|---|---|---|---|---|
| 受力主筋处的弯曲裂缝、一般弯剪裂缝和受拉裂缝宽度/mm | 室内正常环境 | 钢筋混凝土 | 主要构件 | ＞0.50 |
| | | | 一般构件 | ＞0.70 |
| | | 预应力混凝土 | 主要构件 | ＞0.20（0.30） |
| | | | 一般构件 | ＞0.30（0.50） |
| | 高湿度环境 | 钢筋混凝土 | 任何构件 | ＞0.40 |
| | | 预应力混凝土 | | ＞0.10（0.20） |
| 剪切裂缝和受压裂缝 | 任何环境 | 钢筋混凝土或预应力混凝土 | | 出现裂缝 |

注：1. 表中的剪切裂缝是指斜拉裂缝和斜压裂缝。
　　2. 高湿度环境是指露天环境、开敞式房屋易遭飘雨部位、经常受蒸汽或冷凝水作用的场所，以及与土壤直接接触的部件等。
　　3. 表中括号内的限值适用于热轧钢筋配筋的预应力混凝土构件。
　　4. 裂缝宽度以表面测量值为准。

当混凝土结构构件出现因主筋锈蚀或腐蚀，导致混凝土产生沿主筋方向开裂、保护层脱落或掉角，或因温度、收缩等作用产生的裂缝，其宽度已比标准规定的弯曲裂缝宽度值超过50%，且分析表明已显著影响结构的受力时，也应视为不适于承载的裂缝，并应根据其实际严重程度定为c级或d级。

## 4.5.6 塔筒振动评估指标

当塔筒振动频率与原设计条件相比差5%以上，则应根据其实际严重程度定为c级或d级。

# 第5章 风电机组混凝土基础结构耐久性评估

在工程实践中，不但需要对风电机组混凝土基础结构的安全性进行评估，还需要对结构的耐久性要求进行全面的评估。除因设计错误、施工缺陷产生的功能隐患外，大量混凝土结构是由于环境侵蚀、材料老化及使用不当产生各种累积损伤，造成结构性能退化，安全性与适用性降低，使用寿命缩短，不能满足耐久性的要求。

对既有风电机组基础结构的耐久性评估，是依据所处的环境条件和评估时刻结构的技术状况预测结构的剩余寿命，即对结构下一段仍能满足各项功能的时间做出预测。混凝土结构的耐久性损伤主要表现为环境作用下的钢筋锈蚀和混凝土腐蚀及损伤，包括大气环境下及氯环境下的钢筋锈蚀、冻融损伤、碱骨料反应、化学腐蚀、疲劳、物理磨损以及多因素的综合作用等。国内外的工程调查资料都表明，钢筋锈蚀是混凝土结构最普遍、危害最大的耐久性损伤，在环境相对恶劣的条件下，因钢筋严重锈蚀结构往往达不到预期的使用寿命；在严寒或寒冷地区，冻融破坏也是常见的耐久性损伤。本章参考《既有混凝土结构耐久性评定标准》(GB/T 51355)，对风电机组混凝土基础结构开展了耐久性评估尝试。

## 5.1 评 估 内 容

《建筑结构可靠度设计统一标准》(GB 50068)是将结构的耐久性能作为一项功能要求提出的，采用极限状态设计原则时，各项功能要求通过不同的极限状态设计保证，我国现行国家标准对耐久性极限状态没有给出明确的定义。《既有混凝土结构耐久性评定标准》(GB/T 51355)给出的耐久性极限状态定义为：结构或其构件由耐久性损伤造成某项性能丧失而不能满足适用性要求的临界状态。这主要是因为耐久性问题较多体现在满足适用性要求上，如对于出现沿筋锈胀裂缝的控制，主要从适用性要求上考虑。但有时是由结构安全性控制的，如对于墙板类构件，保护层厚度较大且钢筋较细时，往往钢筋锈蚀截面损失率超过10％才可能出现锈胀裂缝，此时已严重影响截面承载力而危及构件安全。

造成结构耐久性损伤的因素很多，引起结构性能丧失而影响适用性也是多方面的，因此需要根据结构的具体功能要求确定相应的耐久性极限状态。

### 5.1.1 耐久性评估

项目评估指可能存在的各类损伤的评估，如在各种环境下的钢筋锈蚀、冻融损伤的评估。环境条件和结构当前的技术状况决定结构耐久性能的优劣，结构或构件的重要性和可修复性用于调整结构或构件安全裕度的大小，均应作为耐久性评估考虑的因素。

裕度比是结构评估常用的指标，在我国的耐久性评估标准中均有应用。鉴于当前的认识水平以及结构耐久性能的高离散性，目前还不能准确预测混凝土基础结构的使用寿命。

对硫酸钠、硫酸镁、氯盐等多种盐共同作用，或存在明显干湿循环作用，混凝土硫酸盐腐蚀主要表现为盐结晶物理破坏情况进行混凝土结构耐久性评估时，应根据专项论证进行。

在混凝土耐久性损伤中有一些能够预测其剩余耐久年限，有一些是不能或当前没有条件预测的。如氯腐蚀环境以钢筋开始锈蚀作为耐久性失效的准则时，对于在制作时混凝土已含氯离子的混凝土，仅能根据混凝土中氯离子含量的多少和引起钢筋锈蚀的临界含量相比较，判断钢筋是否发生锈蚀，据此判断耐久性能的好坏，此时是没有时间参数介入的。对于受认识水平限制，当前还没有时变退化模型的损伤因素，也只能借助某些参数评价其耐久性状态的优劣。因此，采用按剩余耐久年限和按耐久性状态两种评估方法。

### 5.1.2 等级划分

对结构的耐久性能采用分层分级进行评估，为与《工业建筑可靠性鉴定标准》(GB 50144)、《民用建筑可靠性鉴定标准》(GB 50292) 和《既有混凝土结构耐久性评定标准》(GB/T 51355) 中的适用性相协调，分成三个等级进行耐久性评估。若已经涉及安全性问题时，则应按相关安全性评估标准进行评定。耐久性等级按三级划分，划分标准如下：

A 级：目标使用年限内满足耐久性要求或耐久性状态良好，可不采取修复或其他提高耐久性的措施。

B 级：目标使用年限内总体上满足耐久性要求或耐久性状态尚可，视具体情况不采取或部分采取修复或其他提高耐久性的措施。

C 级：目标使用年限内不满足耐久性要求或耐久性状态较差，需要采取修复或其他提高耐久性的措施。

### 5.1.3 综合评估

结构的耐久性分值按表 5-1 评估结构的耐久性等级。当项目以裕度比评估时，以其裕度比作为耐久性分值；当项目以耐久性状态评估时依据耐久性能的好坏，耐久性分值 A 级不小于 1.5、B 级取 1.0～1.5、C 级小于 1.0。

表 5-1　耐 久 性 等 级 评 估

| 耐久性分值 | ≥1.5 | 1.0～1.5 | <1.0 |
|---|---|---|---|
| 耐久性等级 | A | B | C |

基础结构的耐久性分值取各单项耐久性分值的最小值。当通过取样构件进行构件项的耐久性评估时，取样构件的耐久性分值应乘以损伤系数 $\alpha_d$，并取取样部位的平均耐久性分值作为构件项的耐久性分值，损伤系数按表 5-2 确定。

表 5-2　损 伤 系 数 $\alpha_d$

| 构 件 项 技 术 状 况 | $\alpha_d$ |
|---|---|
| 结构完好、基本无损伤 | 1.00 |
| 部分构件有机械损伤或少量构件有轻微耐久性损伤 | 0.95 |
| 部分构件有轻微耐久性损伤 | 0.90 |
| 部分构件有严重的耐久性损伤 | 0.85 |

### 5.1.4　工作内容

混凝土基础结构的耐久性评估包括使用条件调查和耐久性评估两部分，其使用条件调查包括环境调查、资料调研和耐久性现场检测工作。

## 5.2　使 用 条 件 调 查

根据工程结构和耐久性评估的需要，使用条件调查包括环境调查、资料调查和耐久性检测三个方面。

### 5.2.1　环境调查

环境调查包括自然环境和使用环境两方面。环境调查项目见表 5-3。

表 5-3　环 境 调 查 项 目

| 环境条件 | 调 查 项 目 |
|---|---|
| 自然环境 | （1）大气年平均温度，最高及最低温度。<br>（2）大气年平均空气相对湿度等。<br>（3）年降水量。<br>（4）海雾天数及海雾中盐含量。<br>（5）年冻融循环次数。<br>（6）风沙磨蚀和水溶蚀 |

续表

| 环境条件 | 调 查 项 目 |
|---|---|
| 使用环境 | （1）侵蚀性气体（二氧化硫、酸雾、二氧化碳）、液体（各种酸、碱、盐）和固体（硫酸盐、氯盐、碳酸盐等）的影响程度及范围，必要时测定有害成分含量。<br>（2）构件所处工作环境的年平均温度、年平均湿度、温度、湿度变化以及干湿交替的情况。<br>（3）冻融交替的情况。<br>（4）承受冲刷、磨损的情况 |

**1. 自然环境**

对于风电机组基础，一般可按气象资料取用，缺乏气象资料时可近似参照表 5-4 取用。

表 5-4 我国主要城市年平均温度、湿度

| 城市 | 温度/℃ | 湿度/% | 城市 | 温度/℃ | 湿度/% |
|---|---|---|---|---|---|
| 哈尔滨 | 3.6（4.2） | 67（65） | 长沙 | 17.2（17.1） | 80（82） |
| 沈阳 | 7.7（8.4） | 65（63） | 南宁 | 21.6（21.8） | 79（79） |
| 大连 | 10.1（10.9） | 68（64） | 贵阳 | 15.3（15.3） | 77（76） |
| 北京 | 11.6（12.3） | 59（57） | 西安 | 13.3（13.7） | 71（70） |
| 太原 | 9.3（10.0） | 60（59） | 成都 | 16.3（16.1） | 82（82） |
| 济南 | 14.2（14.7） | 59（57） | 兰州 | 9.1（9.8） | 59（56） |
| 郑州 | 14.2（14.3） | 66（67） | 酒泉 | 7.3（7.5） | 46（47） |
| 南京 | 15.4（15.4） | 77（76） | 昆明 | 14.8（14.9） | 72（72） |
| 上海 | 15.7（16.6） | 80（76） | 青岛 | 11.9 | 74 |
| 杭州 | 16.1（16.5） | 82（77） | 乌鲁木齐 | 7.3（6.9） | 57（58） |
| 南昌 | 17.5（17.6） | 78（77） | 呼和浩特 | 5.6（6.7） | 56（54） |
| 福州 | 19.6（19.8） | 77（76） | 重庆 | 18.3（18.2） | 81（80） |
| 广州 | 21.8（22.0） | 78（77） | 长春 | 4.8（5.4） | 66（62） |
| 武汉 | 16.3（16.6） | 79（77） | | | |

**注**：数据取自 1984 年《中国地理图册》。括号内数据取自 cdc.cma.gov.cn/publicservice/，是 1971—2000 年的平均值。宜根据结构建造年代、检测时间相应取用。

年冻融循环次数是造成冻融损伤的重要影响因素，一般应由实测数据统计得出。冻融循环次数与混凝土的冻点有关，南京水利科学研究院通过不同降温速度和不同饱水程度的冻点测定，混凝土冻点在 −12～−3℃ 变化，多数情况在 −3℃ 左右。据中国水科院的资料，年冻融循环次数为：北京 84、长春 120、西宁 118、宜昌 18（根据年负温天数和有阳光照射的百分率及日温差变化推定）；南京水利科学研究院的统计结果为：大连 108、秦皇岛 65、青岛 47，可作为参考。

年冻融循环次数与日照方向、最冷月温度等多种因素有关，一般可用年低于 −3℃ 的天数做近似估计，表 5-5 给出了我国主要城市年低于 0℃ 的天数，也可做大致判断。

表 5-5　我国主要城市年低于 0℃ 的天数

| 城市 | 1月平均温度/℃ | 1月最低温度/℃ | 年平均低于0℃天数/d | 城市 | 1月平均温度/℃ | 1月最低温度/℃ | 年平均低于0℃天数/d |
|---|---|---|---|---|---|---|---|
| 哈尔滨 | −20.1（−18.3） | −25.8 | 143 | 兰州 | −6.5（−5.3） | −13.4 | 90 |
| 长春 | −16.8（−16.2） | −22.8 | 139（172） | 郑州 | −1.2（1） | −6.0 | 43 |
| 沈阳 | −12.8（−11） | −18.8 | 121 | 上海 | 3.4（4.7） | −0.1 | 10 |
| 乌鲁木齐 | −15.8（−12.6） | −23.0 | 138 | 武汉 | 3.8（3.7） | 0.4 | 26 |
| 大连 | −5.2（−3.9） | −8.9 | 83 | 成都 | 6.2（5.6） | 3.1 | 0 |
| 天津 | −4.1（−3.5） | −9.0 | 77 | 杭州 | 4.3（4.3） | 0.1 | 6 |
| 北京 | −4.7（−3.7） | −9.9 | 82（120） | 南通 | 1.8 | −0.9 | 18 |
| 太原 | −7.3（−5.5） | −14.0 | 95 | 包头 | −11.8 | −19.1 | 124 |
| 齐齐哈尔 | −20.5（−18.6） | −26.6 | 150 | 青岛 | −1.1 | −4.5 | 46 |

**注：** 表中温度均为年平均温度，数据取自港口工程技术规范编制说明（1973）。1月平均温度栏括号内数据取自 cdc. cma. gov. cn/publicservice/，系 1971—2000 年的平均值。其余括号内数字为中国水科院李金玉提供。

2. 使用环境

结构或构件所处环境可分为以下类型：

（1）一般环境。一般环境主要指不存在冻融损伤和不含盐、酸等腐蚀性介质的大气，因混凝土碳化引起钢筋锈蚀的环境。

（2）大气污染环境。大气污染环境主要指含有微量盐、酸等腐蚀性介质，因混凝土中性化引起钢筋锈蚀的环境。

（3）氯腐蚀环境。氯腐蚀环境主要指受盐雾或海水作用因氯离子侵蚀引起钢筋锈蚀的近海环境、除冰盐环境。

（4）一般冻融环境。一般冻融环境主要指无其他盐害仅因冰冻造成混凝土损伤且易加速钢筋锈蚀的环境。

## 5.2.2　资料调查

资料调查见表 5-6。

表 5-6　资料调查表

| 设计资料 | （1）可行性报告：环境条件。<br>（2）地质勘查报告：地下水位，土质及水质化学成分和含量。<br>（3）设计技术资料：建筑结构设计 |
|---|---|
| 竣工验收资料 | 水泥品种、胶凝材料成分及含量、骨料品种、外加剂品种、水灰比、留盘试件强度、混凝土施工时间和持续浇筑时间等 |
| 使用历史调查 | （1）历年来使用、管理、维护情况。<br>（2）用途改变、改建或扩建情况。<br>（3）遭受灾害的情况。<br>（4）事故处理和修复情况。<br>（5）其他异常情况 |
| 目标使用期内的情况调查 | 调查使用环境、用途、条件等变化情况 |

### 5.2.3 耐久性现状检测项目

混凝土基础结构耐久性检测应根据结构所处环境、结构的技术状况及耐久性评估的需要进行。包括构件的几何参数、保护层厚度、混凝土抗压强度、混凝土碳化深度、裂缝及缺陷、混凝土氯离子含量、钢筋锈蚀状况、高温、冻融、化学腐蚀损伤等项内容（具体检测方法参照第6章的有关内容），按表5-7确定。

**表5-7 耐久性现状检测项目**

| 环境类别 | 常规检测 | 专项检测 |
|---|---|---|
| Ⅰ | | 碳化深度、混凝土渗透性、钢筋自然电位、混凝土电阻率 |
| Ⅱ | 构件几何尺寸、保护层厚度、外观缺陷与损伤；混凝土抗压强度、钢筋锈蚀状况；构件开裂状况 | 剥落面积、剥落深度 |
| Ⅲ | | 混凝土中氯离子浓度分布 |
| Ⅳ | | 混凝土中氯离子浓度分布、剥落深度 |
| Ⅴ | | 剥落深度、混凝土中硫酸根离子浓度分布 |

## 5.3 一般环境评估方法

一般环境中，混凝土结构中的钢筋锈蚀应按下列极限状态评估：①钢筋开始锈蚀极限状态，为混凝土中性化诱发钢筋脱钝的状态；②混凝土保护层锈胀开裂极限状态，为钢筋锈蚀产物引起混凝土保护层开裂的状态；③混凝土保护层锈胀裂缝宽度极限状态，为混凝土保护层锈胀裂缝宽度达到限值时对应的状态。

一般环境混凝土结构耐久性裕度系数应根据不同极限状态，按下列规定确定：

（1）钢筋开始锈蚀极限状态耐久性裕度系数计算公式为

$$\xi_d = \frac{t_i - t_0}{\gamma_0 t_e} \tag{5-1}$$

（2）混凝土保护层锈胀开裂极限状态耐久性裕度系数计算公式为

$$\xi_d = \frac{t_{cr} - t_0}{\gamma_0 t_e} \tag{5-2}$$

（3）混凝土保护层锈胀裂缝宽度极限状态耐久性裕度系数计算公式为

$$\xi_d = \frac{t_d - t_0}{\gamma_0 t_e} \tag{5-3}$$

式中 $t_i$——钢筋开始锈蚀耐久年限，a；

$t_{cr}$——混凝土保护层锈胀开裂耐久年限，a；

$t_d$——混凝土表面锈胀裂缝宽度限值耐久年限，a；

$t_0$——结构建成至检测时的时间，a；

$t_e$——目标使用年限，a。

结构重要性系数取值建议见表 5-8，鉴于目前尚无条件将耐久性失效事件作为随机变量或随机过程进行概率分析，因此仍采用定值安全系数赋予评估结果一定的安全储备。此时通过重要性系数可以依据失效风险大小对安全裕度作适当的调整，对重要建筑物或构件、失效后果严重且环境作用与结构参数变异性大、失效概率大的结构或构件，重要性系数应取大值。同样对失效风险大且修复困难的结构或构件也应增加其安全储备。进行耐久性评估时，应根据具体情况合理确定表中系数。由于基础混凝土结构耐久性失效影响较大且不易修复，因此风电机组基础耐久重要性系数取 1.1。

表 5-8　结构及构件的重要等级和重要性系数

| 重要等级 | 耐久性失效的影响 | 耐久重要性系数 |
|---|---|---|
| 一级 | 有很大影响或不易修复的重要结构 | ≥1.1 |
| 二级 | 有较大影响或较易修复、替换的一般结构 | 1.0 |
| 三级 | 影响较小的次要结构 | 0.9 |

### 5.3.1　钢筋开始锈蚀极限状态耐久性评估

钢筋开始锈蚀时间应考虑碳化速度、保护层厚度和局部环境的影响，其计算公式为

$$t_i = 15.216 K_k K_c K_m \qquad (5-4)$$

式中　　　$t_i$——结构建成至钢筋开始锈蚀的时间，a；

$K_k$、$K_c$、$K_m$——碳化速度、保护层厚度、局部环境对钢筋开始锈蚀时间的影响系数，分别由碳化系数 $k$、保护层厚度 $c$ 及局部环境系数 $m$ 按表 5-9～表 5-12 取用。

1. 碳化速度影响系数

（1）有 $CO_2$ 浓度数据时，碳化系数计算公式为

$$k = 3K_{CO_2} K_{kl} K_{kt} K_{ks} T^{1/4} RH^{1.5} (1-RH)\left(\frac{58}{f_{cuk}}-0.76\right) \qquad (5-5)$$

式中　$K_{CO_2}$——$CO_2$ 浓度影响系数，$K_{CO_2}=\sqrt{\dfrac{C_0}{0.03}}$；

$C_0$——$CO_2$ 浓度，%；

$K_{kl}$——位置影响系数，构件角区取 $K_{kl}=1.4$，非角区取 $K_{kl}=1.0$；

$K_{kt}$——养护浇筑影响系数，取 $K_{kt}=1.2$；

$K_{ks}$——工作应力影响系数，受压时取 1.0，受拉时取 $K_{ks}=1.1$；

$T$——环境温度，℃；

$RH$——环境相对湿度；

$f_{cuk}$——混凝土强度标准值或评估值。

$$k=\frac{x_c}{\sqrt{t_0}} \tag{5-6}$$

式中　$x_c$——实测碳化深度，mm；

$t_0$——结构建成至检测时已使用的时间，a。

注意：①碳化深度的实测部位应与评估钢筋锈蚀的部位一致，实测碳化深度不在角部时，角部钢筋处的碳化深度可取非角部的 1.4 倍；②构件有可碳化覆盖层时，碳化应考虑覆盖层的作用，以覆盖层当量厚度计入，覆盖层当量厚度可通过实测碳化数据统计得到；③当检测数据与按式（5-5）计算的数值有明显差异时，宜按要求进行碳化深度检测，并按式（5-6）确定碳化系数，没有条件时，则应根据已有数据的取样部位、混凝土强度的实际评估值，以及环境温度、温度情况分析差异的原因，并进行必要的调整。

（2）当缺乏 $CO_2$ 浓度数据时，室外环境 $K_{CO_2}$ 可参考下列规定取用：大中城市市区 $K_{CO_2}=1.2\sim1.4$；城镇 $K_{CO_2}=1.1\sim1.2$。

表 5-9　碳化速度影响系数 $K_k$

| 碳化系数 $k$/(mm/$\sqrt{a}$) | 1.0 | 2.0 | 3.0 | 4.5 | 6.0 | 7.5 | 9.0 |
|---|---|---|---|---|---|---|---|
| $K_k$ | 2.267 | 1.545 | 1.196 | 0.942 | 0.800 | 0.705 | 0.636 |

**2. 保护层厚度影响系数**

一般环境混凝土结构耐久性评估时，应考虑保护层的影响，并按表 5-10 确定保护层影响系数 $K_c$。

表 5-10　保护层厚度影响系数 $K_c$

| 保护层厚度 $c$/mm | 5 | 10 | 15 | 20 | 25 | 30 | 40 |
|---|---|---|---|---|---|---|---|
| $K_c$ | 0.538 | 0.750 | 1.000 | 1.289 | 1.617 | 1.962 | 2.672 |

**3. 局部环境影响系数**

一般环境混凝土结构耐久性评估时，应考虑局部环境的影响，并按表 5-11 确定局部环境系数 $m$，并根据表 5-12 确定局部环境影响系数 $K_m$。

表 5 - 11　局 部 环 境 系 数 $m$

| 环境作用等级 | 环 境 特 点 | 基 础 结 构 示 例 | $m$ |
|---|---|---|---|
| Ⅰ-A | 一般室内环境；<br>一般室外不淋雨环境；<br>无污染源的工业厂房内 | 常年干燥、低湿度环境中的室内构件；<br>不接触或偶尔接触雨水的室外构件 | 1.0~1.2 |
| Ⅰ-B | 室内潮湿环境；<br>室内干湿交替环境；<br>大气轻微污染的工业厂房内 | 中、高湿度环境中的室内构件；<br>与冷凝水、露水或蒸汽频繁接触的室内构件 | 1.2~2.5 |
| Ⅰ-C | 室外淋雨环境；<br>酸雨环境；<br>一般冻融环境；<br>大气重度污染的工业厂房内 | 淋雨或频繁与水接触的室外构件；<br>酸雨地区露天环境；<br>考虑冻融循环对碳化影响的一般室外环境 | 2.5~4.0 |
| Ⅰ-D | 湿热地区室外淋雨环境 | 湿热地区频繁淋雨或频繁与水接触的室外构件 | 4.0~4.5 |

注：混凝土进行结构耐久性评估时，宜根据检测时刻构件的技术状况推断局部环境系数合理取值；大气环境条件复杂，局部环境系数尚应考虑有无干湿交替、有害介质含量等具体情况合理取用。

表 5 - 12　局 部 环 境 影 响 系 数 $K_m$

| 局部环境系数 $m$ | 1.0 | 1.5 | 2.0 | 2.5 | 3.0 | 3.5 | 4.5 |
|---|---|---|---|---|---|---|---|
| $K_m$ | 1.505 | 1.237 | 1.062 | 0.940 | 0.850 | 0.781 | 0.684 |

## 5.3.2　保护层锈胀开裂时间极限状态耐久性评估

保护层锈胀开裂时间应考虑保护层厚度、混凝土强度、钢筋直径、环境温度、环境相对湿度以及局部环境的影响，其计算公式为

$$t_{cr} = t_i + t_c \tag{5-7}$$

$$t_c = A H_c H_f H_d H_T H_{RH} H_m \tag{5-8}$$

式中　　　　　　　　　$t_{cr}$——保护层锈胀开裂的时间，a；

$t_c$——钢筋开始锈蚀至保护层胀裂的时间，a；

$A$——特定条件下（各项影响系数为 1.0 时）构件自钢筋开始锈蚀到保护层胀裂的时间，a，对室外杆件取 $A=1.9$，室外墙、板取 $A=4.9$，对室内杆件取 $A=3.8$，室内墙、板取 $A=11.0$；

$H_c$、$H_f$、$H_d$、$H_T$、$H_{RH}$、$H_m$——保护层厚度、混凝土强度、钢筋直径、环境温度、环境相对湿度、局部环境对保护层锈胀开裂时间的影响系数，按表 5-13~表 5-18 取用。

**表 5 - 13　保护层厚度对保护层锈胀开裂时间的影响系数 $H_c$**

| 保护层厚度/mm | | 5 | 10 | 15 | 20 | 25 | 30 | 40 |
|---|---|---|---|---|---|---|---|---|
| 室外 | 杆件 | 0.379 | 0.683 | 1.000 | 1.339 | 1.701 | 2.088 | 2.932 |
| | 墙、板 | 0.326 | 0.623 | 1.000 | 1.478 | 2.071 | 2.788 | 4.619 |
| 室内 | 杆件 | 0.371 | 0.676 | 1.000 | 1.349 | 1.725 | 2.129 | 3.016 |
| | 墙、板 | 0.309 | 0.608 | 1.000 | 1.507 | 2.143 | 2.918 | 4.912 |

**表 5 - 14　混凝土强度对保护层锈胀开裂时间的影响系数 $H_f$**

| 混凝土强度/MPa | | 10 | 15 | 20 | 25 | 30 | 35 | 40 |
|---|---|---|---|---|---|---|---|---|
| 室外 | 杆件 | 0.205 | 0.467 | 0.856 | 1.387 | 2.076 | 2.937 | 3.986 |
| | 墙、板 | 0.172 | 0.406 | 0.763 | 1.262 | 1.921 | 2.759 | 3.792 |
| 室内 | 杆件 | 0.212 | 0.484 | 0.887 | 1.438 | 2.151 | 3.044 | 4.131 |
| | 墙、板 | 0.174 | 0.410 | 0.770 | 1.273 | 1.939 | 2.785 | 3.828 |

**表 5 - 15　钢筋直径对保护层锈胀开裂时间的影响系数 $H_d$**

| 钢筋直径/mm | | 4 | 8 | 12 | 16 | 20 | 25 | 28 |
|---|---|---|---|---|---|---|---|---|
| 室外 | 杆件 | 2.430 | 1.656 | 1.399 | 1.270 | 1.192 | 1.130 | 1.104 |
| | 墙、板 | 4.650 | 2.114 | 1.500 | 1.248 | 1.117 | 1.024 | 0.987 |
| 室内 | 杆件 | 2.226 | 1.523 | 1.288 | 1.171 | 1.101 | 1.044 | 1.020 |
| | 墙、板 | 4.099 | 1.873 | 1.335 | 1.113 | 0.998 | 0.916 | 0.884 |

**表 5 - 16　环境温度对保护层锈胀开裂时间的影响系数 $H_T$**

| 环境温度/℃ | | 4 | 8 | 12 | 16 | 20 | 24 | 28 |
|---|---|---|---|---|---|---|---|---|
| 室外 | 杆件 | 1.504 | 1.416 | 1.337 | 1.267 | 1.203 | 1.146 | 1.094 |
| | 墙、板 | 1.393 | 1.311 | 1.238 | 1.173 | 1.114 | 1.061 | 1.013 |
| 室内 | 杆件 | 1.391 | 1.309 | 1.237 | 1.172 | 1.113 | 1.060 | 1.012 |
| | 墙、板 | 1.252 | 1.178 | 1.113 | 1.054 | 1.002 | 0.954 | 0.911 |

**表 5 - 17　环境相对湿度对保护层锈胀开裂时间的影响系数 $H_{RH}$**

| 环境相对湿度 | | 0.55 | 0.60 | 0.65 | 0.70 | 0.75 | 0.80 | 0.85 |
|---|---|---|---|---|---|---|---|---|
| 室外 | 杆件 | 2.399 | 1.830 | 1.511 | 1.302 | 1.153 | 1.041 | 1.041 |
| | 墙、板 | 2.229 | 1.701 | 1.404 | 1.210 | 1.072 | 0.967 | 0.967 |
| 室内 | 杆件 | 3.037 | 1.913 | 1.460 | 1.205 | 1.039 | 0.920 | 0.920 |
| | 墙、板 | 2.750 | 1.732 | 1.322 | 1.091 | 0.941 | 0.833 | 0.833 |

表 5 - 18　局部环境对保护层锈胀开裂时间的影响系数 $H_m$

| 局部环境系数 | | 1.0 | 1.5 | 2.0 | 2.5 | 3.0 | 3.5 | 4.5 |
|---|---|---|---|---|---|---|---|---|
| 室外 | 杆件 | 3.739 | 2.493 | 1.870 | 1.496 | 1.246 | 1.068 | 0.831 |
| | 墙、板 | 3.496 | 2.331 | 1.748 | 1.399 | 1.165 | 0.999 | 0.777 |
| 室内 | 杆件 | 3.399 | 2.266 | 1.699 | 1.359 | 1.133 | 0.971 | 0.755 |
| | 墙、板 | 3.091 | 2.061 | 1.545 | 1.236 | 1.030 | 0.883 | 0.687 |

### 5.3.3　可接受最大外观损伤极限状态耐久性评估

对于外观要求不高的部位，一般可用混凝土表面出现可接受最大外观损伤的时间确定其剩余使用年限，相应锈胀裂缝宽度在 $2 \sim 3mm$，而一般室内构件宜用保护层锈胀开裂作为耐久性失效的标准。

混凝土表面出现可接受最大外观损伤的时间应考虑保护层厚度、混凝土强度、钢筋直径、环境温度、环境相对湿度以及局部环境的影响，其计算公式为

$$t_d = t_i + t_{cl} \tag{5-9}$$

$$t_{cl} = B F_c F_f F_d F_T F_{RH} F_m \tag{5-10}$$

式中　　　　　　　　$t_d$——混凝土表面出现可接受最大外观损伤的时间，a；

$t_{cl}$——钢筋开始锈蚀至性能严重退化的时间，a；

$B$——特定条件下（各项影响系数为 1.0 时）自钢筋开始锈蚀到混凝土表面出现可接受最大外观损伤的时间，a；室外杆件，取 $B = 7.04$；室外墙、板，取 $B = 8.09$；室内杆件，取 $B = 8.84$；室内墙、板，取 $B = 14.48$；

$F_c$、$F_f$、$F_d$、$F_T$、$F_{RH}$、$F_m$——保护层厚度、混凝土强度、钢筋直径、环境温度、环境相对湿度、局部环境对混凝土表面出现可接受最大外观损伤时间的影响系数，按表 5 - 19～表 5 - 24 取用。

表 5 - 19　保护层厚度对混凝土表面出现可接受最大外观损伤时间的影响系数 $F_c$

| 保护层厚度/mm | | 5 | 10 | 15 | 20 | 25 | 30 | 40 |
|---|---|---|---|---|---|---|---|---|
| 室外 | 杆件 | 0.567 | 0.872 | 1.000 | 1.173 | 1.361 | 1.542 | 1.908 |
| | 墙、板 | 0.575 | 0.771 | 1.000 | 1.236 | 1.488 | 1.760 | 2.350 |

表 5-20 混凝土强度对混凝土表面出现可接受最大外观损伤时间的影响系数 $F_f$

| 混凝土强度/MPa | | 10 | 15 | 20 | 25 | 30 | 35 | 40 |
|---|---|---|---|---|---|---|---|---|
| 室外 | 杆件 | 0.293 | 0.597 | 0.915 | 1.245 | 1.644 | 2.158 | 2.776 |
| | 墙、板 | 0.314 | 0.591 | 0.890 | 1.288 | 1.814 | 2.463 | 3.241 |

表 5-21 钢筋直径对混凝土表面出现可接受最大外观损伤时间的影响系数 $F_d$

| 钢筋直径/mm | | 4 | 8 | 12 | 16 | 20 | 25 | 28 |
|---|---|---|---|---|---|---|---|---|
| 室外 | 杆件 | 0.862 | 1.111 | 1.326 | 1.287 | 1.256 | 1.231 | 1.221 |
| | 墙、板 | 0.909 | 1.436 | 1.474 | 1.359 | 1.298 | 1.256 | 1.239 |

表 5-22 环境温度对混凝土表面出现可接受最大外观损伤时间的影响系数 $F_T$

| 环境温度/℃ | | 4 | 8 | 12 | 16 | 20 | 24 | 28 |
|---|---|---|---|---|---|---|---|---|
| 室外 | 杆件 | 1.389 | 1.325 | 1.270 | 1.221 | 1.175 | 1.133 | 1.095 |
| | 墙、板 | 1.484 | 1.405 | 1.335 | 1.272 | 1.215 | 1.164 | 1.118 |

表 5-23 环境相对湿度对混凝土表面出现可接受最大外观损伤时间的影响系数 $F_{RH}$

| 环境相对湿度 | | 0.55 | 0.60 | 0.65 | 0.70 | 0.75 | 0.80 | 0.85 |
|---|---|---|---|---|---|---|---|---|
| 室外 | 杆件 | 2.071 | 1.639 | 1.401 | 1.242 | 1.133 | 1.056 | 1.056 |
| | 墙、板 | 2.304 | 1.787 | 1.497 | 1.309 | 1.176 | 1.078 | 1.078 |

表 5-24 局部环境对混凝土表面出现可接受最大外观损伤时间的影响系数 $F_m$

| 局部环境系数 | | 1.0 | 1.5 | 2.0 | 2.5 | 3.0 | 3.5 | 4.5 |
|---|---|---|---|---|---|---|---|---|
| 室外 | 杆件 | 3.102 | 2.143 | 1.666 | 1.382 | 1.201 | 1.060 | 0.883 |
| | 墙、板 | 3.527 | 2.388 | 1.821 | 1.485 | 1.261 | 1.100 | 0.892 |

## 5.3.4 等级评估

耐久性评估时，保护层厚度取实测平均值，混凝土强度取实测抗压强度推定值，碳化深度取钢筋部位实测平均值，环境温度、湿度取建成后历年年平均环境温度和年平均相对湿度平均值，室内构件宜先按室内实测数据取用，也可按室外数据适当调整。钢筋锈蚀的耐久性等级评估见表 5-1。

混凝土构件当前的技术状况不满足相应的使用性能要求（保护层出现锈胀裂缝或混凝土表面出现不可接受外观损伤）时，该构件的耐久性等级应评为 C 级。

钢筋锈蚀耐久性评估宜通过调整局部环境系数或其他参数，使计算参数符合构件的实际情况，并按调整后的参数进行剩余使用年限预测。

# 5.4 氯盐侵蚀环境评估方法

氯盐侵蚀环境混凝土结构耐久性应按下列极限状态评定：①钢筋开始锈蚀极限状态；②混凝土保护层锈胀开裂极限状态。钢筋开始锈蚀极限状态应为钢筋表面氯离子浓度达到钢筋脱钝临界氯离子浓度的状态；混凝土保护层锈胀开裂极限状态应为钢筋锈蚀产物引起混凝土保护层开裂的状态。当保护层脱落、表面外观损伤已造成混凝土构件不满足使用功能时，混凝土构件耐久性等级应评为C级。

氯盐侵蚀环境混凝土结构耐久性极限状态对应的耐久性裕度系数，应按下列规定确定：

（1）钢筋开始锈蚀极限状态耐久性裕度系数计算公式为

$$\xi_d = \frac{t_i - t_0}{\gamma_0 t_e} \tag{5-11}$$

（2）混凝土保护层锈胀开裂极限状态耐久性裕度系数计算公式为

$$\xi_d = \frac{t_{cr} - t_0}{\gamma_0 t_e} \tag{5-12}$$

式中　$t_i$——钢筋开始锈蚀耐久年限，a；

　　　$t_{cr}$——混凝土保护层锈胀开裂耐久年限，a；

　　　$t_0$——结构建成至检测时的时间，a；

　　　$t_e$——目标使用年限，a。

氯离子侵蚀分为渗透型和掺入型两类，渗透型氯离子侵蚀环境等级及参数见表5-25。

表 5-25　渗透型氯离子侵蚀环境等级及参数

| 环境类别 | 环境等级 | 环境状况 | 混凝土表面氯离子达到稳定值的累计时间/a | 局部环境系数 | |
|---|---|---|---|---|---|
| | | | | 室外 | 室内 |
| 近海大气环境 | Ⅲa | 离海岸1.0km以内 | 20~30 | 4.0~4.5 | 2.0~2.5 |
| | Ⅲb | 离海岸0.5km以内 | 15~20 | | |
| | Ⅲc | 离海岸0.25km以内 | 10~15 | | |
| | Ⅲd | 离海岸0.1km以内 | 10 | | |
| 浪溅区 | Ⅲe | 水位变化区和浪溅区 | 瞬时 | 4.5~5.5 | |
| 除冰盐环境 | Ⅲf | 除冰盐环境 | 检测结果确定 | 4.5~5.5 | |

## 5.4.1 钢筋开始锈蚀极限状态耐久性评估

氯盐侵蚀环境混凝土结构钢筋开始锈蚀耐久年限，应考虑混凝土表面氯离子沉积过程和混凝土保护层氯离子扩散过程的影响，其计算公式为

$$t_i = \left(\frac{c}{K}\right)^2 \times 10^{-6} + 0.2t_1 \qquad (5-13)$$

$$K = 2\sqrt{D}\,\text{erf}^{-1}\left(1 - \frac{M_{cr}}{M_s}\right) \qquad (5-14)$$

式中   $t_i$——钢筋开始锈蚀时间，a；

     $c$——混凝土保护层厚度，mm；

     $K$——氯离子侵蚀系数，可按表5-25查用；

     $D$——氯离子扩散系数，$\text{m}^2/\text{a}$；

   erf——误差函数；

   $M_{cr}$——钢筋锈蚀临界氯离子浓度，$\text{kg/m}^3$；

     $M_s$——混凝土表面氯离子浓度，$\text{kg/m}^3$；

     $t_1$——混凝土表面氯离子浓度达到稳定值的时间，a，按表5-27取值。

混凝土在制备时已含有氯离子时，应以 $(C_{cr} - C_0)$、$(C_s - C_0)$ 分别代替式 (5-14) 及表5-26中的 $C_{cr}$ 和 $C_s$，其中 $C_0$ 为混凝土在制备时掺入的氯离子浓度；氯离子扩散系数单位为 $\text{m}^2/\text{a}$。

表 5-26   氯 离 子 侵 蚀 系 数 K

| D | $\dfrac{M_{cr}}{M_s \gamma_{cl}}$ | | | | | | | | |
|---|---|---|---|---|---|---|---|---|---|
| | 0.60m²/a | 1.00m²/a | 1.40m²/a | 1.80m²/a | 2.20m²/a | 2.60m²/a | 3.00m²/a | 3.40m²/a | 3.80m²/a |
| 0.10 | 1.800 | 2.325 | 2.751 | 3.119 | 3.448 | 3.748 | 4.026 | 4.286 | 4.532 |
| 0.15 | 1.576 | 2.035 | 2.408 | 2.730 | 3.018 | 3.281 | 3.524 | 3.752 | 3.966 |
| 0.20 | 1.403 | 1.812 | 2.143 | 2.430 | 2.687 | 2.921 | 3.138 | 3.340 | 3.541 |
| 0.25 | 1.260 | 1.626 | 1.924 | 2.182 | 2.412 | 2.622 | 2.817 | 2.999 | 3.170 |
| 0.30 | 1.135 | 1.465 | 1.734 | 1.966 | 2.173 | 2.363 | 2.538 | 2.702 | 2.856 |
| 0.35 | 1.023 | 1.321 | 1.563 | 1.773 | 1.960 | 2.130 | 2.288 | 2.436 | 2.575 |
| 0.40 | 0.922 | 1.190 | 1.408 | 1.596 | 1.765 | 1.918 | 2.061 | 2.194 | 2.319 |
| 0.45 | 0.827 | 1.068 | 1.264 | 1.433 | 1.584 | 1.722 | 1.850 | 1.969 | 2.082 |
| 0.50 | 0.739 | 0.954 | 1.128 | 1.279 | 1.414 | 1.538 | 1.652 | 1.758 | 1.859 |
| 0.55 | 0.655 | 0.845 | 1.000 | 1.134 | 1.254 | 1.363 | 1.464 | 1.558 | 1.648 |
| 0.60 | 0.574 | 0.741 | 0.877 | 0.995 | 1.100 | 1.195 | 1.284 | 1.367 | 1.445 |

| $D$ | $\dfrac{M_{cr}}{M_s\gamma_{cl}}$ | | | | | | | | |
|---|---|---|---|---|---|---|---|---|---|
| | 0.60m²/a | 1.00m²/a | 1.40m²/a | 1.80m²/a | 2.20m²/a | 2.60m²/a | 3.00m²/a | 3.40m²/a | 3.80m²/a |
| 0.65 | 0.497 | 0.642 | 0.759 | 0.861 | 0.952 | 1.035 | 1.111 | 1.183 | 1.251 |
| 0.70 | 0.422 | 0.545 | 0.645 | 0.731 | 0.808 | 0.878 | 0.944 | 1.005 | 1.062 |
| 0.75 | 0.349 | 0.451 | 0.533 | 0.605 | 0.668 | 0.727 | 0.780 | 0.831 | 0.878 |
| 0.80 | 0.278 | 0.358 | 0.424 | 0.481 | 0.531 | 0.578 | 0.620 | 0.661 | 0.698 |
| 0.85 | 0.207 | 0.267 | 0.361 | 0.359 | 0.397 | 0.431 | 0.463 | 0.493 | 0.521 |
| 0.90 | 0.138 | 0.178 | 0.210 | 0.238 | 0.263 | 0.286 | 0.308 | 0.328 | 0.346 |

表 5-27　氯盐侵蚀环境混凝土表面氯离子浓度达到稳定值的时间 $t_1$

| 环　境 | 环境作用等级 | 环境状况 | $t_1/a$ |
|---|---|---|---|
| 近海大气环境 | Ⅲ-A | 0.5km≤$d$<1.0km | 20~30 |
| | Ⅲ-B | 0.25km≤$d$<0.5km | 15~20 |
| | Ⅲ-C | 0.1km≤$d$<0.25km | 10~15 |
| | Ⅲ-D | $d$<0.1km | 10 |
| 海洋环境 | Ⅲ-E | 大气盐雾区 | 0~10 |
| | Ⅲ-F | 水位变动区、浪溅区 | 0 |

注：近海大气环境指空旷无遮挡的环境；$d$ 为离海岸的距离。

混凝土表面氯离子浓度宜通过实测，其计算公式为

$$C_s=k_s\sqrt{t_1} \tag{5-15}$$
$$k_s=C_{se}\sqrt{t_0} \tag{5-16}$$

式中　$k_s$——混凝土表面氯离子聚集系数；

$t_1$——混凝土表面氯离子浓度达到稳定值的时间，a，按表 5-27 取用；

$t_0$——结构建成至检测时的时间，a，$t_0>t_1$ 时 $t_0$ 取 $t_1$；

$C_{se}$——实测的混凝土表面氯离子浓度，kg/m³。

混凝土表面氯离子浓度缺乏有效实测数据时，可按表 5-28 取值。

表 5-28　混凝土表面氯离子浓度 $C_s$

| 水位变动区（Ⅲ-F） | 浪溅区（Ⅲ-F） | 大气盐雾区（Ⅲ-E） | 近海大气区（离海岸距离） | | | |
|---|---|---|---|---|---|---|
| | | | 0.1km（Ⅲ-D） | 0.25km（Ⅲ-C） | 0.5km（Ⅲ-B） | 1.0km（Ⅲ-A） |
| 19 | 17 | 11.5 | 5.87 | 3.83 | 2.57 | 1.28 |

混凝土中钢筋锈蚀临界氯离子浓度宜根据建筑物所处实际环境条件和既有工程调查确定。当缺乏可靠资料时，可按表 5-29 取用。

表 5-29 钢筋锈蚀临界氯离子浓度

| 混凝土抗压强度推定值 $f_{cu,e}$/MPa | ≥40 | 35 | ≤30 |
|---|---|---|---|
| 近海大气与海洋盐雾区<br>（Ⅲ-A、Ⅲ-B、Ⅲ-C、Ⅲ-D、Ⅲ-E） | 2.10 | | |
| 浪溅区（Ⅲ-F） | 1.70 | 1.50 | 1.30 |
| 水位变动区（Ⅲ-F） | 2.10 | | |
| 除冰盐环境及其他氯化物环境 | 1.30～2.10 | | |

掺入型氯盐侵蚀混凝土结构钢筋开始锈蚀耐久性等级应根据耐久性裕度系数评定，其耐久性裕度系数计算公式为

$$\xi_d = \frac{C_{cr}}{\gamma_0 C_0} \quad (5-17)$$

式中　$C_{cr}$——钢筋锈蚀临界氯离子浓度，kg/m³；

　　　　$C_0$——混凝土制备时掺入的氯离子浓度，kg/m³。

## 5.4.2 保护层锈胀开裂极限状态耐久性评估

氯盐侵蚀环境混凝土保护层锈胀开裂耐久年限应考虑锈蚀产物向锈坑周围区域迁移及向混凝土孔隙、微裂缝中扩散的过程，其计算公式为

$$t_{cr} = t_i + t_c \quad (5-18)$$

$$t_c = \beta_1 \beta_2 t_{c,0} \quad (5-19)$$

式中　$t_{cr}$——混凝土保护层锈胀开裂耐久年限，a；

　　　　$t_i$——钢筋开始锈蚀耐久年限，a；

　　　　$t_c$——钢筋开始锈蚀至混凝土保护层锈胀开裂所需的时间，a；

　　　　$t_{c,0}$——未考虑锈蚀产物渗透迁移及锈坑位置修正的钢筋开始锈蚀至混凝土保护层锈胀开裂的时间，a；

　　　　$\beta_2$——考虑多个锈坑分布对混凝土保护层开裂时间的修正系数，非角部钢筋取1.3，角部钢筋取1.2；

　　　　$\beta_1$——考虑锈蚀产物向锈坑周围区域迁移及向混凝土孔隙、微裂缝扩散对混凝土保护层锈胀开裂时间的修正系数，按表5-30取值。

表 5-30 混凝土保护层锈胀开裂时间修正系数 $\beta_1$

| 环境类型 | 混凝土抗压强度推定值 $f_{cu,e}$/MPa | | | |
|---|---|---|---|---|
| | 40 | 35 | 30 | 25 |
| 近海大气环境 | 1.05 | 1.10 | 1.15 | 1.25 |
| 海洋环境、除冰盐环境 | 1.10 | 1.15 | 1.25 | 1.35 |

注：混凝土强度介于表中所列数值之间时，可按插值法确定。

浪溅区普通混凝土中未考虑锈蚀产物渗透迁移及锈坑位置修正的钢筋开始锈蚀至混凝土保护层锈胀开裂的时间 $t_{c,0}$，可按表 5-31 取用。

近海大气区普通混凝土中未考虑锈蚀产物渗透迁移及锈坑位置修正的钢筋开始锈蚀至混凝土保护层锈胀开裂时间 $t_{c,0}$ 可按表 5-31 的 $\sqrt{10/C_s}$ 倍取用。

掺入型氯盐侵蚀混凝土中氯离子浓度 $C_0$ 大于临界氯离子浓度 $C_{cr}$ 时，混凝土保护层锈胀开裂耐久性等级应根据耐久性裕度系数按表 5-1 评定，其耐久性裕度系数可按式（5-12）计算。其中混凝土保护层锈胀开裂耐久年限 $t_{cr}$ 计算公式为

**表 5-31　浪溅区普通混凝土中未考虑锈蚀产物渗透迁移及锈坑位置修正的钢筋开始锈蚀至混凝土保护层锈胀开裂的时间 $t_{c,0}$**

| 地区 | 混凝土抗压强度推定值 $f_{cu,e}$/MPa | 构件类型 | 混凝土保护层厚度 $c$/mm | | | | | |
| --- | --- | --- | --- | --- | --- | --- | --- | --- |
| | | | 20 | 30 | 40 | 50 | 60 | 70 |
| 南方 | 25 | 梁、柱 | 1.6 | 2.1 | 2.5 | 3.1 | 3.5 | 3.9 |
| | | 墙、板 | 2.0 | 2.7 | 3.6 | 4.5 | 5.5 | 6.6 |
| | 30 | 梁、柱 | 1.8 | 2.4 | 2.9 | 3.4 | 3.9 | 4.4 |
| | | 墙、板 | 2.3 | 3.1 | 4.0 | 5.0 | 6.1 | 7.2 |
| | 35 | 梁、柱 | 2.0 | 2.6 | 3.1 | 3.5 | 4.1 | 4.6 |
| | | 墙、板 | 2.6 | 3.4 | 4.3 | 5.4 | 6.5 | 7.7 |
| | 40 | 梁、柱 | 2.3 | 2.9 | 3.4 | 4.0 | 4.4 | 4.9 |
| | | 墙、板 | 2.9 | 3.8 | 4.9 | 5.9 | 7.1 | 8.2 |
| 北方 | 25 | 梁、柱 | 2.8 | 3.6 | 4.4 | 5.2 | 6.0 | 6.8 |
| | | 墙、板 | 3.4 | 4.7 | 6.1 | 7.7 | 9.5 | 11.0 |
| | 30 | 梁、柱 | 3.1 | 4.0 | 4.9 | 5.8 | 6.6 | 7.4 |
| | | 墙、板 | 3.9 | 5.3 | 6.8 | 8.5 | 10.4 | 12.3 |
| | 35 | 梁、柱 | 3.4 | 4.4 | 5.3 | 6.2 | 7.0 | 7.7 |
| | | 墙、板 | 4.4 | 5.8 | 7.4 | 9.2 | 11.1 | 13.1 |
| | 40 | 梁、柱 | 3.9 | 4.9 | 5.8 | 6.7 | 7.5 | 8.4 |
| | | 墙、板 | 5.0 | 6.6 | 8.3 | 10.1 | 12.1 | 14.3 |

$$t_{cr} = t_i + \frac{\delta_{cr}}{\lambda_0} \qquad (5-20)$$

式中　$\lambda_0$——混凝土保护层锈胀开裂前的年平均钢筋锈蚀速率，mm/a；

　　　$\delta_{cr}$——混凝土保护层锈胀开裂时的临界钢筋锈蚀深度，mm。

混凝土保护层锈胀开裂临界钢筋锈蚀深度 $\delta_{cr}$ 可按下列规定确定：

（1）对梁、柱角部钢筋，其计算公式为

$$\xi_{cr} = 0.012 \frac{c}{d} + 0.00084 f_{cu,e} + 0.018 \qquad (5-21)$$

（2）对墙、板非角部钢筋，其计算公式为

$$\xi_{cr} = 0.015\left(\frac{c}{d}\right)^{1.55} + 0.0014 f_{cu,e} + 0.016 \qquad (5-22)$$

式中   $f_{cu,e}$——混凝土抗压强度推定值，MPa；

　　　   $d$——钢筋直径，mm。

混凝土保护层锈胀开裂前的年平均钢筋锈蚀速率 $\lambda_0$ 可按下列规定确定：

（1）对室外环境，其计算公式为

$$\lambda_0 = 7.53 K_{cl} m (0.75 + 0.0125 T)(RH - 0.45)^{\frac{2}{3}} c^{-0.675} f_{cu,e}^{-1.8} \qquad (5-23)$$

（2）对室内环境，其计算公式为

$$\lambda_0 = 5.92 K_{cl} m (0.75 + 0.0125 T)(RH - 0.5)^{\frac{2}{3}} c^{-0.675} f_{cu,e}^{-1.8} \qquad (5-24)$$

式中   $K_{cl}$——钢筋位置影响系数，钢筋位于角部时取 1.6，钢筋位于非角部时取 1.0；

　　　   $T$——年平均温度，℃；

　　$RH$——年平均相对湿度，$RH > 0.80$ 时，取 0.80。

## 5.4.3   等级评估

氯盐侵蚀环境下混凝土中钢筋锈蚀耐久性等级评估见表 5-32。

**表 5-32   氯盐侵蚀环境钢筋锈蚀耐久性等级**

| $t_{re}/M_{c0}$ | ≥1.8 | 1.0~1.8 | <1.0 |
|---|---|---|---|
| 耐久性等级 | a | b | c |

掺氯盐混凝土构件，当以钢筋开始锈蚀为耐久性极限状态时，其耐久性等级应按表 5-33 评估。

**表 5-33   掺氯盐混凝土构件耐久性等级**

| $M_{cre}/M_{c0}\gamma_0$ | ≥1.8 | 1.0~1.8 | <1.0 |
|---|---|---|---|
| 耐久性等级 | a | b | c |

注：$M_{c0}$ 为掺入的氯离子含量，kg/m³。

氯盐侵蚀环境下混凝土构件的当前技术状况不满足相应的使用性能要求（保护层出现锈胀裂缝或混凝土表面出现不可接受外观损伤）时，该构件的耐久性等级应评为 c 级。

# 5.5   冻融损伤环境评估方法

冻融环境混凝土结构耐久性包括混凝土构件表面剥落极限状态和钢筋锈蚀极限状态。混凝土构件表面剥落极限状态应为冻融循环作用引起混凝土构件表层水泥砂浆脱落、粗骨料外露，构件表面剥落达到剥落率限值、剥落深度限值的状态；钢筋锈蚀极限状态应包括钢筋开始锈蚀极限状态、混凝土保护层锈胀开裂极限状态。

冻融环境混凝土结构钢筋锈蚀耐久性应根据引起钢筋锈蚀的原因，分为一般冻融环境、寒冷地区海洋环境、除冰盐环境进行评定。长期使用中未发生冻融破坏的构件，混凝土结构耐久性等级可评为 a 级；出现粗骨料剥落的构件应评为 c 级。

### 5.5.1　混凝土构件表面剥落耐久性评估

冻融环境混凝土构件表面剥落耐久性等级应根据混凝土构件表面剥落率。平均剥落深度、最大剥落深度，可按表 5-34 进行评定。

表 5-34　冻融环境混凝土构件表面剥落耐久性等级

| 耐久性等级 | a 级 | b 级 | c 级 |
|---|---|---|---|
| 一般构件 | $\alpha_{FT} < 1\%$<br>且 $d_{FT}/c < 10\%$<br>且 $d_{FT,max}/c < 15\%$ | $1\% \leqslant \alpha_{FT} \leqslant 5\%$<br>或 $10\% \leqslant d_{FT}/c \leqslant 50\%$<br>或 $15\% \leqslant d_{FT,max}/c \leqslant 75\%$ | $\alpha_{FT} > 5\%$<br>或 $d_{FT}/c > 50\%$<br>或 $d_{FT,max}/c > 75\%$ |
| 薄壁构件 | $\alpha_{FT} < 1\%$<br>且 $d_{FT}/c < 10\%$<br>且 $d_{FT,max}/c < 10\%$ | $1\% < \alpha_{FT} < 5\%$<br>且 $d_{FT}/c < 10\%$<br>且 $d_{FT,max}/c < 10\%$ | $\alpha_{FT} \geqslant 5\%$<br>或 $d_{FT}/c \geqslant 10\%$<br>或 $d_{FT,max}/c \geqslant 10\%$ |

注：$\alpha_{FT}$ 为混凝土表面剥落率，%；$d_{FT}$ 为平均剥落深度，mm；$d_{FT,max}$ 为最大剥落深度，mm；$c$ 为混凝土保护层厚度，mm。

对同一冻融环境，混凝土构件表面剥落率 $\alpha_{FT}$ 应取表面剥落面积与构件测量面的表面积之比；平均剥落深度 $d_{FT}$ 应取所有测试表面剥落深度平均值的最大值；最大剥落深度 $d_{FT,max}$ 应为所有测试表面剥落深度的最大值。

### 5.5.2　钢筋锈蚀耐久性评估

一般冻融环境宜考虑冻融损伤对混凝土中性化的影响，按表 5-11 确定局部环境系数 $m$，并按本书 5.3 节一般环境评估方法中的相关规定进行钢筋开始锈蚀耐久性评估和混凝土保护层锈胀开裂耐久性评估。

寒冷地区海洋环境宜考虑冻融损伤对氯离子扩散系数的影响，按照下列规定确定氯离子扩散系数，并按照本书 5.4 节氯盐侵蚀环境评估方法中的相关规定进行钢筋开始锈蚀耐久性评估和混凝土保护层锈胀开裂耐久性评估。

氯离子扩散系数 $D$ 可按下列规定取用：

（1）不考虑氯离子扩散系数的时间依赖性时，$D$ 取 $D_0$；

（2）考虑氯离子扩散系数时间依赖性时，其计算公式为

$$D = D_0 \left(\frac{t_0}{t}\right)^{\alpha} \tag{5-25}$$

$$\alpha = 0.2 + 0.4 \left( \frac{F_b}{50} + \frac{S_b}{70} \right) \tag{5-26}$$

式中  $D_0$——不考虑时间依赖性的氯离子扩散系数，$m^2/a$；

$\alpha$——掺和料对混凝土氯离子扩散系数时间依赖性的影响系数，宜用每隔 2～3 年实测数据得到的 $D$ 值推算，不能实测时可按式（5-26）确定；

$F_b$——粉煤灰占胶凝材料的百分比，%；

$S_b$——矿渣占胶凝材料的百分比，%；

$t$——氯离子扩散时间，a。

不考虑时间依赖性的氯离子扩散系数 $D_0$ 应按下列规定确定：

有实测数据时，$D_0$ 应根据混凝土中氯离子分布检测结果确定，即计算公式为

$$D_0 = \frac{x^2 \times 10^{-6}}{4t_0 \left[ \mathrm{erf}^{-1}(1 - C(x,t_0)/C_s) \right]^2} \tag{5-27}$$

式中  $x$——氯离子扩散深度，mm；

$t_0$——结构建成至检测时的时间，a；

$C(x,t_0)$——检测时 $x$ 深度处的氯离子浓度，$kg/m^3$；

$C_s$——实测的混凝土表面氯离子浓度，$kg/m^3$。

无实测数据时，对普通硅酸盐混凝土，$D_0$ 可采用龄期为 5 年的混凝土氯离子扩散系数，其计算公式为

$$D_0 = (7.08\omega/c - 1.846)(0.047T - 0.052) \times 10^{-3} \tag{5-28}$$

式中  $\omega/c$——混凝土水灰比；

$T$——环境年平均温度，℃。

当考虑冻融循环作用对混凝土氯离子扩散的影响时，宜对式（5-28）得到的 $D_0$ 乘以放大系数，放大系数可按表 5-35 取用。

表 5-35　考虑冻融循环作用对氯离子扩散系数影响的放大倍数

| 冻融循环次数 | 混凝土抗压强度推定值 $f_{cu,e}$/MPa | | |
| --- | --- | --- | --- |
| | 30 | 35 | 40 |
| 120 | 1.12～2.74 | 1.10～2.05 | 1.10～1.41 |
| 240 | 1.24～3.02 | 1.24～2.32 | 1.24～1.63 |
| 360 | 1.33～3.36 | 1.31～2.55 | 1.30～1.77 |
| 480 | 1.42～3.65 | 1.40～2.84 | 1.36～2.13 |
| 600 | 1.45～3.98 | 1.43～3.15 | 1.40～2.41 |
| 900 | 1.47～4.60 | 1.45～3.85 | 1.42～2.70 |

当结构使用年限 10 年以上，氯离子有效扩散系数已趋于稳定或偏保守计算，或水灰比 $\omega/c \geqslant 0.55$，可不考虑氯离子扩散系数的时间依赖性。

除冰盐环境应根据实测确定钢筋表面氯离子浓度，按照 5.4 节氯盐侵蚀环境评估方法中的相关规定进行钢筋开始锈蚀耐久性评估和混凝土保护层锈胀开裂耐久性评估。

## 5.6　硫酸盐侵蚀环境评估方法

硫酸盐侵蚀环境混凝土结构耐久性应按混凝土构件腐蚀损伤极限状态评估。混凝土构件腐蚀损伤极限状态应为混凝土腐蚀损伤深度达到限值的状态。混凝土腐蚀损伤深度限值对钢筋混凝土构件取混凝土保护层厚度，对素混凝土构件应取截面最小尺寸的 5% 与 70mm 两者中的较小值。

硫酸盐侵蚀环境混凝土结构耐久性等级应根据构件腐蚀损伤极限状态对应的耐久性裕度系数按表 5-2 评定。应根据式（5-29）计算剩余使用年限，耐久性裕度系数按式（5-1）和式（5-2）确定。

保护层脱落、表面外观损伤已造成混凝土构件不满足相应的使用功能时，混凝土构件耐久性等级应评为 c 级。

混凝土结构遭受硫酸盐腐蚀损伤剩余使用年限计算公式为

$$t_{re} = \frac{[X] - X}{R} \tag{5-29}$$

式中　$t_{re}$——结构剩余使用年限，a；

　　　$[X]$——混凝土腐蚀损伤深度限值，mm；

　　　$X$——混凝土构件腐蚀损伤深度，mm，为混凝土构件剥落深度 $X_s$ 与硫酸根离子浓度达到 4% 对应的深度 $X_d$ 之和；其中硫酸根离子浓度以 $SO_3$ 相对于混凝土胶凝材料的质量百分数计，$X_d$ 应依据硫酸根离子沿深度的分布曲线确定；

　　　$R$——混凝土硫酸盐腐蚀速率，mm/a。

其中混凝土硫酸盐腐蚀速率 $R$ 计算公式为

$$R = \frac{E\beta^2 C_{SO_4^{2-}} D_i X_{Al_2O_3}}{0.10196\alpha\gamma(1-\nu)}\eta \times 10^{-3} \tag{5-30}$$

式中　$R$——混凝土硫酸盐腐蚀速率，mm/a；

　　　$E$——混凝土杨氏弹性模量，普通混凝土取 $2 \times 10^{10}$ Pa；

　　　$\beta$——单位体积的砂浆中 1mol 硫酸盐产生的体积变形量，$m^3/mol$，普通混凝土取 $1.8 \times 10^{-6} m^3/mol$；

　　　$C_{SO_4^{2-}}$——外部环境中的硫酸根离子浓度，$mm^2/a$；

　　　$D_i$——检测时刻混凝土硫酸根离子扩散系数，$mm^2/a$；

$X_{Al_2O_3}$——每立方米混凝土胶凝材料中的 $Al_2O_3$ 含量，$kg/m^3$，可按工程设计资料确定；或根据现行国家标准《水泥化学分析方法》（GB/T 176）中 $Al_2O_3$ 含量检测方法，通过现场取样确定；

　　$\alpha$——混凝土断裂表面的粗糙度，普通混凝土取 1；

　　$\gamma$——硬化水泥石的断裂表面能，$J/m^2$，普通混凝土取 $10J/m^2$；

　　$\nu$——混凝土泊松比，取 0.3；

　　$\eta$——混凝土硫酸盐腐蚀速率修正系数，取 0.47。

混凝土硫酸根离子扩散系数 $D_i$ 宜采用现场钻芯取样测定不同深度处的硫酸根离子浓度，其计算公式为

$$C(x,t)=C_{SO_4^{2-}}\left[1-\mathrm{erf}\frac{x}{2\sqrt{D_i t}}\right] \tag{5-31}$$

式中　$C(x,t)$——检测时刻 $x$ 深度处的硫酸根离子浓度，%；

　　　　$C_{SO_4^{2-}}$——混凝土表层的硫酸根离子浓度，%；

　　　　$D_i$——检测时刻混凝土硫酸根离子的扩散系数，$mm^2/a$；

　　　　$t$——腐蚀时间，a。

当无实施条件完成现场钻芯取样时，混凝土硫酸根离子扩散系数 $D_i$ 计算公式为

$$D_i=D_{SO_4^{2-}}\times t^{-a} \tag{5-32}$$

式中　$a$——与混凝土水胶比、环境中硫酸盐浓度相关的参数，当无实测数据时，可按下式规定取值：水胶比为 $0.40\leqslant \omega/b<0.50$ 时，$a$ 取 0.72；水胶比为 $0.50\leqslant \omega/b\leqslant 0.55$ 时，$a$ 取 0.66；

　　　　$D_{SO_4^{2-}}$——混凝土硫酸根离子扩散系数，当无实测数据时，可按表 5-36 插值计算。

表 5-36　混凝土硫酸根离子扩散系数 $D_{SO_4^{2-}}$ 取值

| 水胶比 $\omega/b$ | $D_0/(mm^2/a)$ |
| --- | --- |
| 0.40 | 22.24 |
| 0.45 | 28.04 |
| 0.50 | 34.50 |
| 0.55 | 41.61 |

当硫酸根离子浓度采用胶凝材料质量百分数表示时，其计算公式为

$$C_{SO_4^{2-}}^B=\frac{C_{SO_4^{2-}}^M\times(m_B+m_S+m_W)}{m_B}\times 100 \tag{5-33}$$

式中　$C_{SO_4^{2-}}^B$——硬化混凝土中硫酸根离子占胶凝材料质量的百分比，%；

　　　　$C_{SO_4^{2-}}^M$——硬化混凝土中硫酸根离子占砂浆质量的百分比实测值，%；

　　　　$m_B$——混凝土配合比中每立方米混凝土的胶凝材料用量，kg；

　　　　$m_S$——混凝土配合比中每立方米混凝土的砂用量，kg；

$m_w$——混凝土配合比中每立方米混凝土的用水量，kg。

对硫酸钠、硫酸镁、氯盐等多种盐共同作用，或存在明显干湿循环作用混凝土硫酸盐腐蚀主要表现为盐结晶物理破坏的情况，应进行专项论证。

## 5.7　锈蚀构件可靠性评定的刚度和承载力计算

计算锈蚀钢筋混凝土构件的承载力和刚度时，应考虑耐久性损伤引起的材料力学性能的劣化、构件截面尺寸和钢筋截面面积的减小、钢筋与混凝土黏结性能的退化。构件截面尺寸应考虑剥落、裂缝、腐蚀等影响，采用损伤后的实际截面尺寸；混凝土强度应取推定值。锈蚀钢筋的截面面积应采用锈后实际截面面积，屈服强度可按下列规定确定：

钢筋锈蚀截面损失率 $\eta_s$＜5％且锈蚀比较均匀时，取未锈钢筋的屈服强度；钢筋锈蚀截面损失率 $\eta_s$＞12％时，应通过专项论证确定；钢筋锈蚀截面损失率 5％≤$\eta_s$≤12％时，或 $\eta_s$＜5％但锈蚀不均匀时，其计算公式为

$$f_{yc} = \frac{1 - 0.77\eta_s}{1 - \eta_s} f_y \tag{5-34}$$

式中　$f_y$——钢筋屈服强度，MPa；

$\quad\quad\eta_s$——钢筋锈蚀截面损失率。

锈蚀构件承载力和刚度计算，应分别采用锈蚀钢筋强度利用系数、锈蚀钢筋综合应变系数考虑钢筋与混凝土黏结性能退化的影响。基于性能劣化的混凝土结构可靠性评定，应采用锈蚀构件的承载力和刚度，按《工业建筑可靠性鉴定标准》(GB 50144)、《民用建筑可靠性鉴定标准》(GB 50292) 进行。

### 5.7.1　锈蚀钢筋混凝土构件承载力的计算

锈蚀受弯构件正截面受弯承载力计算公式为

$$M_c = \sum_{t=1}^{n} \alpha_{sci} f_{yci} A_{sci} \left( h_0 - \frac{x}{2} \right) \tag{5-35}$$

式中　$f_{yci}$——考虑锈蚀影响的第 $i$ 根钢筋的屈服强度，MPa；

$\quad\quad A_{sci}$——第 $i$ 根钢筋的锈后截面面积，mm²；

$\quad\quad\alpha_{sci}$——考虑锈蚀影响的第 $i$ 根受拉钢筋强度利用系数。

当构件受拉区损伤长度小于 1/4 梁跨时，$\alpha_{sci}$ 取 1.0；当构件受拉区损伤长度不小于 1/4 梁跨时，$\alpha_{sci}$ 可按下列规定计算：

无锈胀裂缝或配筋指标 $q_0$≤0.25，$\alpha_{sci}$ 取 1.0；

钢筋锈蚀深度 $\delta_i$≥0.3mm，且配筋指标 $q_0$＞0.25 时，其计算公式为

$$\alpha_{\text{sci}} = \begin{cases} 1.45 - 1.82q_0 & (0.25 < q_0 \leqslant 0.44) \\ 0.92 - 0.63q_0 & (q_0 > 0.44) \end{cases} \tag{5-36}$$

钢筋锈蚀深度 $\delta_i < 0.3$mm，且配筋指标 $q_0 > 0.25$ 时，其计算公式为

$$\alpha_{\text{sci}} = \begin{cases} 1.0 + (0.45 - 1.82q_0)\dfrac{\delta_i}{0.3} & (0.25 < q_0 \leqslant 0.44) \\ 1.0 + (-0.08 - 0.63q_0)\dfrac{\delta_i}{0.3} & (q_0 > 0.44) \end{cases} \tag{5-37}$$

式中　$\delta_i$——第 $i$ 根钢筋的锈蚀深度，mm；

　　　$q_0$——混凝土构件配筋指标，其计算公式为

$$q_0 = \frac{A_s f_y + \sum A_{\text{sci}} f_{\text{yci}}}{f_c b h_0} \tag{5-38}$$

式中　$A_s$——受拉钢筋中未锈钢筋截面面积，$\text{mm}^2$；

　　　$f_y$——受拉钢筋中未锈钢筋屈服强度，MPa；

　　　$A_{\text{sci}}$——第 $i$ 根锈蚀受拉钢筋截面面积，$\text{mm}^2$；

　　　$f_{\text{yci}}$——第 $i$ 根锈蚀受拉钢筋截面屈服强度，MPa。

　　锈蚀受压构件中的承载力应采用锈后钢筋截面面积、锈后钢筋屈服强度、等效截面尺寸，按《混凝土结构设计规范》(GB 50010) 计算。

　　受压混凝土构件等效截面尺寸计算公式为

$$h_e = h - \sum_{i=1}^{2} \alpha_{\text{cc}} c_i \tag{5-39}$$

$$b_e = b - \sum_{i=1}^{2} \alpha_{\text{cc}} c_i \tag{5-40}$$

式中　$h_e$、$b_e$——截面等效高度和等效宽度，mm；

　　　$h$、$b$——截面高度和宽度，mm；

　　　$c_i$、$\alpha_{\text{cc}}$——某侧的保护层厚度和相应的保护层损伤系数，混凝土保护层损伤系数 $\alpha_{\text{cc}}$ 可按下列规定取用。

　　轴心受压构件计算公式为

$$\alpha_{\text{cc}} = \begin{cases} 0.3\omega & (\omega \leqslant 2\text{mm}) \\ 0.3\omega + (1 - 0.3\omega)(\omega - 2) & (2\text{mm} < \omega \leqslant 3\text{mm}) \end{cases} \tag{5-41}$$

式中　$\omega$——混凝土锈胀裂缝宽度，mm，$\omega > 3$mm 时，取 3mm。

　　小偏心受压构件计算公式为

$$\alpha_{\text{cc}} = \begin{cases} 0.25\omega & (\omega \leqslant 2\text{mm}) \\ 0.25\omega + (1 - 0.25\omega)(\omega - 2) & (2\text{mm} < \omega \leqslant 3\text{mm}) \end{cases} \tag{5-42}$$

式中　$\omega$——混凝土锈胀裂缝宽度，mm，$\omega > 3$mm 时，取 3mm。

　　大偏心受压构件应符合下列规定：①受压区应按小偏心受压构件取用；②受拉区

应取 $\alpha_{cc}$ 为 0。

### 5.7.2　锈蚀钢筋混凝土受弯构件刚度计算

锈蚀受弯构件的短期刚度 $B_{sc}$ 的计算公式为

$$B_{sc} = \frac{E_s A_{sc} h_0^2}{1.15 M(\delta)\varphi + 0.2 + 6\alpha_E \rho} \tag{5-43}$$

式中　$A_{sc}$——钢筋锈蚀后受拉钢筋的截面面积，$mm^2$；

　　　$\rho$——考虑钢筋锈蚀的截面配筋率；

　　　$\varphi$——裂缝间纵向受拉钢筋应变不均匀系数，按《混凝土结构设计规范》(GB 50010) 相关规定确定；

　　　$h_0$——构件有效高度，$mm$；

　　　$\alpha_E$——钢筋弹性模量与混凝土弹性模量的比值，即 $\dfrac{E_s}{E_c}$；

　　$M(\delta)$——考虑钢筋应变滞后和裂缝间钢筋应变趋于均匀影响的锈蚀钢筋综合应变系数。

锈蚀钢筋综合应变系数 $M(\delta)$ 可按下列规定确定：

$$M(\delta) = \begin{cases} 1.0 & (0 \leqslant \delta < 0.1) \\ 11.87\delta - 0.19 & (0.1 \leqslant \delta < 0.25) \\ 2.78 & (0.25 \leqslant \delta) \end{cases} \tag{5-44}$$

其中

$$\delta = \frac{1}{\sum d_i} \sum d_i \delta_i \tag{5-45}$$

式中　$\delta$——钢筋锈蚀深度，$mm$；

　　　$d_i$——第 $i$ 根钢筋的公称直径，$mm$；

　　　$\delta_i$——第 $i$ 根钢筋的锈蚀深度，$mm$。

# 第6章　风电机组混凝土基础结构现场检测方法

近年来,我国新增风电装机容量屡创新高,但同时伴随着一系列结构安全问题。由于我国的风电机组基础设计还不够完善,陆续发生多起因风致疲劳引起的风电机组基础损伤而导致塔筒大幅摇摆,甚至倒塌等案例,风电机组整体的安全性能堪忧。对问题风电机组和已建风电机组基础损伤程度进行检测,可为研究风电机组基础损伤形成机理、改进设计方案、加固改造等提供可靠依据,对减轻灾害损失具有重要意义。

混凝土基础结构检测是对混凝土结构实体实施的原位检验、检查、识别和从混凝土结构实体取样及对该样品进行测试、分析,是评估建筑结构工程安全性和耐久性的重要手段之一。混凝土基础结构检测一般包括工程质量检测和结构性能检测两大方面。

工程质量检测是为评估混凝土结构工程质量与设计要求或施工质量验收规范规定的符合性,所实施的现场检测。当遇到下列情况之一时,应进行基础结构工程质量检测:①涉及结构工程质量的试块、试件及有关材料检验数量不足;②对结构实体质量的抽测结果达不到设计要求;③对结构实体质量有怀疑或争议;④发生工程质量事故,需要分析事故原因,确认事故责任;⑤相关标准要求进行的工程质量第三方检测;⑥相关行政主管部门要求进行的工程质量第三方检测。

结构性能检测是为评估混凝土结构安全性、适用性、耐久性或抗灾害能力所实施的现场检测。当遇到下列情况之一时,应对既有基础结构现状缺陷、损伤、结构构件承载力、结构变形等涉及结构性能的项目进行检测:①基础结构安全性评估;②基础结构抗震评估;③基础结构大修前的安全性评估;④基础改变用途、改造、加层或扩建前的评估;⑤基础结构达到设计使用年限要继续使用的评估;⑥受到灾害、环境侵蚀等影响基础的评估;⑦对既有基础结构的工程质量有怀疑或争议。

## 6.1　现　场　检　测　程　序

混凝土基础结构现场检测工作包括检测前准备、制订方案、现场检测和报告编写等工作。

### 6.1.1　检测前准备

基础结构现场检测工作可接受单方委托。对存在质量争议的某工程质量检测宜由当事各方共同委托。应以明确委托方的检测要求和制订有针对性的检测方案为目的。可采取现场踏勘、搜集和分析资料及询问有关人员等方法。其工作内容包括：①搜集被检测基础结构的设计图纸、设计变更、施工记录、施工验收和工程地质勘察等资料；②调查被检测基础结构现状缺陷、环境条件、使用期间的加固与维修情况、用途与荷载等变更情况；③对有关人员进行调查等。

检测前应熟悉被检风电机组塔筒图纸，掌握风电机组塔筒内电缆、预应力钢绞线、附属设施的布置方位，了解检测过程中的天气情况；检查检测设备是否运行良好，电池电量是否充足，检查高空作业平台及所需物品是否齐全；确定被检风电机组的主风向，结合风电机组塔筒图纸，绘制待检风电机组塔筒方位图。

### 6.1.2　制订方案

基础结构现场检测应制订完备的检测方案，检测方案包括工程结构概况、检测目的、检测依据、检测范围、检测方式及检测进度计划等方面的内容。

### 6.1.3　现场检测

基础结构现场检测应根据检测类别、检测目的、检测项目、结构实际状况和现场具体条件选择适用的检测方法，具体包括：①有相应标准的检测方法；②有关规范、标准规定或建议的检测方法；③参照检测标准扩大其适用范围的检测方法；④检测单位自行开发或引进的检测方法。

当选用有相应标准的检测方法时：①对于通用的检测项目，应选用国家标准或行业标准；②对于有地区特点的检测项目，可选用地方标准；③当选用有关规范、标准规定或建议的检测方法时，若无相应的检测标准，检测单位应有相应的检测细则；④当采用扩大相应检测标准适用范围的检测方法时，所检测项目的目的与相应检测标准相同，检测对象的性质与相应检测标准相近，并应采取有效的措施，消除因检测对象性质差异而产生的检测误差；⑤当采用检测单位自行开发或引进的检测仪器或检测方法时，该检测仪器或检测方法必须通过相关技术评估，并具有一定的工程检测实践经验。

基础结构现场检测的测区或取样位置应布置在无缺陷、无损伤且具有代表性的部位。现场检测获取的数据或信息，当采用人工记录时，宜用专用表格记录；当采用仪器自动记录时，数据应妥善保存；当采用图像信息记录时，应标明获取信息的时间和位置。

检测过程中，当发现检测数据数量不足或检测数据出现异常情况时，应进行复检或补充检测。基础结构现场检测工作结束后，应及时提出针对因检测造成的结构或构件局部损伤的修补建议。

### 6.1.4 报告编写

检测机构应向委托方以检测报告的形式提供真实的检测数据、准确的检测结果和明确的检测结论，并能为基础结构的评估提供可靠的依据。基础结构检测报告一般应包括以下内容：委托单位名称；工程概况，包括工程名称、结构类型、规模、施工日期及现状等；设计单位、施工单位及监理单位名称；检测原因、检测目的及以往相关检测情况概述；检测项目、检测方法及依据的标准；检验方式、抽样方案、抽样方法、检测数量与检测的位置；检测项目的主要分类、检测数据和汇总结果、检测结果、检测结论；检测日期、报告完成日期。

## 6.2 混凝土材料性能检测

混凝土材料性能检测主要包括表观检查、强度检测、裂缝检测、碳化深度检测、内部质量检测、钢筋保护层厚度和间距检测等。混凝土外观缺陷是指混凝土表面存在露筋、蜂窝、孔洞、夹渣、疏松、裂缝、连接部位缺陷，以及其他的外形、外表缺陷等。混凝土内部缺陷是指由于设计失误、施工管理不善或使用不当等，导致混凝土出现裂缝、内部存在不密实或孔洞等。这些缺陷的存在会严重影响结构的承载力和耐久性，因此需采用有效的手段查明混凝土缺陷的性质、范围及尺寸。

### 6.2.1 表观检查

混凝土外部缺陷现场检测时，主要对塔筒外立面和根部表观混凝土裂缝、剥落、孔洞等缺陷进行检测和记录。应对受检范围内构件外部缺陷进行全数检查，当不具备全数检查条件时，应注明未检查的构件。表观检查的现场检测中应将同类缺陷单独编号，并应在现场标识清楚，以便对应。混凝土构件外部缺陷的相关参数可根据缺陷的情况按下列方法检测：用钢尺或卷尺测量每个露筋的长度；用钢尺测量每个孔洞的最大直径；用游标卡尺测量孔洞深度；用钢尺或卷尺确定蜂窝和疏松的位置和范围，必要时可通过剔凿、成孔等方法量测蜂窝深度；用钢尺或卷尺确定麻面、掉皮、起砂等的位置和范围；用裂缝专用测量仪器量测表面裂缝的最大宽度；表面裂缝长度用钢尺或卷尺量测；还可通过高空作业平台人工检查、远程非接触拍照和无人机拍摄相结合的方式进行检查。通过对结构体表面摄取可视图像，在图像进行处理拼接后，对结构体表面裂缝等缺陷进行自动抽取，得到抽取出来的缺陷宽度、长度信息。

　　混凝土构件外部缺陷的检测结果可根据表 6－1 按缺陷类别进行分类汇总并判定其严重程度。

表 6－1　混凝土构件外部缺陷

| 名称 | 现　　象 | 严 重 缺 陷 | 一 般 缺 陷 |
|---|---|---|---|
| 露筋 | 构件内钢筋未被混凝土包裹而外露 | 纵向受力钢筋有露筋 | 其他钢筋有少量露筋 |
| 蜂窝 | 混凝土表面缺少水泥砂浆而导致内部外露 | 构件主要受力部位有蜂窝 | 其他部位有少量蜂窝 |
| 孔洞 | 混凝土中孔穴深度和尺度均超过保护层厚度 | 构件主要受力部位有孔洞 | 其他部位有少量孔洞 |
| 夹渣 | 混凝土中夹有杂物且深度超过保护层厚度 | 构件主要受力部位有夹渣 | 其他部位有少量夹渣 |
| 疏松 | 混凝土中局部不密实 | 构件主要受力部位有疏松 | 其他部位有少量疏松 |
| 裂缝 | 缝隙从混凝土表面延伸至混凝土内部 | 构件主要受力部位有影响结构性能或使用功能的裂缝 | 其他部位有少量不影响结构性能或使用功能的裂缝 |
| 连接部位缺陷 | 构件连接处混凝土缺陷及连接钢筋、连接件松动 | 连接部位有影响结构传力性能的缺陷 | 连接部位有基本不影响结构传力性能的缺陷 |
| 外形缺陷 | 构件表面麻面、掉皮、起砂、沾污，缺棱掉角、棱角不直、翘曲不平、飞边凸肋等 | 对清水混凝土构件有影响使用功能或装饰效果的外形缺陷 | 其他混凝土构件有不影响使用功能的外形缺陷 |

## 6.2.2　强度典型检测方法

　　混凝土的抗压强度是评价混凝土性能的最重要的指标。混凝土抗压强度现场检测方法可分为无损检测和有损检测两种。无损检测是指在不破坏混凝土结构整体的情况下，通过测定某些与混凝土抗压强度具有一定关联的物理参数来推定混凝土强度，其适用于对混凝土结构进行大面积检测。有损检测是指对被检测的混凝土进行局部破坏以推算混凝土强度。混凝土抗压强度常用现场检测技术的比较见表 6－2。

表 6－2　混凝土抗压强度常用现场检测技术的比较

| 检测方法 | 测定内容 | 适 用 范 围 | 特　　点 |
|---|---|---|---|
| 回弹法 | 混凝土表面硬度 | 各类表面完好的混凝土 | 测试简单、速度快，精度较差、对结构无损伤 |
| 超声—回弹综合法 | 混凝土表面硬度值和超声传播速度 | 各类表面完好的混凝土 | 测试简单、速度快、精度较高，对结构无损伤 |
| 钻芯法 | 从混凝土中钻取芯样 | 无筋或疏筋混凝土、大体积混凝土、钻孔灌注桩 | 测试速度慢，工作繁重，测试精度高，会造成结构的局部损伤 |

| 检测方法 | 测定内容 | 适 用 范 围 | 特 点 |
|---|---|---|---|
| 射钉法 | 射钉外露长度 | 混凝土厚度不得小于150mm | 设备简单、耐用,并且几乎不需要维护,混凝土损伤较小 |
| 拉拔法 | 拉拔强度 | — | 方法简单,但混凝土有轻微损伤 |

工程实践中,混凝土抗压强度可采用回弹法、超声—回弹综合法等间接法进行现场检测;当具备钻芯法检测条件时,宜采用钻芯法对间接法检测结果进行修正或验证。

1. 回弹法

回弹法是目前使用最普遍的混凝土强度无损检测方法,适用于对混凝土结构进行大面积的检测。回弹仪是用弹簧驱动的重锤,通过弹击杆(传力杆)弹击混凝土表面,测出重锤被反弹回来的距离。由于回弹值与混凝土的表面硬度具有一致的变化关系,因此根据回弹值与抗压强度的相关关系可以推算混凝土的极限抗压强度,同时考虑混凝土表面碳化后硬度变化的影响来推定混凝土强度。

回弹法一般可按照《风电场工程混凝土试验检测技术规范》(NB/T 10627)、《回弹法检测混凝土抗压强度技术规程》(JGJ/T 23)、《混凝土结构现场检测技术标准》(GB/T 50784)、《水工混凝土试验规程》(DL/T 5150) 等规程规范进行检测,适用于工程结构普通混凝土抗压强度〔根据《混凝土结构工程施工质量验收规范》(GB 50204) 中规定的由水、普通碎(卵)石、砂和水泥配制的密度为 1950～2500kg/m³ 的普通混凝土,根据《建筑材料术语标准》(JGJ/T 191) 中规定干表观密度为 2000～2800kg/m³ 的混凝土〕的检测。不适用于表层与内部质量有明显差异或内部存在缺陷的混凝土结构或构件的检测。

采用回弹仪对结构构件混凝土抗压强度进行检测时,对单个结构构件采用单个检测方法。对在相同生产工艺条件下混凝土抗压强度等级相同且龄期相近的同类结构或构件,应按批量进行检测。批量检测时,应随机抽取具有代表性的构件,抽检数量不得少于同批构件总数的 30%,且构件数量不得少于 10 件。

首先需要在检测结构或构件上布置测区。测区是指在检测试样(结构或构件)上混凝土抗压强度的一个检测单元。测区宜均匀布置在构件的两个对称可测面上,且宜选在使回弹仪处于水平方向检测混凝土浇筑侧面,也可使回弹仪处于非水平方向检测混凝土浇筑侧面、表面或底面。测区面积不宜大于 0.04m²,测区至构件端部或施工缝边缘的距离不宜大于 0.5m,且不宜小于 0.2m,在构件的重要部位和薄弱部位应布置测区。将受检风电机组基础台柱视为单个构件,均匀布置 20 个混凝土回弹抗压强度检测测区,相邻两测区的间距不大于 2m,每个测区经打磨平整后进行至少 16 次混凝土强度回弹检测，并记录回弹值。

　　然后在被测构件有代表性的位置测量碳化深度，测量数不应少于构件测区数的 30％，并取其平均值作为该构件所有测区的碳化深度。碳化深度的测量，可采用适当的工具（如电锤）在测区表面形成直径约 15mm 的孔洞，其深度大于混凝土碳化深度。孔洞中的粉末和碎屑应清除干净，并不得用水擦洗。用浓度为 1％的酚酞酒精溶液滴在孔洞内壁的边缘处，用碳化深度测量仪或其他工具测量碳化混凝土交界面至混凝土表面的垂直距离，测量应不少于 3 次，取其平均值。

　　（1）当检测时回弹仪为非水平方向且测试面为非混凝土的浇筑侧面时，应先进行角度修正，再进行浇筑面修正。计算测区平均回弹值，应从该测区的 16 个回弹值中剔除 3 个最大值和 3 个最小值，余下的 10 个回弹值计算公式为

$$R_m = \frac{\sum_{i=1}^{10} R_i}{10} \qquad (6-1)$$

式中　　$R_m$——测区平均回弹值，精确至 0.1；

　　　　$R_i$——第 $i$ 个测点的回弹值。

　　（2）非水平方向检测混凝土浇筑侧面时，其修正公式为

$$R_m = R_{m\alpha} + R_{a\alpha} \qquad (6-2)$$

式中　　$R_{m\alpha}$——非水平状态检测时测区的平均回弹值，精确至 0.1；

　　　　$R_{a\alpha}$——非水平状态检测时回弹值修正值。

　　（3）水平方向检测混凝土浇筑顶面或底面时，其修正公式为

$$R_m = R_m^t + R_a^t \qquad (6-3)$$

$$R_m = R_m^b + R_a^b \qquad (6-4)$$

式中　　$R_m^t$、$R_m^b$——水平方向检测混凝土浇筑表面、底面时，测区的平均回弹值，

　　　　　　　　　精确至 0.1；

　　　　$R_a^t$、$R_a^b$——混凝土浇筑表面、底面回弹值的修正值。

　　混凝土强度换算值可采用：①统一测强曲线，由全国有代表性的材料、成型养护工艺配制的混凝土试件，通过试验所建立的曲线；②地区测强曲线，由本地区常用的材料、成型养护工艺配制的混凝土试件，通过试验所建立的曲线；③专用测强曲线，由与结构或构件混凝土相同的材料、成型养护工艺配制的混凝土试件，通过试验所建立的曲线。对有条件的地区和部门，应制定本地区的测强曲线或专用测强曲线，经上级主管部门组织审定或批准后实施。各检测单位应按专用测强曲线、地区测强曲线、统一测强曲线的次序选用测强曲线。当构件混凝土抗压强度大于 60MPa 时，可采用标准能量大于 2.207J 的混凝土回弹仪，并应另行制定检测方法及专用测强曲线进行检测。

当检测构件测区数少于 10 个时，该构件混凝土抗压强度推定值取测区混凝土抗压强度换算值的最小值；当检测区大于 10 个或按批抽样检测时，该批构件的混凝土强度推定值计算公式为

$$f_{cu,e} = m_{f_{cu}^c} - 1.645 s_{f_{cu}^c} \qquad (6-5)$$

式中的各测区混凝土强度换算值的平均值 $m_{f_{cu}^c}$ 及标准差 $s_{f_{cu}^c}$，其计算公式为

$$m_{f_{cu}^c} = \frac{1}{n} \sum_{i=1}^{n} f_{cu,i}^c \qquad (6-6)$$

$$s_{f_{cu}^c} = \sqrt{\frac{\sum_{i=1}^{n} (f_{cu,i}^c)^2 - n(m_{f_{cu}^c})^2}{n-1}} \qquad (6-7)$$

**2. 超声—回弹综合法**

超声—回弹综合法是采用带波形显示器的低频超声波检测仪，并配置频率为 $50 \sim 100 \mathrm{kHz}$ 的换能器，测量混凝土中的超声波声速值，以及采用弹击锤冲击能量为 2.207J 的混凝土回弹仪测量回弹值，然后根据实测声速值和回弹值综合推定混凝土抗压强度的方法。我国颁布有该检测方法的技术规程——《超声回弹综合法检测混凝土抗压强度技术规程》（T/CECS 02）。与单一的回弹法或超声法相比，其具有测试精度高的优点，但是受环境因素影响较大，与裂缝是否闭合、裂缝内是否含有杂质及混凝土内部钢筋密度是否合理等因素有关。

超声—回弹综合法是建立在超声传播速度和回弹值与混凝土抗压强度之间关系的基础上的。超声和回弹都是以材料的应力、应变与抗压强度的关系为依据的。超声波在混凝土中的传播速度反映了材料的弹性性质，由于超声波穿透被检测的材料，因此它也反映了混凝土内部构造的有关信息。回弹法的回弹值反映了混凝土的弹性性质，同时在一定程度上反映了混凝土的塑性性质，但它只能确切反映混凝土表层（约 30mm）的状态，因此，超声与回弹的综合，既能反映混凝土的弹性性质又能反映混凝土的塑性性质；既能反映混凝土表层的状态又能反映内部的构造，自然能较确切地反映混凝土的抗压强度。

超声—回弹综合法检测混凝土抗压强度，其实质就是超声法和回弹法两种单一测强方法的综合测试。检测时首先要确定测区，测区除满足回弹法对测区的基本要求外，还应满足：①测区位于构件的两个对称可测面上，并避开钢筋密集区；②同一个构件上的超声测距基本一致；③相邻两回弹测点的间距不小于 30mm，测点至构件边缘或外露钢筋的距离不小于 50mm，测区的回弹强度值计算方法参照回弹法检测混凝土强度要求。

测区声速测量时，测点应布置在回弹测试的对应测区内，每一测区布置 3 个测点，但测量声速探头安装位置不宜与回弹仪的弹击点相重叠。回弹测点与超声测点

的布置如图 6-1 所示，接收换能器通过耦合剂与混凝土测试面要接触好，以减少声能的反射损失。

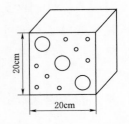

计算超声声速值时，应在每个测区内的相对测试面上，各布置 3 个测点，且发射和接收换能器的轴线应在同一轴线上。测区声速计算公式为

$$v_i = l / t_m \tag{6-8}$$

$$t_m = (t_1 + t_2 + t_3)/3 \tag{6-9}$$

图 6-1　超声—回弹综合法
测点布置图

式中　$v_i$——测区声速值，km/s；

　　　$l$——超声测距，mm；

　　　$t_m$——测区平均声时值，$\mu s$；

$t_1$，$t_2$，$t_3$——测区中 3 个测点的声时值。

当在混凝土浇灌的顶面与底面测试时，测区声速值修正公式为

$$v_a = \beta v \tag{6-10}$$

式中　$v_a$——修正后的测区声速值，km/s；

　　　$\beta$——超声测试面修正系数，在混凝土浇灌顶 MJH0 面及底面测试时，$\beta =$
　　　　　1.034；在混凝土侧面测试时，$\beta = 1$。

构件第 $i$ 个测区的混凝土强度换算优先采用专用或地区测强曲线推定。当无该类测强曲线时，经验证后也可按《超声回弹综合法检测混凝土抗压强度技术规程》（T/CECS 02）的规定确定，或按下列公式计算：

（1）骨料为卵石时

$$f_{cu,i}^c = 0.0056 v_{ai}^{1.439} R_{ai}^{1.769} \tag{6-11}$$

（2）骨料为碎石时

$$f_{cu,i}^c = 0.00162 v_{ai}^{1.656} R_{ai}^{1.410} \tag{6-12}$$

式中　$f_{cu,i}^c$——第 $i$ 个测区混凝土强度换算值，MPa，精确至 0.1MPa；

　　　$v_{ai}$——第 $i$ 个测区修正后的超声声速值，km/s，精确至 0.01km/s；

　　　$R_{ai}$——第 $i$ 个测区修正后的回弹值，精确至 0.1。

当结构所用材料与制定的测强曲线所用材料有较大差异时，须用同条件试块或从结构构件测区钻取的混凝土芯样进行修正，试件数量应不少于 3 个。此时，得到的测区混凝土强度换算值应乘以修正系数。

（1）有同条件立方块时，修正系数计算公式为

$$\eta = \frac{1}{n} \sum_{i=1}^{n} f_{cu,i} / f_{cu,i}^c \tag{6-13}$$

（2）有混凝土芯样试件时，修正系数计算公式为

$$\eta = \frac{1}{n} \sum_{i=1}^{n} f_{cor,i} / f_{cu,i}^c \tag{6-14}$$

式中　$\eta$——修正系数，精确至小数点后两位；

$f_{cu,i}$——第 $i$ 个混凝土立方体试块抗压强度值（以边长为 150mm 计），MPa，精确至 0.1MPa；

$f_{cu,i}^c$——对应于第 $i$ 个立方试块或芯样试件的混凝土强度换算值，MPa，精确至 0.1MPa；

$f_{cor,i}$——第 $i$ 个混凝土芯样试件抗压强度值（以 $\phi100\times100mm$ 计），MPa，精确至 0.1MPa；

$n$——试件数。

构件的测区混凝土抗压强度换算值出现小于 10.0MPa 的值时，该构件的混凝土抗压强度推定值取小于 10.0MPa。超声—回弹综合法与回弹法类似，都是根据测区混凝土抗压强度换算值推定构件现龄期混凝土的抗压强度值，即当检测构件测区数少于 10 个时，该构件混凝土抗压强度推定值取测区混凝土抗压强度换算值的最小值；当检测构件测区数不少于 10 个时，该构件混凝土抗压强度推定值按规范中公式确定。批量检测混凝土抗压强度的推定与回弹法相同。

3. 钻芯法

钻芯法是利用专用钻孔取芯机，从被测的混凝土结构或构件上钻取芯样，并根据芯样的抗压强度推定结构混凝土立方体抗压强度的方法。该方法是目前最直观、最准确的检测混凝土强度的方法。

钻芯法可用于确定检测成批或单个构件的混凝土强度推定值，也可用于钻芯修正方法修正间接强度检测方法得到的混凝土抗压强度换算值。钻芯法系统偏差较小，而样本标准差相对较大（随机偏差）。间接检测方法可以获得较多检测数据，样本标准差可能与检测批混凝土强度的实际情况比较接近。钻芯法与间接检测方法结合使用，可减少不确定性。钻芯法检测混凝土强度具体可依据《钻芯法检测混凝土强度技术规程》(JGJ/T 384—2016) 等规程。

（1）仪器设备及检测环境。钻取芯样及芯样加工、测量的主要设备仪器均应具有产品合格证。计量器应具有检定证书并在有效使用期内；钻芯机应有足够的刚度、操作灵活、固定和移动方便，并应有水冷却系统，钻取芯样时宜采用人造金刚石薄壁钻头。钻头胎体不得有肉眼可见的裂缝、缺边、少角、倾斜及喇叭口变形。锯切芯样时使用的锯切机和磨平芯样的磨平机，应具有冷却系统和牢固夹紧芯样的装置；配套使用的人造金刚石圆锯片应有足够的刚度。探测钢筋位置的磁感仪，应适用于现场操作，其最大探测深度不应小于 60mm，探测位置偏差不宜大于 5mm。

（2）芯样要求。抗压试验的芯样试件宜使用标准芯样，其公称直径不宜小于骨料最大粒径的 3 倍；也可采用小直径芯样试件，但其公称直径不应小于 70mm 且不得小于骨料最大粒径的 2 倍。标准芯样标准差相对较小，小直径芯样的标准偏差可能偏大，但在一定条件下，70～75mm 的芯样试件抗压强度平均值与标准试件基本相当。芯样应从检测批的结构构件中随机抽取，每个芯样应取自一个构件或结构的局部部位。

芯样应在结构或构件的下列部位钻取：①结构或构件受力较小的部位；②混凝土强度质量具有代表性的部位；③便于钻芯机安装与操作的部位；④避开主筋预埋件和管线的位置，并尽量避开其他钢筋。

钻芯机必须通冷却水才能达到冷却钻头和排出混凝土碎屑的目的，钻芯时用于冷却钻头和排除混凝土碎屑的冷却水流量宜为 3～5L/min。高温会使金刚石钻头烧毁，混凝土碎屑不能及时排出不仅加速钻头的磨损，还会影响进钻速度和芯样表面质量。钻取芯样时应控制进钻速度，采用较高的进钻速度会加大芯样的损伤。芯样应进行标记，当所取芯样的高度和质量不能满足要求时，则应重新钻取芯样。芯样应采取保护措施，避免在运输和储存中损坏，钻芯后留下的孔洞应及时进行修补。在钻芯工作完毕后，应对钻芯机和芯样加工设备进行维护保养。钻芯操作应遵守国家有关安全生产和劳动保护的规定，并应遵守钻芯现场安全生产的有关规定。

锯切后的芯样应进行端面处理，宜采取在磨平机上磨平端面的处理方法。承受轴向压力芯样试件的端面，也可采用环氧胶泥或聚合物水泥砂浆补平。芯样试件的实际高径比（$H/d$）应在 0.95～1.05 之间；沿芯样试件高度的任一直径与平均直径相差应小于 2mm；抗压芯样试件端面的不平整度在 100mm 长度内应小于 0.1mm；芯样试件端面与轴线的不垂直度应小于 1°；芯样应无裂缝或其他较大缺陷。

芯样试件的含水量对强度有一定影响，含水越多则强度越低。一般来说，强度等级高的混凝土强度降低较少，强度等级低的混凝土强度降低较多。芯样试件一般应在自然干燥的状态下进行试验。当结构工作条件比较潮湿，需要确定潮湿状态下混凝土的强度时，芯样试件应在 20℃±5℃ 的清水中浸泡 40～48h，从水中取出后应立即进行抗压试验。

（3）强度推定值。钻芯确定单个构件的混凝土强度推定值时，有效芯样试件的数量不应少于 3 个；对于较小构件，有效芯样试件的数量不得少于 2 个。单个构件的混凝土强度推定值不再进行数据的舍弃，而应按有效芯样试件混凝土抗压强度值中的最小值确定。钻芯法确定构件混凝土抗压强度代表值时，芯样试件的数量宜为 3 个。应取芯样试件抗压强度值的算术平均值作为构件混凝土抗压强度代表值。

芯样试件的数量应根据检测批的容量确定，最小样本量不宜少于 15 个，小直径芯样试件的最小样本量应适当增加。检测批混凝土抗压强度的推定值应计算推定区间，宜以 $f_{cu,e1}$ 作为检验批混凝土强度的推定值。推定区间的上限值和下限值计算公式为

$$f_{cu,e1} = f_{cu,cor,m} - k_1 S_{cor} \qquad (6-15)$$

$$f_{cu,e2} = f_{cu,cor,m} - k_2 S_{cor} \qquad (6-16)$$

$$f_{\mathrm{cu,cor,m}} = \frac{\sum\limits_{i=1}^{n} f_{\mathrm{cu,cor,i}}}{n} \qquad (6-17)$$

$$S_{\mathrm{cor}} = \sqrt{\frac{\sum\limits_{i=1}^{n} (f_{\mathrm{cu,cor,i}} - f_{\mathrm{cu,cor,m}})^2}{n-1}} \qquad (6-18)$$

式中　$f_{\mathrm{cu,cor,m}}$——芯样试件的混凝土抗压强度平均值，MPa，精确 0.1MPa；

$f_{\mathrm{cu,cor,i}}$——单个芯样试件的混凝土抗压强度值，MPa，精确 0.1MPa；

$f_{\mathrm{cu,e1}}$——混凝土抗压强度上限值，MPa，精确 0.1MPa；

$f_{\mathrm{cu,e2}}$——混凝土抗压强度下限值，MPa，精确 0.1MPa；

$k_1$、$k_2$——推定区间上限值系数和下限值系数；

$S_{\mathrm{cor}}$——芯样试件强度样本的标准差，MPa，精确至 0.1MPa。

$f_{\mathrm{cu,e1}}$ 和 $f_{\mathrm{cu,e2}}$ 所构成推定区间的置信度宜为 0.90，当采用小直径芯样试件时推定区间的置信度可为 0.85，$f_{\mathrm{cu,e1}}$ 和 $f_{\mathrm{cu,e2}}$ 之间的差值不宜大于 5.0MPa 和 $0.10 f_{\mathrm{cu,cor,m}}$ 两者的较大值。当 $f_{\mathrm{cu,e1}}$ 和 $f_{\mathrm{cu,e2}}$ 之间的差值大于 5.0MPa 和 $0.10 f_{\mathrm{cu,cor,m}}$ 两者的较大值时，可适当增加样本容量，或重新划分检测批，直至满足相关规定为止。当无法实现，则不宜进行批量推定。

## 6.2.3　裂缝典型检测方法

混凝土裂缝检测内容包括对混凝土产生的裂缝形式、发生的部位及分布进行描述，对裂缝的长度、宽度和深度进行统计，常用的无损检测方法包括超声波和表面波。

### 1. 超声波法

超声波检测混凝土裂缝深度的原理是利用脉冲波在技术条件相同的混凝土中传播的时间（或速度）、接收波的振幅和频率等声学参数的相对变化来判断混凝土的缺陷，混凝土中的裂缝会破坏混凝土的整体性，超声脉冲只能绕过裂缝（或空洞）传播到接收换能器，通过传播时间来计算裂缝的深度。因此，传播路径增大，测得的声时必然偏长或声速降低。

裂缝深度测试原理如图 6-2 所示，将探头对称地置于裂缝两侧，测得传播时间为 $t_1$（超声波绕过裂缝末端所需的时间）。设混凝土波速为 $v$，可得

$$AD = \frac{t_1 v}{2} \qquad (6-19)$$

则裂缝深度为

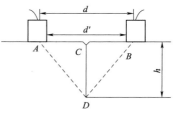

图 6-2　裂缝深度测试原理图

$$h = \frac{1}{2}\sqrt{t_1^2 v^2 - d^2} \qquad (6-20)$$

若将探头平置于无缝的混凝土表面上，距离同样为 $d'$，测得传播时间为 $t_0$，则

$$d = t_0 v \qquad (6-21)$$

将式（6-21）代入式（6-20），则可得

$$h = \frac{d}{2}\sqrt{\left(\frac{t_1}{t_0}\right)^2 - 1} \qquad (6-22)$$

式中　$h$——裂缝深度，cm；

　　　$t_1$——超声波绕缝传播时间，$\mu$s；

　　　$t_0$——超声波无缝传播时间，$\mu$s；

　　　$d$——换能器探头内侧之间超声波传播距离，cm。

将式（6-22）稍加整理，可得

$$h = \frac{d}{2}\sqrt{\left(\frac{v_0}{v_1}\right)^2 - 1} \qquad (6-23)$$

式中　$v_1$——超声波绕缝传播速度，m/s；

　　　$v_0$——超声波无缝传播速度，m/s。

影响超声波法检测混凝土裂缝深度的精度主要有以下因素：

（1）当裂缝内部充满水及其他介质，或者裂缝处在基本闭合状态时，脉冲波便经水或介质耦合层或裂缝的接触面穿过裂缝直接到达接收换能器，因此就不能反映出裂缝的真实深度，但在实际检测过程中，该因素很难人为排除。

（2）当有钢筋穿过裂缝时，脉冲波将直接沿钢筋传播，检测结果也会出现较大的误差。

2. 表面波平测法

表面波平测法采用 R 波（瑞利波）的衰减特性来测试混凝土结构中的裂缝深度。该方法测试范围大，受充填物、钢筋、水分的影响小，特别适合测试较深的裂缝，已被《水工混凝土结构缺陷检测技术规程》(SL 713) 采纳为标准方法。表面波平测法检测示意图如图 6-3 所示。

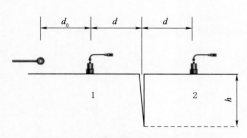

图 6-3　表面波平测法检测示意图

R 波（瑞利波）是由 P 波（纵波）和 S 波（横波）在媒体边界面上相互作用而形成的，其传播速度比 S 波稍慢，并主要集中在媒体表面和浅层部分，其特性比较适合检测裂缝的深度。具体为：①R 波在媒体表面受冲击所产生的弹性波中，能量最大，信号采集容易；②R 波依存于材料的剪切力学特性，

从而对裂缝更为敏感；③R波大部分能量主要集中在从表面开始的一倍波长的范围内。

R波在传播过程中所发生的几何衰减和材料衰减可以通过系统补正而保持其振幅不变。但是，R波在遇到裂缝时，其传播在某种程度上被遮断，在通过裂缝以后波的能量和振幅会减少（图6-4）。因此，根据裂缝前后的波的振幅的变化（振幅比 $x$）便可以推算其深度。

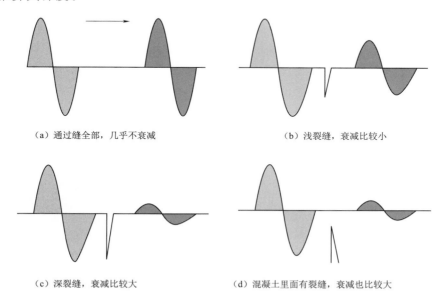

（a）通过缝全部，几乎不衰减　　　　　（b）浅裂缝，衰减比较小

（c）深裂缝，衰减比较大　　　　　（d）混凝土里面有裂缝，衰减也比较大

图6-4　表面波平测法检测裂缝深度的基本原理

《水工混凝土结构缺陷检测技术规程》（SL 713—2015）规定的表面波检测混凝土裂缝深度的基本步骤如下：

（1）测点表面应平整，传感器应垂直于检测表面。

（2）应采用"一发双收"测试方式。接收点应跨缝等距离布置，冲击点与一接收点应置于裂缝同侧，各点应处在同一测线上。

（3）冲击点与接收点间距、接收点与裂缝间距应大于激发的面波波长 $\lambda$，可取 $1\sim2$ 倍 $\lambda$，$\lambda$ 值可估算为

$$\lambda \approx 2t_c V_R \qquad (6-24)$$

式中　$t_c$——冲击持续时间，s；

　　　$V_R$——混凝土R波波速，m/s，估算时可取2000m/s。

（4）冲击产生的R波传递至裂缝另一端传感器的振幅比为

$$x = \frac{A_2}{A_1}\sqrt{\frac{2d+d_0}{d_0}} \qquad (6-25)$$

式中　$x$——振幅比；

　　　$A_1$——传感器1测试得到的面波最大振幅；

$A_2$——传感器 2 测试得到的面波最大振幅；

$d_0$——冲击点与传感器 1 的距离，m；

$d_1$——传感器 1 和传感器 2 与裂缝的距离，m。

（5）当裂缝面穿过钢筋时，振幅比可修正为

$$\hat{x} = x - n \tag{6-26}$$

式中　$\hat{x}$——修正后的振幅比；

$n$——钢筋率。

（6）裂缝深度计算公式为

$$h = -\zeta \lambda \ln \hat{x} \tag{6-27}$$

式中　$h$——裂缝深度，m；

$\zeta$——常数，宜通过标定得出。

在半无限空间中 R 波的上下方向的相对位移（即与表面位移比）$w(z)$ 沿深度方向的分布为

$$w(z) = \left[\frac{2}{2-(v_R/v_S)^2}\right] e^{-K\sqrt{1-(v_R/v_S)^2}z} - e^{-K\sqrt{1-(v_R/v_P)^2}z} \cdot \sqrt{1-(v_R/v_P)^2} \tag{6-28}$$

其中　　　　　　　　　　　　$K = 2\pi/\lambda_R$

式中　$v_R$、$v_P$、$v_S$——R 波、P 波和 S 波的传播速度；

$K$——R 波的波数。

由于 R 波的上下方向变形（即测试的对象）与深度呈指数关系，可以想到裂缝深度 $h$ 与裂缝前后振幅比 $x$ 的关系可以假设为

$$h = C \cdot \ln x \tag{6-29}$$

显然，$C$ 还应与 R 波的波长 $\lambda_R$ 相关，为此利用大型混凝土试块进行了试验。在进行相关修正（如距离、材料等）后，得到 $C$ 与 $\lambda_R$ 的关系如图 6-5 所示。

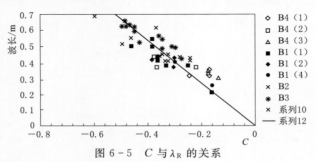

图 6-5　$C$ 与 $\lambda_R$ 的关系

基于最小二乘法可得

$$C = -0.7429\lambda_R \tag{6-30}$$

为排除传感器的影响，检测中采用双向激振的方式，进行 6 次激振测试后，保持

传感器位置不变，将冲击锤移动到原敲击位置的另一侧，再进行 6 次激振测试。每条裂缝共计进行 12 次激振测试。

## 6.2.4 碳化深度检测方法

混凝土碳化过程是逐渐由碱性转化为中性的过程，在正常情况下混凝土孔隙是水泥水化时析出强碱性的 $Ca(OH)_2$ 和少量钾、钠氢氧化合物，其 pH 值在 13 左右。钢筋在这种介质中表面会形成氢氧化物保护膜即钝化膜，能有效抑制钢筋锈蚀。而当混凝土碳化后，混凝土的 pH 下降至 9 以下，保护钢筋的钝化膜就处于活化状态，在氧气和水的作用下钢筋便产生电化学腐蚀。钢筋一旦锈蚀，由于铁锈体积比原铁体积大 2～3 倍，这样就会使混凝土保护层开裂、剥落。

对于完全碳化深度的测试，主要依据非碳化区混凝土碱度较高，含有大量 $Ca(OH)_2$，其遇到酚酞试液呈现出粉红色的原理进行测量。测量过程为：①在测区表面形成直径为 10mm 左右的孔洞，其深度应该超过碳化深度；②采用吸球清除孔洞内的混凝土粉末；③在孔洞边缘滴浓度为 1% 的酚酞酒精溶液，片刻后将在碳化区与非碳化区形成可分辨的分界线；④采用深度测量工具测量分界线的垂直深度，每孔测量 3 次，取平均值作为该测点的完全碳化深度。混凝土碳化深度测试方法是按照《回弹法检测混凝土抗压强度技术规程》(JGJ/T 23—2011) 进行的。

## 6.2.5 内部缺陷典型检测方法

一般来说，风电机组基础属于大体积混凝土，其内部缺陷识别既是工程实践中的重点，也是深入研究的难点。混凝土内部缺陷检测方法包括超声相控阵、钻孔视频、超声波 CT、冲击回波法、红外热成像法、雷达法、γ 射线检测等方法，见表 6-3。

表 6-3　内部缺陷检测方法统计

| 方　法 | 应 用 范 围 | 操 作 原 理 | 优　　点 |
|---|---|---|---|
| 超声相控阵 | 混凝土内部缺陷精细化检测 | 相控阵原理 | 单个可测面精细化检测 |
| 钻孔视频 | 钻孔后孔内成像 | 纤维光学探测器由柔软的光纤、镜头和照明系统组成，插入混凝土裂缝或钻孔中；目镜用于观察内部以寻找诸如裂缝、空隙或骨料黏结破坏等缺陷 | 高清晰度图像，有可用的照片 |
| 超声波 CT | 有两个可测面 | CT 检测原理 | 内部声速分布 |
| 冲击回波法 | 评价混凝土的抗压强度、均匀性以及质量。可以确定钢筋的位置、缺损、空隙分离以及厚度 | 操作原理是：进入混凝土的应力波的原始方向、波幅以及频率会由分界面的存在而改变，分界面包括裂缝、物体以及具有不同的声阻抗的截面 | 当只有一个表面可用时，可以操作；可在干燥条件下操作（理论上，但从未见有公开发表的材料）；可以检测混凝土内部 |

| 方　法 | 应用范围 | 操作原理 | 优　点 |
|---|---|---|---|
| 红外热成像法 | 探测内部缺陷、裂缝增长，以及内部空隙 | 使用选择的红外频率探测缺陷，可以探测不同的被动加热方式以区分缺陷类型。可以在冷天通过混凝土的裂缝进行探测 | 一种精确探测混凝土缺陷的方法，而且相对而言费用逐渐降低。能够快速覆盖较大区域 |
| 雷达法 | 探测内部缺陷、面层厚度测量 | 使用透射电磁脉冲信号进行空隙的探测 | 无论何种深度可高效定位钢筋和空隙，在仅有一个表面可用时仍可使用 |
| γ射线检测 | 检测钢筋的位置、尺寸和状态；混凝土中的空洞；密度 | 基本原理是试件对 γ 射线的吸收率受其密度和厚度影响；γ 射线由发射源发射，穿过试件，从相反面射出并记录 | 可检测到内部缺陷；可以应用于不同材料；由胶片永久记录；γ 射线设备便于移动 |

　　针对风电机组混凝土基础钢筋密集等特点，常用的缺陷检测方法包括超声相控阵、钻孔视频、跨孔声波 CT 和冲击回波等方法。

　　1. 超声相控阵

　　超声相控阵检测技术具有精度高、算法灵活等优点。阵列换能器是超声相控阵的主要工作元件，由多个具有独立发射和接收电路的压电晶片排列组合而成，每个晶片称为一个阵元，当用同一脉冲信号激励各阵元时，各阵元发出的超声波是相干的，这些相干超声波在空间叠加形成有特定指向和聚焦特性的波束。该合成波束在声阻抗突变处（如缺陷）发生反射，反射的回波信号以一定时差返回相控阵探头各阵元，按照相应的延时规则进行延时补偿再叠加合成，然后将合成结果以适当形式显示。

　　由于采用计算机来控制相控阵探头中各阵元的激励时序，因而可以通过调整软件的输入参数来改变超声波束的偏转角度、聚焦深度和焦点尺寸等参数。在发射过程中，首先根据预先希望的波束偏转角和焦点位置，计算出相控阵各阵元通道的延时时间；然后根据各通道延时数据依次触发相控阵探头各阵元，各阵元发射的超声相干子波束在被检试件中相互干涉叠加，从而得到预先希望的超声波束。相控阵发射声束的偏转与聚焦如图 6-6 所示。图 6-6（a）中，线阵探头各通道的延迟时间从左至右等间隔增加，依次激励线阵探头各阵元，则合成波阵面的传播方向与线阵探头的轴线就会形成一定的夹角，即实现了发射声束的偏转。图 6-6（b）中，线阵探头两端的阵元最先被激励，越靠近中间的阵元越迟被激励，使合成波阵面聚焦到一点，即实现了相控阵发射波束的聚焦。

　　对于缺陷位置、尺寸的计算，常规超声检测采用的是脉冲回波法，即根据发射与接收信号确定缺陷与探头的相对位置。普通探头应用此种方法一般只能检出缺陷存在的位置深度，而超声相控阵的偏转扫查，则可以尽可能多的扫查缺陷，得到更多的回波信号，获得更全面的缺陷信息，为缺陷重构提供依据。阵元发射声波与接收示意图

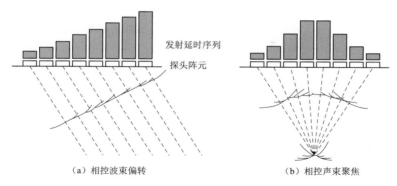

（a）相控波束偏转　　　　　　　（b）相控声束聚焦

图 6-6　相控阵发射声束的偏转与聚焦

如图 6-7 所示，阵元发射超声波在缺陷表面发生反射，反射波可以通过原阵元接收，也可通过其他阵元接收。通过脉冲反射回波图可以得知超声波在介质中从发射到接收走过的总路程。若阵元自发自收，那么以发射阵元中心为圆心，求得的距离作圆弧，理论上此圆弧与缺陷必相切；若超声波反射回波由其他阵元接收，那么发射阵

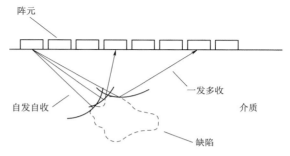

图 6-7　阵元发射声波与接收示意图

元中心与接收阵元中心即为椭圆两焦点，以超声波走过的路程为椭圆长轴长画椭圆，理论上此椭圆弧与缺陷必相切。只要所得反射回波足够多，做出所有圆弧即可得到缺陷上表面包络线。

合成孔径聚焦技术（synthetic aperture focusing technique，SAFT）来源于合成孔径雷达技术，是一种用于改善超声图像横向分辨率的技术。在传统超声扫描成像中，由于存在换能器衍射效应，使得形成的图像具有双曲线形状，横向分辨率不足导致难以判定缺陷的位置和尺寸。合成孔径聚焦技术原理如图 6-8 所示，当超声换能器在被检物体表面做直线扫描移动时，间隔固定距离发射一次超声波，并接收和存储超声反射回波信号，然后以感兴趣区域成像点为合成孔径聚焦目标，对存储的回波信号进行延时和叠加处理，以获得感兴趣区域的聚焦成像结果。相比于超声扫描成像技术，合成孔径聚焦技术能够以较低的工作频率和较小的实际换能器孔径达到较高的成像横向分辨率，并且最高可达横向分辨率仅与换能器的孔径大小有关，而与检测距离和声波波长无关。

2. 钻孔视频

基础环 T 型板上方混凝土质量检测采用工业窥视镜成像的方法进行直观的检测。

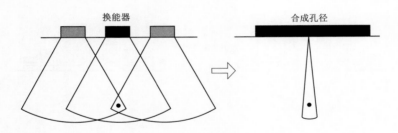

图 6-8　合成孔径聚焦技术原理示意图

工业内窥镜检测是无损检测的分支，是专门的检测技术，是近年来随着内窥镜生产制造技术的发展而逐渐得到广泛应用的一种检测技术。其可与照相机、摄像机或电子计算机连接，组成照相、摄像和图像处理系统，从而进行现场目标的监视、记录、储存和图像分析，为诊断和处理提供良好的保证。

检测流程如下：

（1）在风电机组主风向迎风侧贴近基础环侧壁钻孔（孔径约为 50mm）取芯。

（2）将孔内存水全部抽净。

（3）匀速将工业内窥镜的探头放入孔中进行成像，并对重点位置进行拍照，如此重复 2 次。

该方法可直观地判断、分析基础环 T 型板上方混凝土的质量。某风电机组基础环 T 型板上方混凝土质量检测示意图如图 6-9 所示。

3. 跨孔声波 CT

跨孔 CT 层析成像检测是大体积混凝土结构内部缺陷检测方法，通过在检测孔内不同位置进行人工震源的激发和接收，采集弹性波各种震相的运动学（走时、射线路径）和动力学（波形、相位、振幅、频率）资料，并结合其相关物理力学性质，采用射线走时和振幅来重构地下介质的波速衰减系数的场分布，通过像素、色谱、立体网络的综合展示，直观反映检测区域的内部结构。

该方法的基本原理是利用混凝土局部相对均一，声波脉冲在相同介质中等距离传播其衰减能量基本是相同的。而当脉冲波跨缺陷传播时，其能量衰减将与局部等距不跨缺陷传播有所差异，从而根据振幅能量衰减的差异判断缺陷的性质、范围及尺寸。对穿测试探头采用一发一收或一发多收换能器，发射与接

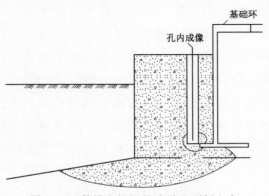

图 6-9　某风电机组基础环 T 型板上方
混凝土质量检测示意图

收换能器分别放入两个相邻的钻孔中（测点布置如图 6 - 10 所示）。钻孔对穿声波速度测试仅适于有水耦合的钻孔中进行。

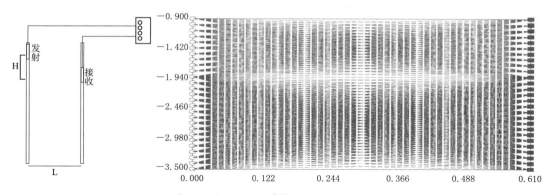

图 6 - 10 跨孔声波 CT 层析成像现场检测及测线布置示意图

### 4. 冲击回波法

冲击回波法是国际上自 20 世纪 80 年代中期开始研究的一种新型混凝土无损检测方法，主要是针对在只有一个可测临空面的情况下对混凝土板内部的缺陷进行检测。本方法的测试原理是通过用打击锤在结构物的表面进行瞬时冲击，产生应力脉冲并激发结构物内的弹性波，弹性波在结构物的底面和顶面之间来回重复反射。将所得到的冲击响应通过信号处理方法和快速傅里叶变换等频谱技术，获得该冲击响应中各频率成分的振幅分布图，即频谱图。频谱图中最高峰值为弹性波在结构物的底面和顶面之间来回重复反射形成的振幅加强所致，对应 P 波（纵波）的波长为板厚的 2 倍，频率为板厚度频率（或卓越频率）。因此可通过下式来测定结构物波速

$$C_{P, plate} = 2fT \tag{6 - 31}$$

式中　　$C_{P, plate}$——混凝土板内传播的 P 波（纵波）波速；

　　　　$T$——测试对象厚度；

　　　　$f$——P 波板厚度频率（卓越频率）。

重复反射法测试弹性波波速的原理如图 6 - 11 所示。

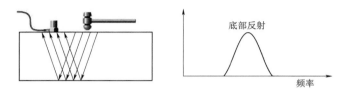

图 6 - 11 重复反射法测试弹性波波速的原理

在已知混凝土板厚度的情况下，通过测定 P 波的板厚度频率（或卓越频率），即可获得 P 波在混凝土中传播的速度，其与混凝土的强度之间存在很好的相关关系，因

此可以评估混凝土的质量。当混凝土
中存在缺陷时，弹性波将在缺陷和结
构顶面之间重复反射。利用相同原理
可以推算出缺陷至结构顶面的距离 $T$，
冲击回波法测定缺陷示意图如图 6 - 12
所示。

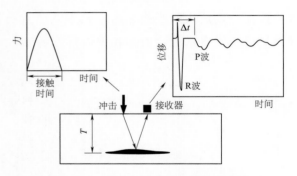

### 6.2.6　钢筋位置检测方法

图 6 - 12　冲击回波法测定缺陷示意图

　　在钢筋混凝土结构设计中，对钢
筋保护层的厚度有明确的要求，但是常常由于施工失误或错误，造成钢筋的保护层厚
度、钢筋位置及数量不符合设计要求。在进行旧基础的改扩建时，在缺乏施工图纸的
情况下，也需要对结构的承载力进行核算。因此，对已建混凝土结构进行施工质量诊
断及安全性评估时，要求确定钢筋位置及布筋情况，正确测量混凝土保护层厚度和估
测钢筋的直径；当采用钻芯法检测混凝土强度时，为在取芯部位避开钢筋，也需进行
钢筋位置的检测。目前，我国颁布了《混凝土中钢筋检测技术规程》(JGJ/T 152)。

　　确定钢筋混凝土中钢筋的保护层厚度、钢筋位置和钢筋直径、钢筋力学性能及钢
筋锈蚀状况是钢筋无损检测技术中的一项重要内容，混凝土中的钢筋宜采用原位实测
法检测。当采用间接法检测时，宜通过原位实测法或取样实测法进行验证，并根据验
证结果进行适当的修正。

　　混凝土中的钢筋位置、数量和间距可采用钢筋探测仪或雷达仪进行检测。电磁感
应法检测的基本原理是利用电磁感应原理检测混凝土结构构件中的钢筋间距、混凝土保
护层厚度及公称直径。混凝土是带弱磁性的材料，而结构内配置的钢筋带有强磁性。混
凝土中原来的磁场是均匀磁场，当配置钢筋后，就会使磁力线集中沿钢筋的方向分布。
检测时，当钢筋位置测试仪的探头接触结构混凝土表面，探头中的线圈通过交流电时，
线圈电压和感应电流强度会发生变化。同时，由于钢筋的影响，产生的感应电流的相
位相对于原来交流电的相位产生偏移，该变化值是钢筋与探头之间的距离和钢筋直径
的函数。钢筋越接近探头，钢筋直径越大时，感应电流强度越大，相位差也越大。电
磁感应法检测适用于配筋稀疏且与混凝土表面距离较近（即保护层不太大）的钢筋检
测，钢筋布置在同一平面或不同平面距离较大时，可取得较满意的效果。

　　参照《混凝土中钢筋检测技术规程》(JGJ/T 152) 的要求，开展钢筋保护层厚度
检测。根据钢筋设计资料，检测前应确定检测区域内钢筋可能分布的状况，选择适当
的检测面。检测面应清洁、平整，并应避开金属预埋件。当需要检测某一剖面的钢筋
分布时，可在构件上垂直于钢筋走向布置一条测线，测线布置如图 6 - 13 所示。

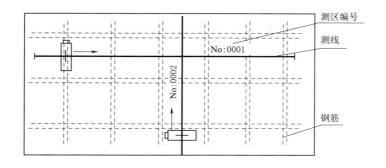

图 6 - 13　测线布置及现场测试示意图

## 6.2.7　钢筋锈蚀检测方法

混凝土结构中的钢筋锈蚀实际上是钢筋电化学反应的结果，产生原因主要有：①混凝土的碳化深度超过钢筋的保护层厚度；②氯离子等酸性离子的侵蚀作用。钢筋锈蚀会导致混凝土保护层胀裂、剥落，钢筋有效截面削弱等结构破坏现象，严重影响结构承载能力和使用寿命。因此，对已有结构进行结构检测鉴定时，必须对钢筋锈蚀状况进行检测。

混凝土中的钢筋锈蚀状况宜采用原位检测、取样检测等直接检测法进行检测。当采用混凝土电阻率，混凝土中的钢筋电位、锈蚀电流、裂缝宽度等参数间接推定混凝土中钢筋锈蚀状况时，应采用直接检测法、半电池电位法等进行验证。

**1. 直接检测法**

钢筋锈蚀情况现场检测时，应观察构件表面的锈蚀状况，检测构件表面的锈痕，检查是否出现沿钢筋方向的纵向裂缝，以及顺筋裂缝的长度和宽度。必要时，在钢筋锈蚀部位，凿除混凝土保护层露出锈蚀钢筋。人工或机械除锈后，采用游标卡尺直接检测钢筋的剩余直径、蚀坑深度和长度，以及锈蚀物的厚度，进而推算钢筋的截面损失率。当条件许可时，可截取现场锈蚀钢筋的样品，将样品端部锯平或磨平，用游标卡尺测量样品的长度。在氢氧化钠溶液中通电除锈。将除锈后的钢筋试样放在天平上进行称重，残余质量与该种钢筋公称质量之比即为钢筋的剩余截面率，公称质量与残余质量之差即为钢筋锈蚀量。

需要说明的是，钢筋的锈蚀并不是均匀分布在钢筋周围，一般是靠近保护层锈蚀多，向内锈蚀少。当锈蚀裂缝沿纵向发生时，说明裂缝与钢筋方向一致，这将严重影响钢筋与混凝土的黏结力。如果是横向锈蚀裂缝，即裂缝方向与受力钢筋垂直，说明在受力钢筋的开裂处有锈蚀。

**2. 半电池电位法**

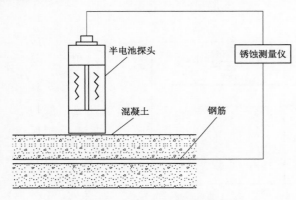

图 6-14　钢筋锈蚀测量原理图

对钢筋锈蚀的检测是按照《水工混凝土试验规程》(SL 352) 有关混凝土中钢筋半电池电位方法进行的。由图 6-14 可见钢筋锈蚀测量仪是通过半电池电位法（测量混凝土保护层的电位值）来判断钢筋锈蚀状态。因为这种方法存在许多难以克服的影响因素，如混凝土的含水率、杂散电场干扰等，所以国内的一些规范如《水工混凝土试验规程》(SL 352) 也只给出了概率性的判断结果，评估标准如下：

(1) 半电池电位正向大于 -200mV，则此区域发生钢筋腐蚀的概率小于 10%。

(2) 半电池电位负向大于 -350mV，则此区域发生钢筋腐蚀的概率大于 90%。

(3) 半电池电位在 -200～-350mV，则此区域发生钢筋腐蚀性状不确定。

# 6.3　结 构 性 能 检 测

## 6.3.1　塔筒动力性能

塔筒动力性能如固有频率、振型等特性能够反映结构与初始设计的差异，通过结构的固有频率、振型、阻尼比等参数变化掌握现有结构状态，同时振动特性通过数值运算可以得到位移成果。

若原有塔筒和风电机组已布置传感器，可充分利用原有设备进行塔筒动力性能检测；若原有结构尚未布置相应传感器，则可参照《建筑结构检测技术标准》(GB 50344) 和《建筑结构动力性能检测技术规程》(DB37/T 5025) 开展塔筒动力性能检测。

塔筒结构动力检测传感器应采用低频加速度传感器，频率下限应不大于 0.1Hz（-3～1dB），频响曲线应平坦（-3～3dB），传感器横向灵敏度应小于 5%。放大器频响与传感器频率匹配，多通道放大器的各个通道间无串扰，各通道相位一致，频响范围相同。数据采集与记录采用多通道数字采集和存储系统，幅度畸变宜小于 1.0dB。信号分析仪具有多通道，具有基本的数字信号处理功能，包括滤波、截取、时域幅值统计、FFT、自谱、互谱等功能。

在塔筒结构的质心附近布置传感器，应尽量避开振型节点，并可以充分显示结构的模态振型；传感器布置的数量与拟测振型相关，试验前宜根据理论计算的振型合理设置测点；当因测试仪器数量不足或其他因素而需要做多次测试时，可采用移动测点法测试，每次测试中应至少保留 1 个共同的参考点。传感器沿塔筒结构纵向、横向两个方向布置。根据所需频率范围设置低通滤波频率和采样频率。数据采集时，应注意对数据平稳性的要求，若有较大的波动，则重新采集数据或增加采样时间。

由于干扰及其他各方面因素的存在，检测系统采集到的数据可能偏离其真实数值，除了应对记录波形和记录长度进行检验之外，还应对数据做信号标定、变换、消除趋势项和滤波处理等。对处理后的数据采用频域识别法、时域识别法和时频域识别方法对结构动力参数进行识别。

## 6.3.2 塔筒垂直度和位移检测

参照《建筑变形测量规范》（JGJ 8）和《工程测量通用规范》（GB 55018）的要求开展塔筒垂直度和水平位移检测。结合风电机组自身特点，采用外部测水平角的方法对风电机组塔筒的垂直度和水平位移进行观测，每测站的观测应以定向点作为零方向，测出各观测点的方向值和至塔筒底部中心的距离，计算顶部中心和 3 个典型断面中心点相对于底部中心的水平位移量。由于风电机组塔筒不便埋设标志，可以照准塔筒所切同高程边缘的位置或用高度角控制的位置作为观测点位。

## 6.3.3 基础环水平度检测

在基础环顶面设置 $N$ 个观测点，观测时首先调整机舱位置，然后检测不同偏向的水平度。注意，在水平度检测时采用高精度水准仪。

水准仪又称数字水准仪，它是在自动安平水准仪的基础上发展起来的，它采用条码标尺，各厂家标尺编码的条码图案不相同，不能互换使用。目前照准标尺和调焦仍需目视进行，人工完成照准和调焦之后，标尺条码的一方面被成像在望远镜分化板上，供目视观测；另一方面通过望远镜的分光镜，标尺条码又被成像在光电传感器（又称探测器）上，即线阵 CCD 器件上，供电子读数。因此，如果使用传统水准标尺，电子水准仪又可以像普通自动安平水准仪一样使用，不过这时的测量精度低于电子测量的精度，特别是精密电子水准仪，由于没有光学测微器，当成普通自动安平水准仪使用时，其精度更低。

# 6.4 耐久性检测

结构耐久性检测应根据结构所处环境、结构的技术状况及耐久性评定的需要进行。除了构件的几何参数、保护层厚度、混凝土抗压强度、混凝土碳化深度、裂缝及缺陷、钢筋锈蚀状况外，还包括混凝土氯离子含量，高温、冻融、化学腐蚀损伤等内容。此类方法通常采用取样法进行检测，取样位置应在受检区域内随机选取，取样点应布置在无缺陷的部位。检测方法参考《普通混凝土长期性能和耐久性能试验方法标准》(GB/T 50082)。

### 6.4.1　抗渗性能检测

混凝土抗渗性能是指混凝土材料抵抗压力水渗透的能力。它是决定混凝土耐久性能最基本的因素。一方面，在冻融破坏、硫酸盐侵蚀、钢筋锈蚀等导致混凝土品质劣化的原因中，水能够渗透到混凝土内部；另一方面，水也是作为这些侵蚀介质迁移进入混凝土内部的载体。因此，混凝土抗渗性能对混凝土保持耐久性具有重大的意义。混凝土抗渗性能现场检测方法有取样逐级加压法和取样渗水高度法。

1. 取样逐级加压法

取样逐级加压法是通过对取样混凝土逐级施加水压力来测定混凝土抗渗性能的方法，用抗渗等级表示，其测试方法如下：

(1) 在受检区域沿构件承受水压方向取样，每个受检区域取样不少于 1 组，每组由 6 个高度为 150mm 的芯样组成，并将芯样加工成抗渗试件，上口径直径 175mm，下口径直径 185mm，高 150mm。

(2) 将同组 6 个抗渗试件表面擦拭干净后，在试件侧面裹涂一层含少量松香的石蜡；用螺旋加压器将试件压入经过电炉或烘箱预热过的试模中，使试件与试模底平齐，并在试模变冷后解除压力。

(3) 启动抗渗仪，并开通 6 个试位下的阀门，使水充满试位坑；然后关闭抗渗仪，将密封好的试件安装在抗渗仪上。

(4) 启动抗渗仪，水压从 0.1MPa 开始，以后每隔 8h 增加 0.1MPa 水压，并随时观察试件端面渗水情况。当 6 个试件中的 3 个试件表面出现渗水或检测的水压高于规定数值（或设计指标），在 8h 内出现表面渗水的试样少于 3 个小时可停止试验，并记录此时的水压力。

停止试验时，若 6 个试件中有 3 个试件表面出现渗水，该组混凝土抗渗等级推定值计算公式为

$$P_c = 10H \tag{6-32}$$

式中　$P_c$——结构混凝土在检测龄期的实际抗渗等级推定值；

　　　$H$——停止试验时的水压力。

停止试验时，若 6 个试件中有 3 个试件表面出现渗水，该组混凝土抗渗等级推定值计算公式为

$$P_c = 10H - 1 \tag{6-33}$$

停止试验时，若 6 个试件中少于 2 个试件表面出现渗水，该组混凝土抗渗等级推

定值计算公式为

$$P_c > 10H \tag{6-34}$$

**2. 取样渗水高度法**

取样渗水高度法是以测定取样混凝土在恒定水压力下的平均渗水高度来表示混凝土抗渗性能,检测方法同取样逐级加压法。

试件安装好后,应立即开通 6 个试位下的阀门,在 5min 内使水压增加至 (1.2±0.05)MPa,并稳压 24h,以达到稳定压力的时间作为试验记录起始时间。在稳压过程中应随时注意观察试件端面的渗水情况,当某一个试件端面出现渗水时,应停止该试件试验并记录时间,并以试件的高度为该试件的渗水高度。对于端面未出现渗水的试件,24h 后应停止试验,并及时取出试件。试验过程中,当发现水从试件周边渗出时,应对试件重新进行密封。

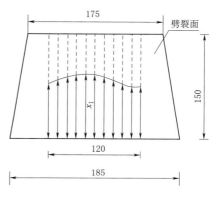

图 6-15 渗水高度测量

将从抗渗仪上取出的试件放在压力机上,并在试件上、下两端面中心处沿直径方向各放一根直径为 6mm 的钢垫条,将试件沿纵断面对中劈裂为两半,用防水笔描出渗水轮廓线,并应在芯样劈裂面中线两侧各 60mm 的范围内,用钢尺沿渗水轮廓线等间距量测 10 点渗水高度(图 6-15)。单个试件渗水高度计算公式为

$$\overline{h_i} = \frac{1}{10} \sum_{j=1}^{10} h_j \tag{6-35}$$

式中    $h_j$——试件第 $j$ 个测点处的渗水高度;

$\overline{h_i}$——第 $i$ 个试件的平均渗水高度,当某一试件端面出现渗水时,该试件的平均渗水高度为试件高度。

## 6.4.2  抗冻性能检测

混凝土抗冻性能是指混凝土材料在吸水饱和状态下经历多次冻融循环,保持其原有性质不变或不显著降低原有性质的能力。我国有相当一部分混凝土结构处于严寒地带,由于自然气候冷热、冻融等交替作用,很容易使混凝土结构发生冻融破坏。冻融破坏导致结构承载能力和耐久性能下降,降低结构的使用寿命,已成为我国北方地区混凝土结构老化的重要问题之一,因此研究混凝土的抗冻性能非常有必要。混凝土抗冻性能现场检测可采用取样慢冻法和取样快冻法。

**1. 取样慢冻法**

取样慢冻法是以测定混凝土试件在气冻水融条件下经受的慢速冻融循环次数来表

示混凝土的抗冻性能。

首先要在受检区域随机布置取样点，每个受检区域取样不应少于 1 组，每组包括不少于 6 个直径不小于 100mm 且长度不小于直径的芯样。将无明显缺陷的芯样加工成高径比为 1.0 的抗冻试件，每组应由 6 个抗冻试件组成。将 6 个试件同时放在低于（20±2）℃的水中，浸泡 1d 后取出 3 个试件开始慢冻试验，用湿布擦除表面水分，编号并分别称重；余下 3 个试件用于强度比对，继续在水中养护。

然后将 3 个冻融试件置于冻融试验箱的试件架内，试件架与冻融试件的接触面积不宜超过冻融试件底面的 1/5，冻融试件与箱体内壁之间留有 20mm 以上的空隙，各冻融试件间保持 30mm 以上的空隙。冷冻时间应在冻融箱内温度降至−18℃时开始计算，冷冻温度应保持为−20～−18℃，冷冻时间不应少于 4h。

冷冻结束后立即加入 18～20℃的水使冻融试件转入融化状态，水位高于冻融试件表面 20mm 以上，融化温度应保持为 18～20℃，时间不应少于 4h。

融化完毕视为该次冻融循环结束，可进入下一次冻融循环。

在每次冻融循环时应注意观察冻融试样表面的损伤情况，当发现损伤时应称量冻融试样的质量。当 3 个冻融试件的质量损失率的算术平均值为（5±0.2）％或冻融循环次数超过预期的次数时应停止试验，记录停止试验时的冻融循环次数。冻融试件的平均质量损失率计算公式为

$$\Delta w = \frac{1}{3}\sum_{i=1}^{3}\frac{W_{0i}-W_{ni}}{W_{0i}}\times 100\% \tag{6-36}$$

式中　$\Delta w$——$n$ 次冻融循环后的平均质量损失率；

　　　$W_{ni}$——$n$ 次冻融循环后第 $i$ 个芯样的质量；

　　　$W_{0i}$——冻融循环前第 $i$ 个芯样的质量。

将 3 个冻融试件与 3 个强度比对试件晾干，进行端面修整后，检测各试件的抗压强度，分别计算 3 个冻融试件与 3 个强度比对试件的平均抗压强度。冻融试件的抗压强度损失率计算公式为

$$\lambda_i = \frac{f_{cor,d,m0}-f_{cor,d,mi}}{f_{cor,d,m0}} \tag{6-37}$$

式中　$\lambda_i$——$N_i$ 次冻融循环后的混凝土抗压强度损失率；

　　　$f_{cor,d,m0}$——3 个强度比对试件的平均抗压强度；

　　　$f_{cor,d,mi}$——$N_i$ 次冻融循环后冻融试件的平均抗压强度。

当 $\lambda_i \leqslant 0.25$ 时，以停止冻融循环时的冻融循环次数 $N_d$ 为混凝土在检测龄期实际抗冻性能的检测值 $N_{d-c}$；当 $\lambda_i > 0.25$ 时，$N_{d-c}$ 计算公式为

$$N_{d-c} = 0.25\frac{N_d}{\lambda_i} \tag{6-38}$$

2. 取样快冻法

取样快冻法是以测定混凝土试件在气冻水融条件下经受的快速冻融循环次数来表示混凝土的抗冻性能。

首先在受检区域随机布置取样点，每个受检区域钻芯取样不应少于 3 个，芯样直径不宜小于 100mm，芯样高径比不应小于 4。将无明显缺陷的芯样加工成高径比为 1.0 的抗冻试件，每组应由 3 个抗冻试件组成。同时，要制作同样形状尺寸、中心埋有热电偶的测温试件，其所用混凝土的抗冻性能应高于抗冻试件。测温试件应采用防冻液作为冻融介质。

然后将 3 个抗冻试件同时放在 $(20\pm2)℃$ 水中浸泡 1d 后取出，用湿布擦除表面水分，分别称取初始质量 $W_0$，并检测横向基频初始值 $f_0$。

最后将抗冻试件放在试件盒中心位置，并将试件盒放入冻融箱内的试件架上，同时向试件盒内注入清水，水位应没过抗冻试件至少 5mm。将测温试件放在冻融箱的中心位置，每次冻融循环应在 $2\sim4h$ 内完成，且融化时间不得少于冻融循环时间的 1/4。

冻融循环过程中，试件中心位置处最低和最高温度分别控制为 $(-18\pm2)℃$、$(5\pm2)℃$。试件从 3℃ 降到 $-16℃$ 所用时间不得少于冷冻时间的 1/2，从 $-16℃$ 升到 3℃ 所用时间不得少于融化时间的 1/2。每隔 25 次冻融循环后应测量试件的质量 $W_n$ 及横向基频值 $f_n$，测量前应将试件表面浮渣清洗干净并擦干表面水分，测完后应立即将试件装入试件盒内继续试验。

当出现下列三种情况之一时，应停止试验：①冻融循环次数超过预期次数；②试件相对动弹性模量小于 60%；③试件质量损失率达到 5%。此处试件质量损失率按式（6-36）计算，试件相对动弹性模量计算公式为

$$P = \frac{1}{3}\sum_{i=1}^{3}\frac{f_{ni}^2 \cdot W_{ni}}{f_{0i}^2} \times 100\%$$ （6-39）

式中 $P$——经 $n$ 次冻融循环后一组试件的相对动弹性模量；

$f_{ni}$——经 $n$ 次冻融循环后第 $i$ 个芯样横向基频；

$f_{0i}$——冻融循环前测得的第 $i$ 个芯样横向基频初始值。

混凝土在检测龄期实际抗冻性能的检测值可以用符号 $F_e$ 后加停止冻融循环时对应的冻融循环次数表示，也可用抗冻耐久性能系数表示。抗冻耐久性能系数推定值计算公式为

$$DF_e = \frac{PN_d}{300}$$ （6-40）

式中 $DF_e$——混凝土抗冻耐久性能系数推定值；

$N_d$——停止试验时的冻融循环次数。

### 6.4.3　抗氯离子渗透性能检测

混凝土抗氯离子渗透性能反映了混凝土的密实程度及抵抗外部侵蚀介质向内部渗入的能力，是混凝土耐久性的关键指标之一。混凝土抗氯离子渗透性能检测可采用快速氯离子迁移系数法和电通量法。

1. 快速氯离子迁移系数法检测

快速氯离子迁移系数法（RCM 法）检测是以测定氯离子在混凝土中非稳态迁移的迁移系数来确定混凝土抗氯离子渗透性能。该方法的特点是能定量地评价混凝土抵抗氯离子扩散的能力，准确度较高，而且试验周期较短。其测试原理如下：在试件轴向两端施加外部电势，迫使外边的氯离子向试样中迁移；经一定时间后，将试样沿轴向劈开，在新鲜的劈开表面上喷 $AgNO_3$ 溶液，由可见的白色 $AgCl$ 沉淀量测定氯离子侵入的深度，根据此侵入深度计算氯离子的迁移系数。

（1）检测前准备包括：①在受检区域随机布置取样点，每个受检区域取样不应少于 1 组，每组应由不少于 3 个直径 100mm 且长度不小于 120mm 的芯样组成；②将无明显缺陷的芯样从中间切为两半，加工成 2 个高度为（50±2）mm 的试件，分别标记为内部试件和外部试件；③将 3 个内部试件作为一组，对应的 3 个外部试件作为另一组，试验面为中间切割面；④用水砂浆和细锉刀将试件打磨光滑，用游标卡尺测量试件直径和高度；⑤将试件置于真空器中进行真空处理，真空器中的气压保持为 1～5kPa 持续 3h；⑥在真空泵仍然运转的情况下，将用蒸馏水配制的饱和氢氧化钙溶液注入容器，浸没试件，浸没 1h 后恢复常压，并继续浸泡（18±2）h；⑦取出试件，用电吹风吹干，将 RCM 法试验槽用室温凉开水冲洗干净；⑧将试件装入橡胶套底部，在与试件齐高的橡胶套外侧安装两个不锈钢环箍，每个环箍高 20mm，拧紧环箍上的螺栓至扭矩为（30＋2）N·mm，使试件圆柱侧处于密封状态；⑨将装有试件的橡胶套安装到试验槽中，并安装好阳极板。

（2）进行电迁移试验前：①在橡胶套中注入约 300mL 浓度为 0.3mol/L 的 NaOH 溶液，使阳极板和试件表面均浸没于溶液中；②在阴极试验槽中注入 12L 质量浓度为 10％的 NaCl 溶液，使其液面与橡胶套中溶液液面齐平；③用导线将电源阳极与橡胶套中阳极板相连，电源阴极与试验槽中阴极板相连，并用温度计或电热偶记录阳极溶液的初始温度。

（3）开始检测。打开电源，将电压调整到（30±0.2）V，记录通过试件的初始电流。按表 6-4 要求，根据初始电流值确定后续实际施加的电压并根据实际施加的电压值，记录新的初始电流值，根据新的初始电流值确定试验应持续的时间。试验结束时，测定阳极溶液的最终温度和最终电流值。

表 6-4 初始电流、电压与试验时间的关系

| 初始电流 $I_{30V}$/mA<br>（用 30V 电压） | 施加的电压/V | 可能的新初始电流<br>$I_0$/mA | 试验持续时间 $t$/h |
|---|---|---|---|
| $I_{30V}<5$ | 60 | $I_0<10$ | 96 |
| $5\leqslant I_{30V}<10$ | 60 | $10\leqslant I_0<20$ | 48 |
| $10\leqslant I_{30V}<15$ | 60 | $20\leqslant I_0<30$ | 24 |
| $15\leqslant I_{30V}<20$ | 50 | $25\leqslant I_0<35$ | 24 |
| $20\leqslant I_{30V}<30$ | 40 | $25\leqslant I_0<40$ | 24 |

检测结束后，从橡胶套中取出试件，用自来水将表面冲洗干净，并擦除表面多余的水分。在压力试验机上将试件沿轴向劈成两个半圆柱体，并在劈开断面上立即喷涂浓度为 0.1mol/L 的 $AgNO_3$。溶液显色指示剂。15min 后，沿试件直径断面将其分成 10 等份，并用防水笔描出渗透轮廓线，根据观察到的明显颜色变化，测量显色分界线至试件底面的距离，如图 6-16 所示，其中，$A$ 为测量范围，$L$ 为试件高度。

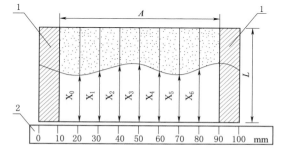

图 6-16　显色分界线位置编号
1—试件边缘部分；2—尺子
$A$—测量范围；$L$—试件高度

当两组氯离子迁移系数测定值相差不超过 15% 时，应以两组平均值为该结构混凝土在检测龄期氯离子迁移系数推定值；当两组氯离子迁移系数测定值相差超过 15% 时，应分别给出两组氯离子迁移系数测定值作为该混凝土结构内部和外部在检测龄期氯离子迁移系数推定值。

2. 电通量法检测

电通量法检测是指利用混凝土的电导来快速确定混凝土的抗氯离子渗透性能。该方法通过加载在试件两端的直流电压加速氯离子在混凝土中的移动，因此检测速度较快。将 4100mm×50mm 的混凝土试样经真空饱水后，在标准夹具下，通过质量浓度为 0.3% 的 NaOH 溶液和质量浓度为 3% 的 NaCl 溶液给试样施加 60V 直流电，正负离子会在电场的作用下发生迁移，氯化物离子的负电荷将被吸引到正电极；按照混凝土 6h 通过的总导电量的大小来反映混凝土的抗氯离子渗透性能。

电通量法现场检测混凝土抗氯离子渗透性能，取样方法及芯样加工处理具体要求与 RCM 法相同。3 个外部试件作为一组，对应的 3 个内部试件作为另一组，以硅胶或树脂密封材料涂刷试件圆柱侧面。

将试件安装于试验槽内，采用螺杆将两试验槽和端面装有硫化橡胶垫的试件夹紧。将质量浓度为 3% 的 NaCl 溶液和浓度为 0.3mol/L 的 NaOH 溶液分别注入试件两

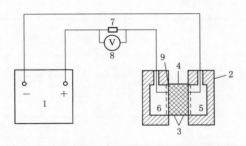

图 6-17　混凝土氯离子电通量测定示意图
1—直流稳压电源；2—试验槽；3—铜电极；4—混凝土试件；5—3％的 NaCl 溶液；6—0.3mol/L 的 NaOH溶液；7—标准电阻；8—直流数字式电压表；9—试件垫圈（硫化橡胶垫或硅橡胶垫）

侧的试验槽中，注入 NaCl 溶液试验槽内的铜网连接电源负极，注入 NaOH 溶液试验槽的铜网连接电源正极，如图 6-17 所示。

接通电源，施加（60±0.1）V 直流恒电压，记录电流初始读数。开始时每隔 5min 记录一次电流值，当电流变化不大时每隔 10min 记录一次电流值，当电流变化很小时可每隔 30min 记录一次电流值，直到通电 6h。

每组应取 3 个试件电通量的算术平均值作为该组试件的电通量测定值。当某一个电通量值与中值的差值超过中值的 15％时，应取其余 2 个试件的电通量平均值为该组试件的电通量试验结果测定值；当有两个测定值与中值的差值都超过中值的 15％时，应取所有试件中值作为该组试件的电通量试验结果测定值。

当两组电通量测定值相差不超过 15％时，应以两组的平均值作为该结构混凝土在检测龄期电通量推定值；当两组电通量测定值相差超过 15％时，应分别给出两组电通量测定值作为该混凝土结构内部和外部在检测龄期电通量推定值。将计算得到的试件总电通量换算成直径为 95mm 试件的电通量值，即通过将计算的总电通量乘以一个直径为 95mm 试件和实际试件横截面面积的比值来换算。

## 6.4.4　氯离子含量及侵入深度检测

在混凝土中一般都存在少量的氯化物（大约占混凝土质量的 0.01％）。当混凝土中氯离子含量达到门槛值时，就会促使钢筋腐蚀的发生。由于混凝土的胶凝材料对氯离子存在一定的结合效应，因此渗入混凝土中的氯离子只有一部分以游离形式存在于混凝土的孔隙溶液中（称为自由氯离子或水溶性氯离子），其余则被混凝土胶凝材料结合了（称为结合氯离子）。混凝土中氯离子的含量可用硝酸银溶液滴定法或硫氰酸钾溶液滴定法测定，或采用专用的氯离子测定仪测定。

现场检测时，首先在混凝土中用取芯机取样。取样位置应在该区域混凝土中随机确定，避免在边角处取样，而且应除去混凝土结构的粉饰层及污垢。钻孔取芯时，每个区域混凝土钻取芯样不应少于 3 个，芯样直径不小于最大骨料粒径的 2 倍，且不小于 100mm。芯样长度宜贯穿整个构件，或不小于 100mm。将芯样破碎后剔除石子，并缩分至 100g，研磨至全部通过 0.08mm 筛。用磁铁吸出试样中的金属铁屑，然后将试样置于 105～110℃烘箱中烘干 2h，取出后放入干燥皿中冷却至室温备用。

1. 化学分析法检测水溶性氯离子含量

用化学分析法检测混凝土中水溶性氯离子含量，可为查明钢筋锈蚀原因及判定混凝土密实性提供依据。

检测前先要配制下列化学试剂：质量浓度约为 5% 的铬酸钾指示剂、质量浓度约为 0.5% 的酚酞溶液、稀硫酸溶液、0.02mol/L 的氯化钠标准溶液、0.02mol/L 的硝酸银溶液。根据《水运工程混凝土试验规程》(JTJ 270)，各化学试剂配制方法如下：

（1）配制质量浓度约为 5% 的铬酸钾指示剂。称取 5g 铬酸钾溶于少量蒸馏水中，加入少量硝酸银溶液使其出现微红，摇匀后放置过夜，过滤并移入 100mL 容量瓶中，稀释至刻度。

（2）配制质量浓度约为 0.5% 的酚酞溶液。称取 0.5g 酚酞溶于 75mL 乙醇后再加入 25mL 蒸馏水。

（3）配制稀硫酸溶液。以 1 体积浓硫酸倒入 20 体积蒸馏水中。

（4）配制 0.02mol/L 氯化钠标准溶液。把分析纯氯化钠置于瓷坩埚中加热，直到不再有盐的爆裂声为止。冷却后称取 1.2g 左右（精确至 0.1mg），用蒸馏水溶解后移入 100mL 容量瓶，并稀释至刻度。

（5）配制 0.02mol/L 硝酸银溶液。称硝酸银 3.4g 左右溶于蒸馏水中并稀释到 1000mL，置于棕色瓶中保存。用移液管吸取氯化钠标准溶液 20mL（V）于三角烧瓶中，加入 10 滴铬酸钾指示剂，用已配制的硝酸银溶液滴定到溶液刚呈砖红色，记录所消耗的硝酸银溶液体积 $V$(mL)。

检测时，称取砂浆粉末 20g（记为 G），倒入三角烧瓶中并加 200mL 蒸馏水（V），剧烈振荡 1~2min 后浸泡 24h（塞紧瓶塞）或在 90℃ 的水浴锅中浸泡 3h；然后用定性滤纸过滤，用移液管分别吸取滤液 20mL（V）移入两个三角烧瓶中，并各加 2 滴酚酞使溶液呈微红色；再用稀硫酸中和至无色，加 10 滴铬酸钾指示剂，即用 $AgNO_3$ 溶液（记消耗量 V）滴至砖红色。

2. 化学分析法检测总氯离子含量

化学分析法检测混凝土中氯离子总含量，其中包括已与水泥结合的氯离子含量，可为查明钢筋锈蚀原因提供依据。试验基本原理如下：用稀硝酸将含有氯化物的水泥全部溶解，然后在稀硝酸溶液中，用化学滴定方法来测定氯化物含量。

检测前要配制下列试剂：0.02mol/L 氯化钠标准溶液、0.02mol/L 硝酸银溶液、6mol/L 硝酸溶液、10% 铁矾溶液、0.02mol/L 硫氰酸钾标准溶液。根据《水运工程混凝土试验规程》(JTJ 270)，各试剂配制方法如下：

（1）配制 0.02mol/L 氯化钠标准溶液、配制 0.02mol/L 硝酸银溶液方法同前。

（2）配制 6mol/L 硝酸溶液。取化学纯浓硝酸 25.8mL，放入 100mL 容量瓶中，用蒸馏水稀释至刻度。

（3）配制 10％铁矾溶液。用 10g 化学纯铁矾溶于 90g 蒸馏水。

（4）配制 0.02mol/L 硫氰酸钾标准溶液。称取化学纯硫氰酸钾晶体 1.95g 左右溶于 1000mL 蒸馏水，充分摇匀后用硝酸银标准溶液进行标定。从滴定管放出硝酸银标准溶液约 25mL，加 5mL 6mol/L 硝酸和 4mL 10％铁矾溶液，然后用硫氰酸钾标准溶液滴定，滴定时剧烈摇动溶液，当滴至红色维持 5～10s 不褪色时即为终点。

检测时，称取混凝土试样约 20g，置于三角烧瓶中，缓缓加入 100mL 稀硝酸，盖上瓶塞防止蒸发，浸泡一昼夜左右，其间应摇动三角烧瓶，使水泥全部溶解，然后用定性滤纸过滤。提取滤液 20mL 两份分别置于三角锥瓶中，每份加入硝酸银溶液 20mL 及 2～5 滴铁矾溶液，分别用硫氰酸钾溶液滴定。滴定时剧烈摇动试液，当滴定至红色维持 5～10s 不褪色时，即达到终点。

混凝土中氯离子含量的检测结果宜用混凝土中氯离子与硅酸盐水泥用量之比表示，当不能确定混凝土中的硅酸盐水泥用量时，可用混凝土中氯离子与胶凝材料用量之比表示。

**3. 氯离子含量快速测定方法**

氯离子含量快速测定方法特别适用于现场快速检验混凝土中的氯离子含量，或检测其氯离子含量是否超过规范允许值。试验基本原理为：将氯离子选择电极和甘汞电极置于液相中，测得的电极电位 $E$ 与液相中的氯离子浓度 $C$ 的对数呈线性关系。因此，可根据测得的电极电位值推算出氯离子浓度。

检测前先要建立电位—氯离子浓度关系曲线。把氯离子选择电极放入由蒸馏水配制的 0.001mol/L NaCl 溶液中活化 2h。用蒸馏水配制 $5.5 \times 10^3$ mol/L 和 $5.5 \times 10$ mol/L 两种 NaCl 标准溶液各 250mL。将氯离子选择电极和甘汞电极（通过盐桥）插入（20±2）℃的两种 NaCl 标准溶液中。经 2min 后用电位测量仪测两电极之间的电位值，如图 6-18 所示。将两值标记在 $E-\lg C$ 半对数坐标上，其连接线即为电位—氯离子浓度关系曲线。

快速测定氯离子含量时，先把氯离子选择电极放入由蒸馏水配制的 0.001mol/L NaCl 溶液中活化 1h。取 600g 左右试样放入烧杯中，量测温度，插入氯离子选择电极和甘汞电极（通过盐桥），测定其电位并进行温度校正，然后从 $E-\lg C$ 曲线上推算得相应拌和水的氯离子浓度。

按前述步骤测得标准溶液的电极电位值。将测得的电位值经温度校正后与相应氯离子允许限量标准溶液中的电位值进行比较，若

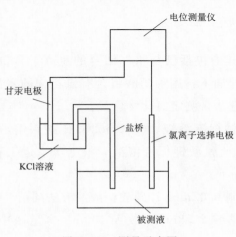

图 6-18　测量示意图

前者较后者小，则表明其氯离子含量已超过规范允许值。

4. 氯离子测定仪法

目前已有专用的仪器可快速测定硬化混凝土和新拌混凝土中氯离子的含量，且测试速度快，测试精度高。

RCT 氯离子快速测定仪的工作原理为：将通过冲击钻或剖面磨削从混凝土中得到的粉末或从新拌混凝土中取得的样品与不同剂量的 RCT 氯离子萃取液相混合，振荡 5min。这种液体是用来萃取迁移氯离子的，同时对读数有干扰的离子（硫酸根离子）也被萃取。将标定过的氯电极投入溶液中，测定出酸溶性或水溶性氯离子的含量，以其所占混凝土质量的百分比来表示。其操作步骤如下：

（1）收集粉末试样。将通过冲击钻或剖面磨削从混凝土中得到的粉末收集于试样袋中。

（2）称重。将收集的粉末试样细心地装入锥形粉尘称重瓶中，用粉尘压缩针压实至红线位置，此时试样质量为 1.5g。

（3）萃取。将称取的粉末试样倒入装有 10mL 萃取液的 RCT-1023 试剂瓶中，盖上瓶盖，振荡 5min。

（4）RCT 氯离子电极的准备。取下电极端部的橡胶保护套，将电极液从上侧的小孔中注满电极。

（5）RCT 氯离子电极的标定。将电极插入标有 0005%CT 的标定液中，轻摇标定瓶直至读数稳定，其读数约为 100mV，在硬化混凝土标定表上标出。然后分别将电极插入标定液中，轻摇标定瓶直至读数稳定，在硬化混凝土标定表上分别标出。如果读数稳定且标定线斜率约为 100mV，则认为电极良好。

（6）测量。将标定好的电极插入步骤（3）中有试样的 RCT1023 试剂瓶中，轻摇试剂瓶直至读数稳定后读取电位值，从标定图表的曲线中读取氯离子测定值（以占混凝土的质量百分比计）。

5. 氯离子侵入深度确定

当需检测氯离子侵入深度时，可分层钻芯取样，每层厚度为 5~10mm，也可采用混凝土劈裂试验的方法将芯样按层分开。从每层芯样中取出所需样品，测定氯离子含量，取几个同层样品实测值的平均值作为该层中点氯离子含量的代表值。

当采用取粉末方法时，测定氯离子侵入深度的孔应分层打，每层厚度为 5~10mm，粉末应分层集中。每打完一层，将孔内粉末清除干净再打下层，分层测定氯离子的含量。做曲线连接各层中点氯离子含量，则可确定氯离子侵入深度和氯离子含量在侵入深度范围内的变化情况。

## 6.4.5 抗硫酸盐侵蚀性能检测

混凝土抗硫酸盐侵蚀性能用混凝土能够经受的最大干湿循环次数来表示。现场检测应采用钻芯取样法进行，在受检区域随机布置取样点，每个受检区域取样不应少于 1 组，每组应由不少于 6 个直径不小于 100mm 且长度不小于直径的芯样组成。将无明显缺陷的芯样加工成 6 个高度为（100±2）mm 的试件，取 3 个做抗硫酸盐侵蚀试验，另外 3 个作为抗压强度对比试件。

将抗硫酸盐侵蚀试件放入烘箱在（80±5）℃下烘 48h 后，在干燥环境中冷却至室温，再将抗硫酸盐侵蚀试件放入试件盒，注入 5% $Na_2SO_4$ 溶液开始浸泡（15±0.5）h，溶液没过抗硫酸盐侵蚀试件表面 20mm。浸泡结束后排空溶液，将抗硫酸盐侵蚀试件风干 30min。将试件盒温度升到 80℃开始烘干，烘干时间为 6h。烘干结束后，立即将抗硫酸盐侵蚀试件表面在 2h 内冷却至 25～30℃，然后再次放入溶液中，按上述过程进行下一个干湿循环。

当抗硫酸盐侵蚀试件出现明显损伤或干湿交替次数超过表 6-5 所预期的次数时，应停止试验，进行抗压强度检测，并计算混凝土强度耐腐蚀系数。

表 6-5　检查强度所需干湿循环次数

| 设计抗硫酸盐等级 | KS15 | KS30 | KS60 | KS90 | KS120 | KS150 | KS150 以上 |
| --- | --- | --- | --- | --- | --- | --- | --- |
| 检查强度所需干湿循环次数 | 15 | 15 及 30 | 30 及 60 | 60 及 90 | 90 及 120 | 120 及 150 | 150 及设计次数 |

# 第7章 风电机组混凝土基础结构修复加固

风电机组混凝土修复加固的主要目的是对损伤或劣化的风电机组混凝土基础结构的安全性和耐久性进行提升。风电机组混凝土基础结构表面劣化、损伤需要进行修补时，荷载将会重新分布到未损坏截面上，如果基础混凝土表面劣化、损伤没有明显减小截面，则采用普通混凝土修补即可；如果基础混凝土表面损伤、劣化比较严重，则需要对结构进行加固，使整个截面能恢复承受设计荷载的能力。

## 7.1 常用的修补加固技术

风电机组混凝土基础结构常用的加固方法包括增大截面法、施加体外预应力法、植筋法、锚栓法、灌浆法；防护方法包括裂缝灌浆、表层防护等方法，除此之外，在修补加固前应对水平度超标的基础环进行纠偏处理。风电机组混凝土修复加固方法统计见表7-1。

表7-1 风电机组混凝土修复加固方法统计表

| 缺陷种类 | 危 害 | 修复加固方案 |
|---|---|---|
| 低强、不密实 | 基础结构承载力降低（扩展部分抗弯、抗剪、抗冲切） | 增大截面、植筋、锚栓、混凝土置换 |
| | 锚固承载力不足（整体锚固、局部受压） | 增大截面、植筋、预应力、灌浆、锚栓 |
| | 耐久性下降（混凝土密实度下降、裂缝增大） | 灌浆、表层防护 |
| 裂缝、施工冷缝 | 承载力下降（整体性降低） | 增大截面、植筋、预应力、灌浆 |
| | 耐久性下降 | 灌浆、表层防护 |

在工程实践中，应针对不同的缺陷和病害选择合适的加固方案。风电机组基础修补加固方案主要原则如下：

（1）除必要的灌浆打孔外，总体原则是在补强加固实施过程中，不破坏风电机组基础结构，恢复混凝土基础结构的整体性。

（2）方案安全可靠，技术先进合理，可实施性强。

（3）选用材料应性能优异，强度、延展性和防渗性能满足设计要求，施工方便快捷，耐久性良好。

（4）施工材料与工艺应符合环保和安全要求。

## 7.1.1　混凝土置换法

1. 适用范围

混凝土置换法是针对混凝土构件存在蜂窝、孔洞、疏松等缺陷或混凝土强度偏低（主要是受压区混凝土强度）的情况，采取剔除原构件中的劣质混凝土，浇筑同品种但强度等级较高的混凝土的措施进行局部增强，使原构件的承载力得到恢复。该加固方法的优点是结构加固后构件尺寸不变，能恢复原貌，不改变使用空间；缺点是施工挖凿易损伤原构件的混凝土及钢筋、作业周期长、新旧混凝土黏结能力要求高等。因此，应进行截面承载力核算。

2. 界面连接计算

新旧混凝土界面中会有黏结强度，但比整体混凝土要小，资料表明，新旧混凝土截面黏结强度能够达到同等级混凝土强度的 $40\%\sim70\%$。但由于风电机组基础持续经受动荷载作用，为安全起见一般不考虑截面的黏结效应。截面的抗剪承载力与垂直于截面的压力和钢筋有关，因此须配置一定数量的钢筋以保证混凝土截面协调工作。

关于缝面承载力的研究较多，也有相关规范标准。美国混凝土结构设计标准 ACI 318—2008 对施工缝有关于抗剪承载力验算，国内《混凝土结构设计规范》（GB 50010）也明确提出了剪力墙在抗震作用下的抗剪能力验算公式，其形式与 ACI 318—2008 基本类似，均表明截面抗剪能力与截面正应力和钢筋有关，但钢筋和混凝土截面的抗剪系数略有差别，国内混凝土和钢筋的剪磨系数均低于国外规范，安全性要求较高。考虑到风电机组基础经常处于振动荷载作用下，选用《混凝土结构设计规范》（GB 50010）进行抗剪承载力设计，即

$$V \leqslant \frac{1}{r}(0.6f_y A_s + 0.8N) \tag{7-1}$$

式中　$r$——结构重要系数；

　　　$f_y$——钢筋抗拉强度，MPa；

　　　$A_s$——垂直于界面的钢筋面积，$mm^2$；

　　　$N$——垂直于界面的合力，N。

3. 新旧混凝土界面工艺

新旧混凝土界面植筋可以部分提高混凝土界面抗剪和结合程度，但应注意界面主要抗剪能力仍然由界面黏结性能决定，因此在加固施工过程中应特别注重灌浆、空洞和界面处理和植筋工艺，除了满足现行规程规范以外，应采取以下工艺措施保证施工质量。

新旧混凝土不仅要结合强度高，而且要避免收缩时在结合面处脱裂。由于旧混凝土收缩已完成，而新混凝土收缩刚刚开始，因此新旧混凝土收缩必定在结合面造成剪切或拉伸形成裂缝。这样不仅使新旧混凝土不能共同工作，而且对钢筋混凝土的抗渗性、耐久性等都有危害。采取以下措施可以加强新旧混凝土的结合质量：

（1）对旧混凝土界面进行严格清理，原有面层除非确有利用和保留价值，一般均应去除。旧混凝土风化、变质、蜂窝、麻面和酥松部分必须去除干净。经过表面机械处理后，必须将碎屑、粉末彻底冲洗，并防止油污阻隔新旧混凝土结合。

（2）混凝土胶结力来源于水泥化学变化形成水泥胶体的过程。所以新混凝土对旧混凝土的黏结力是很弱的，新旧混凝土结合面抗拉强度（黏结强度）必低于新旧混凝土本身的抗拉强度。因此结合面薄弱，在旧混凝土表面浮浆清除后，可在界面上涂刷高标号水泥砂浆或混凝土界面处理剂来增大胶结力。

（3）为确保接缝处水泥的水化作用，避免旧混凝土把水分吸走，旧混凝土必须浸水润湿，达到"干饱和"状态。

（4）新浇筑混凝土或接缝处水泥砂浆，一般较旧混凝土提高一个强度等级。水泥强度等级与其胶结力成正比，但其干缩也会增加。因此，不宜以提高水泥强度等级或水泥用量作为增大胶结力的主要措施。

（5）新旧混凝土之间的摩擦力与其受力状态有关，可以在接缝混凝土中位置酌情掺入膨胀剂增加膨胀力，从而提高新旧混凝土之间的摩擦力。

（6）对所有钢筋应进行防锈处理，钢筋锈蚀后产生的鳞片必须用钢丝刷打磨干净。

## 7.1.2　增大截面法

### 1. 适用范围

增大截面法是通过在原混凝土构件外叠浇新的钢筋混凝土，增大构件的截面面积和配筋，达到提高构件的承载力和刚度的目的，适用于钢筋混凝土受拉和受压构件的加固，如图7-1所示。

根据构件的受力特点、薄弱环节、几何尺寸等，加固可以设计为单侧、双侧和全断面增大。以增大截面为主的加固，为了保证补加混凝土的正常工作，需配置构造钢筋；以加配钢筋为主的加固，为了保证钢筋的正常工作，需按钢筋保护层等构造要求，适当增大截面。按现场检测结果确定的原有构件混凝土强度等级不应太低。混凝土置换中涉及新旧混凝土截面处理，相关处理方法可参照混凝土置换中新旧混凝土的处理方法和工艺要求。

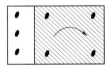

（a）受压边加固　　　　　　（b）受拉边加固

图7-1　外包混凝土加固构件截面

**2. 受弯构件正截面加固计算**

采用增大截面法加固受弯构件时，应根据原结构构造和受力的实际情况，选用在受压区或者受拉区增设现浇钢筋混凝土外加层的加固方式。当仅在受压区加固受弯构件时，其承载力、抗裂度、钢筋应力、裂缝宽度及挠度的计算和验算，可按现行《混凝土结构设计规范》(GB 50010) 关于叠合式受弯构件的规定进行。若验算表明，仅需增设混凝土叠合层即可满足承载力要求时，也应按构造要求配置受压钢筋和分布钢筋。目的是提高新增混凝土层的安全性，同时也可以与《混凝土结构设计规范》(GB 50010) 做出的"应在板表面双向配置防裂构造钢筋"的规定相协调，可以大大减小新增混凝土因温度、收缩应力引起的裂缝。在受拉区加固矩形截面受弯构件（图 7-2)，其正截面受弯承载力的计算公式为

$$M \leqslant a_s f_y A_s \left( h_0 - \frac{x}{2} \right) + f_{y0} A_{s0} \left( h_{01} - \frac{x}{2} \right) + f'_{y0} A'_{s0} \left( \frac{x}{2} - a' \right) \qquad (7-2)$$

$$a_1 f_{c0} bx = f_{y0} A_{s0} + a_s f_y A_s - f'_{y0} A'_{s0} \qquad (7-3)$$

$$2a' \leqslant x \leqslant \xi_b h_0 \qquad (7-4)$$

式中　　$M$——构件加固后的弯矩设计值；

　　　　$a_s$——新增钢筋强度利用系数，取 $a_s = 0.9$；

　　　　$f_y$——新增钢筋的抗拉强度设计值；

　　　　$A_s$——新增受拉钢筋的截面面积；

　$h_0$、$h_{01}$——构件加固后和加固前的截面有效高度；

　　　　$x$——等效矩形应力图形的混凝土受压区高度，简称混凝土受压区高度；

　$f_{y0}$、$f'_{y0}$——原钢筋的抗拉、抗压强度设计值；

$A_{s0}$、$A'_{s0}$——原受拉钢筋和原受压钢筋的截面面积；

　　　　$a'$——纵向受压钢筋合力点至混凝土受压区边缘的距离；

　　　　$a_1$——受压区混凝土矩形应力图的应力值与混凝土轴心抗压强度设计值的比值；当混凝土强度等级不超过 C50 时，取 $a_1 = 1.0$；当混凝土强度等级为 C80 时，取 $a_1 = 0.94$；其间按线性内插法确定；

　　　　$f_{c0}$——原构件混凝土轴心抗压强度设计值；

　　　　$b$——矩形截面宽度；

　　　　$\xi_b$——构件增大截面加固后的相对界限受压区高度，按式（7-5）计算。

由于加固后的受弯构件正截面承载力可以近似地按照一次受力构件计算，试验研究也验证过新增主筋一般能够屈服，因而受弯构件增大截面加固后的相对受压区高度计算公式为

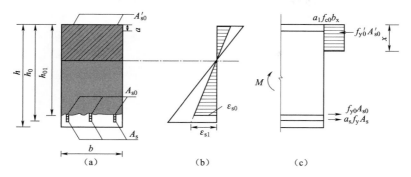

图 7-2 受弯构件加固计算

$$\xi_b = \frac{\beta_1}{1 + \dfrac{a_s f_y}{\varepsilon_{cu} E_s} + \dfrac{\varepsilon_{s1}}{\varepsilon_{cu}}} \qquad (7-5)$$

$$\varepsilon_{s1} = \left(1.6 \frac{h_0}{h_{01}} - 0.6\right) \varepsilon_{s0} \qquad (7-6)$$

$$\varepsilon_{s0} = \frac{M_{0k}}{0.87 h_{01} A_{s0} E_{s0}} \qquad (7-7)$$

式中　$\beta_1$——计算系数，当混凝土强度等级不超过 C50 时，取 $\beta_1 = 0.8$；当混凝土强度等级为 C80 时，$\beta_1 = 0.74$；其间按线性内插法确定；

　　$E_{s0}$——原构件钢筋弹性模量；

　　$\varepsilon_{cu}$——混凝土极限压应变，取 $\varepsilon_{cu} = 0.0033$；

　　$\varepsilon_{s1}$——新增钢筋位置处，按平截面假设确定的初始应变值；当新增主筋与原主筋的连接采用短钢筋焊接时，可近似取 $h_{01} = h_0$，$\varepsilon_{s1} = \varepsilon_{s0}$；

　　$M_{0k}$——加固前受弯构件验算截面上原作用的弯矩标准值；

　　$\varepsilon_{s0}$——加固前，在初始弯矩 $M_{0k}$ 作用下原受拉钢筋的应变值。

当按式（7-2）及式（7-3）算得的加固后混凝土受压区高度 $x$ 与加固前原截面有效高度 $h_{01}$ 之比 $x/h_{01}$ 大于原截面相对界限受压区高度 $\xi_{b0}$ 时，应考虑原纵向受拉钢筋应力 $\sigma_{s0}$ 尚达不到 $f_{y0}$ 的情况。此时，应将式中的 $f_{y0}$ 改为 $\sigma_{s0}$，并重新进行验算。验算时，$\sigma_{s0}$ 值为

$$\sigma_{s0} = \left(\frac{0.8 h_{01}}{x} - 1\right) \varepsilon_{cu} E_s \leqslant f_{y0} \qquad (7-8)$$

若 $\sigma_{s0} < f_{y0}$，则按此验算结果确定加固钢筋用量；若 $\sigma_{s0} \geqslant f_{y0}$，则表示原计算结果无须变动。

3. 受弯构件斜截面加固计算

对受剪截面限制条件的规定与《混凝土结构设计规范》(GB 50010) 完全一致，而从增大截面构件的荷载试验过程来看，增大截面还有助于减缓斜裂缝宽度的发展，特

别是围套法更为有利，因此受弯构件加固后的斜截面应符合下列条件

$$当 h_w/b \leqslant 4 时 \quad V \leqslant 0.25\beta_c f_c bh_0$$

$$当 h_w/b \geqslant 6 时 \quad V \leqslant 0.2\beta_c f_c bh_0$$

$$(7-9)$$

当 $4 < h_w/b < 6$ 时，按线性内插法确定。

式中　$V$——构件加固后的剪力设计值；

$\beta_c$——混凝土强度影响系数，按《混凝土结构设计规范》(GB 50010) 的规定值采用；

$b$——矩形截面的宽度或 T 形、I 形截面的腹板宽度；

$h_w$——截面的腹板高度。

采用增大截面法加固受弯构件时，其斜截面受剪承载力可按以下公式确定：

（1）当受拉区增设配筋混凝土层，并采用 U 形箍筋逐个焊接时

$$V \leqslant 0.7f_{t0}bh_{01} + 0.7\alpha_c f_t b(h_0 - h_{01}) + 1.25f_{yv0}\frac{A_{sv0}}{s_0}h_0 \qquad (7-10)$$

（2）当增设钢筋混凝土三面围套，并采用加锚式或铰锚式箍筋时

$$V \leqslant 0.7f_{t0}bh_{01} + 0.7\alpha_c f_t A_c + 1.25\alpha_s f_{yv}\frac{A_{sv}}{s}h_0 + 1.25f_{yv0}\frac{A_{sv0}}{s_0}h_{01} \qquad (7-11)$$

式中　$\alpha_c$——新增混凝土强度利用系数，取 $\alpha_c=0.7$；

$f_t$、$f_{t0}$——新、旧混凝土轴心抗拉强度设计值；

$A_c$——三面围套新增混凝土截面面积；

$\alpha_s$——新增箍筋强度利用系数，取 $\alpha_s=0.9$；

$f_{yv}$、$f_{yv0}$——新增箍筋和原箍筋的抗拉强度设计值；

$A_{sv}$、$A_{sv0}$——同一截面内新箍筋各肢截面面积之和及原箍筋各肢截面面积之和；

$s$、$s_0$——新增箍筋和原箍筋沿构件长度方向的间距。

斜截面受剪承载力的计算与原规范比较，主要有三点不同：①将新、旧混凝土上的斜截面受剪承载力分开计算，并给出了具体公式；②新、旧混凝土的抗拉强度设计值分别按《混凝土结构加固设计规范》(GB 50367) 和现行《混凝土结构设计规范》(GB 50010) 的规定取用；③按试验和分析结果重新确定了混凝土和钢筋的强度利用系数。经试算，按照上面公式计算的斜截面承载力，其安全储备有所提高。轴心受压构件增大截面加固如图 7-3 所示。

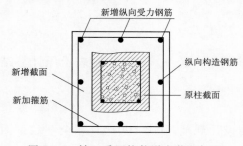

图 7-3　轴心受压构件增大截面加固

### 7.1.3　植筋法

植筋加固技术是根据结构的受力特点，确定钢筋的数量、规格、位置，在旧构件上经过钻孔、清孔、注入植筋胶黏剂，再插入所需钢筋，使钢筋与混凝土通过结构胶黏结在一起，然后浇筑新混凝土，从而完成新旧钢筋混凝土的有效连接，达到共同作用、整体受力的目的。

植筋技术适用于钢筋混凝土结构构件的锚固；不适用于素混凝土构件，包括纵向受力钢筋配筋率低于最小配筋百分率规定的构件锚固。素混凝土构件及低配筋率构件的植筋应按锚栓进行设计计算。

植筋加固技术不仅具有施工方便、工作面小、工作效率高的特点，而且还具有适应性强、适用范围广、锚固结构的整体性能良好、价格低廉等优点，因此被广泛应用于基础结构加固及混凝土的补强工程中。

由于在钢筋混凝土结构上植筋锚固不必再进行大量的开凿挖洞，只需要在植筋部位钻孔后，利用化学锚固剂作为钢筋与混凝土的胶黏剂就能保证钢筋与混凝土的良好黏结，因而减轻了对原有结构构件的损伤，也减少了加固改造工程的工程量。又因植筋胶对钢筋的锚固作用不是靠锚筋与基材的胀压与摩擦产生的力，而是利用其自身黏结材料的锚固力，使锚杆与基材有效地锚固在一起，产生的黏结强度与机械咬合力来承受受拉荷载，当植筋达到一定的锚固深度后，植入的钢筋就具有很强的抗拔力，从而保证了锚固强度。

1. 技术要求

（1）采用植筋技术时，原构件的混凝土强度等级不得低于 C20，其锚固部位的原构件混凝土不得有局部缺陷。若有局部缺陷，应先进行补强或加固处理后再植筋。

（2）种植用的钢筋，应采用质量和规格符合《混凝土结构加固设计规范》（GB 50367）第 4 章规定的带肋钢筋。

（3）植筋用的胶黏剂必须采用改性环氧类或改性乙烯基酯类（包括改性氨基甲酸酯）胶黏剂。当植筋的直径大于 22mm 时，应采用 A 级胶。

（4）采用植筋锚固的混凝土结构，其长期使用的环境温度不应高于 60℃。处于特殊环境（如高温、高湿、腐蚀介质等）的混凝土结构采用植筋技术时，除应按国家现行有关标准的规定采取相应的防护措施外，还应采用耐环境因素作用的胶黏剂。

2. 锚固计算

承重构件的植筋锚固设计应在计算和构造上防止混凝土发生劈裂破坏。植筋按仅承受轴向力考虑，且仅允许按充分利用钢材强度的计算模式进行设计。

单根植筋锚固的承载力设计值计算公式为

$$N_t^b = f_y A_s \tag{7-12}$$

式中　$N_t^b$——植筋钢材轴向受拉承载力设计值；

$\quad\quad f_y$——植筋用钢筋的抗拉强度设计值；

$\quad\quad A_s$——钢筋截面面积。

植筋锚固深度设计值计算公式为

$$l_d \geqslant \psi_N \psi_{ae} l_s \tag{7-13}$$

$$l_s = 0.2 \alpha_{spt} d f_y / f_{bd} \tag{7-14}$$

$$\psi_N = \psi_{br} \psi_w \psi_T \tag{7-15}$$

式中　$l_d$——植筋锚固深度设计值；

$\quad\quad l_s$——植筋的基本锚固深度；

$\quad\quad \psi_N$——考虑各种因素对植筋受拉承载力影响而需加大锚固深度的修正数；

$\quad\quad \psi_{ae}$——考虑植筋位移延性要求的修正系数；当混凝土强度等级低于 C30 时，对 6 度区及 7 度区一类、二类场地，取 $\psi_{ae}=1.1$；对 7 度区三类、四类场地及 8 度区，取 $\psi_{ae}=1.25$；当混凝土强度等级高于 C30 时，取 $\psi_{ae}=1.0$；

$\quad\quad \alpha_{spt}$——防止混凝土劈裂引用的计算系数，按表 7-2 确定；

$\quad\quad d$——植筋公称直径；

$\quad\quad f_{bd}$——植筋用胶黏剂的黏结强度设计值，按表 7-3 确定；

$\quad\quad \psi_{br}$——考虑结构构件受力状态对承载力影响的系数，当为悬挑结构构件时，$\psi_{br}=1.5$；当为非悬挑的重要构件接长时，$\psi_{br}=1.15$；当为其他构件时，$\psi_{br}=1.0$；

$\quad\quad \psi_w$——混凝土孔壁潮湿影响系数，对耐潮湿型胶黏剂，按产品说明书的规定值采用，但不得低于 1.1；

$\quad\quad \psi_T$——使用环境的温度（$T$）影响系数；当 $T \leqslant 60℃$ 时，取 $\psi_T=1.0$；当 $60℃ < T \leqslant 80℃$ 时，应采用耐中温胶黏剂，并应按产品说明书规定的折算值采用；当 $T > 80℃$ 时，应采用耐高温胶黏剂，并应采取有效的隔热措施。

**表 7-2　考虑混凝土劈裂影响的计算系数 $\alpha_{spt}$**

| 混凝土保护层厚度 $c$/mm | | 25 | | 30 | | 35 | 240 |
|---|---|---|---|---|---|---|---|
| 箍筋设置情况 | 直径 $\varphi$/mm | 6 | 8 或 10 | 6 | 8 或 10 | >6 | >6 |
| | 间距 $s$/mm | 在植筋锚固深度范围内，$s \leqslant 100$mm | | | | | |
| 植筋直径 $d$/mm | <20 | 1.0 | | 1.0 | | 1.0 | 1.0 |
| | 25 | 1.1 | 1.05 | 1.05 | 1.0 | 1.0 | 1.0 |
| | 32 | 1.25 | 1.15 | 1.15 | 1.1 | 1.1 | 1.05 |

**注**：当植筋直径介于表列数值之间时，可按线性内插法确定 $\alpha_{spt}$。

表 7-3　黏结强度设计值 $f_{bd}$

| 胶黏剂等级 | 构造条件 | 混凝土强度等级 | | | | |
|---|---|---|---|---|---|---|
| | | C20 | C25 | C30 | C40 | ≥C60 |
| A 级胶或 B 级胶 | 2.5d | 2.3 | 2.7 | 3.4 | 3.6 | 4.0 |
| A 级胶 | 3.0d | 2.3 | 2.7 | 3.6 | 4.0 | 4.5 |
| | 3.5d | 2.3 | 2.7 | 4.0 | 4.5 | 5.0 |

注：1. 当使用表中的 $f_{bd}$ 值时，其构件的混凝土保护层厚度应不低于《混凝土结构设计规范》（GB 50010）的规定值。

2. 表中 $s_1$ 为植筋间距；$s_2$ 为植筋边距。

3. 表中 $f_{bd}$ 仅适用于带肋钢筋的黏结锚固。

当按构造要求植筋时，其锚固深度、与新增纵筋的搭接长度、搭接部位的净间距等均应符合《混凝土结构加固设计规范》（GB 50367）的有关规定。

一般在原结构上新增钢筋的位置设计十分重要，既要满足要求，又要保证有植筋的可能，往往要避开原结构主筋，又要达到锚固深度和布筋的要求。对于植筋的间距和混凝土的边距也要适当考虑，否则也会达不到要求。总之，在植筋时，应尽量结合现场实际情况，采取设计与施工相结合的措施，才能解决事前意想不到的问题。

3. 构造要求

当按构造要求植筋时，其应符合下列构造要求：

（1）受拉钢筋锚固：取 $0.3l_s$、$10d$、100mm 中的最大值。

（2）受压钢筋锚固：取 $0.6l_s$、$10d$、100mm 中的最大值。

注意：对悬挑结构、构件最小锚固长度 $l_{min}$ 还应乘以 1.5 的修正系数。

当所植钢筋与原钢筋搭接（图 7-4）时，其受拉搭接长度应根据位于同一连接区段内的钢筋搭接接头面积百分率计算，即

$$l_1 = \xi l_d \qquad\qquad (7-16)$$

式中　$\xi$——受拉钢筋搭接长度修正系数，按表 7-4 取值。

表 7-4　纵向受拉钢筋搭接长度修正系数

| 纵向受拉钢筋搭接接头面积百分率/% | ≤25 | 50 | 100 |
|---|---|---|---|
| $\xi$ | 1.2 | 1.4 | 1.6 |

注：1. 钢筋搭接接头面积百分率定义按《混凝土结构设计规范》（GB 50010）的规定采用。

2. 当实际搭接接头面积百分率介于表列数值之间时，按线性内插法确定 $\xi$ 值。

3. 对梁类构件，受拉钢筋搭接接头面积百分率不应超过 50%。

当植筋搭接部位的箍筋间距 $s$ 不符合表 7-2 的规定时，应进行防劈裂加固。此时，可采用纤维织物复合材料的围束作为原构件的附加箍筋进行加固。围束可采用宽度为 150mm、厚度不小于 0.111mm 的条带缠绕而成，缠绕时，围束间应无间隔，且每一围束，其所粘贴的条带不应少于 3 层。对方形截面还应打磨棱角，若采用纤维织物复合材料的围束有困难，也可剔去原构件混凝土保护层，增设新箍筋（或钢箍板）

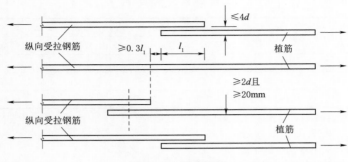

图 7 - 4　钢筋搭接

进行加密（或增强）后再植筋。

新植钢筋与原有钢筋在搭接部位的净间距应按图 7 - 4 的标示值确定。若净间距超过 $4d$ 则搭接长度应增加 $2d$，但净间距不得大于 $6d$。

用于植筋的钢筋混凝土构件，其最小厚度 $l_{\min}$ 应符合

$$l_{\min} \geqslant l_d + 2D \tag{7-17}$$

式中　$D$——钻孔直径，应按表 7 - 5 确定。

表 7 - 5　植筋直径与对应的钻孔直径设计值

| 钢筋直径 $d$/mm | 钻孔直径设计值 $D$/mm | 钢筋直径 $d$/mm | 钻孔直径设计值 $D$/mm |
|---|---|---|---|
| 12 | 15 | 22 | 28 |
| 14 | 18 | 25 | 31 |
| 16 | 20 | 28 | 35 |
| 18 | 22 | 32 | 40 |
| 20 | 25 | | |

植筋时，其钢筋宜先焊后种植；若有困难必须后焊时，其焊点距基材混凝土表面应大于 $15d$ 且应采用冰水浸渍的湿毛巾包裹植筋外露部分的根部。

4. 施工工艺

风电机组基础长期受结构动荷载作用，应选用高性能黏结剂。如使用环氧基锚固胶，锚固胶性能指标应符合《混凝土结构后锚固技术规程》(JGJ 145) 规定。用冲击钻钻孔，钻头直径应比钢筋直径大 4~8mm，钻孔深度符合《混凝土结构加固设计规范》(GB 50367) 中提供植筋基本锚固长度要求。洗孔是植筋中最重要的环节之一，因为孔钻完后内部会有很多混凝土灰渣垃圾，直接影响植筋质量，所以孔洞应清理干净。可用空压机吹出浮尘，保证孔内干燥无积水。

清孔完成后方可注胶，灌注方式应不妨碍孔洞中的空气排出。锚固胶要选用合格植筋专用胶水，使钢筋植入后孔内胶液饱满，又不能使胶液大量外流，以少许黏结剂

外溢为宜，孔内注胶达到孔深 1/3。

孔内注完胶后应立即植筋。将钢筋缓慢插入孔内，同时要求钢筋旋转，使结构胶从孔口溢出，排出孔内空气，钢筋外露部分长度应保证工程需要。植筋施工完毕后 24h 之内严禁有任何扰动，以保证结构胶正常固化。

### 7.1.4 锚栓法

#### 7.1.4.1 技术要求

锚栓技术适用于普通混凝土承重结构；不适用于轻质混凝土结构及严重风化的结构。混凝土结构采用锚栓技术时，其混凝土强度等级：对重要构件不应低于 C30 级；对一般构件不应低于 C20 级。承重结构用的锚栓，应采用有机械锁键效应的后扩底锚栓（图 7-5），也可采用适应开裂混凝土性能的定型化学锚栓。当采用定型化学锚栓时，其产品说明书标明的有效锚固深度为：对承受拉力的锚栓，不得小于 $8.0d_0$（$d_0$ 为锚栓公称直径）；对承受剪力的锚栓，不得小于 $6.5d_0$。

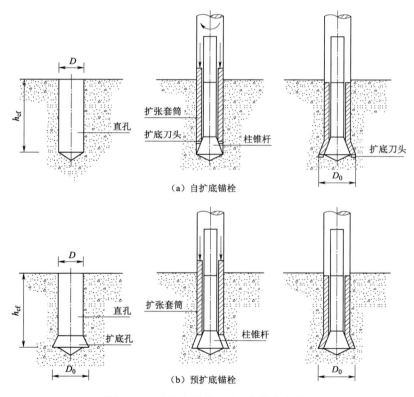

图 7-5 后扩底锚栓（$D_0$ 为扩底直径）

当化学锚栓产品说明书标明的有效锚固深度大于 $10d_0$ 时，应按植筋的设计规定核算其承载力。

在考虑地震作用的结构中，严禁采用膨胀型锚栓作为承重构件的连接件。当在地震区承重结构中采用锚栓时，应采用加长型后扩底锚栓，且仅允许用于抗震设防烈度不高于 8 度，建于 Ⅰ 类、Ⅱ 类场地的建筑物；定型化学锚栓仅允许用于设防烈度不高于 7 度的建筑物。承重结构锚栓连接的设计计算应采用开裂混凝土的假定；不得考虑非开裂混凝土对其承载力的提高作用。

### 7.1.4.2　连接计算

1. 基本条件

锚栓连接计算基本假定条件如下：

（1）被连接件与基材结合面受力变形后仍保持为平面，锚板平面外弯曲变形可忽略不计。

（2）锚栓本身不传递压力，锚固连接的压力应通过被连接件的锚板直接传给基材。

（3）群锚锚栓内力按弹性理论计算；当锚栓钢材的性能等级不大于 5.8 级且锚固破坏为锚栓钢材破坏时，可考虑塑性应力重分布计算。

（4）锚栓内力可采用有限单元法进行计算。计算时，混凝土的材料性能指标可按《混凝土结构设计规范》（GB 50010）的有关规定取用，锚栓可采用实测的荷载—变形曲线。锚板平面外弯曲变形不可忽略时，应考虑该弯曲变形的影响。

（5）当锚固区基材满足《混凝土结构后锚固技术规程》（JGJ 145）中式（5.1.3）时，宜判定为不开裂混凝土，否则宜判定为开裂混凝土。

（6）锚板厚度应按《钢结构设计规范》（GB 50017）进行设计，且不宜小于锚栓直径的 0.6 倍；受拉和受弯铺板的厚度还应大于锚栓间距的 1/8；外围锚栓孔至锚板边缘的距离不应小于 2 倍的锚栓孔直径和 20mm。

（7）群锚的内力计算分为群锚受拉内力计算和群锚受剪内力计算两部分。

2. 受拉承载力计算

（1）机械锚栓。机械锚栓后锚固连接受拉承载力应按照钢材破坏、混凝土锥体破坏、混凝土劈裂破坏等 3 种破坏类型，以及单锚与群锚两种锚固连接方式，按照下列要求分别计算。

1）单一锚栓受拉承载力应符合

$$N_{sd} \leqslant N_{Rd,s} \tag{7-18}$$

$$N_{sd} \leqslant N_{Rd,p} \tag{7-19}$$

$$N_{sd} \leqslant N_{Rd,c} \tag{7-20}$$

$$N_{sd} \leqslant N_{Rd,sp} \tag{7-21}$$

2）群锚受拉承载力应符合

$$N_{sd}^{h} \leqslant N_{Rd,s} \tag{7-22}$$

$$N_{sd}^{g} \leqslant N_{Rd,c} \tag{7-23}$$

$$N_{sd}^{g} \leqslant N_{Rd,sp} \tag{7-24}$$

式中　$N_{sd}$——单一锚栓拉力设计值，N；

$N_{sd}^{h}$——群锚中拉力最大锚栓的拉力设计值，N；

$N_{sd}^{g}$——群锚受拉区总拉力设计值，N；

$N_{Rd,s}$——锚栓钢材破坏受拉承载力设计值，N；

$N_{Rd,c}$——混凝土锥体破坏受拉承载力设计值，N；

$N_{Rd,sp}$——混凝土劈裂破坏受拉承载力设计值，N。

3）钢材破坏。机械锚栓钢材破坏受拉承载力设计值计算按《混凝土结构后锚固技术规程》(JGJ 145) 6.1.2 条计算。

4）混凝土锥体破坏。单锚或群锚混凝土锥体受拉破坏是后锚固破坏的基本形式，特别是膨胀型锚栓和扩底型锚栓。机械锚栓混凝土锥体破坏受拉承载力设计值按《混凝土结构后锚固技术规程》(JGJ 145) 6.1.3 条计算。

5）混凝土劈裂破坏。锚栓安装过程中不产生劈裂破坏的最小边距 $c_{min}$、最小间距 $s_{min}$ 及基材最小厚度 $h_{min}$ 应根据锚栓产品的认证报告确定；无认证报告时，在符合相应产品标准及本规程有关规定情况下可按下列规定取用：①取 $h_{min} = 2h_{ef}$，且 $h_{min} \geqslant$ 100mm；②当为膨胀型锚栓时，取 $c_{min} = 2h_{ef}$，取 $s_{min} = h_{ef}$；③当为扩底型锚栓时，取 $c_{min} = h_{ef}$，取 $s_{min} = h_{ef}$。

当满足下列条件之一时，可不考虑荷载条件下的劈裂破坏：①$c \geqslant 1.5c_{cr,sp}$，且 $h \geqslant 2h_{ef}$。$c_{cr,sp}$ 为基材混凝土劈裂破坏的临界边距，应根据锚栓产品的认证报告确定；无认证报告时，在符合相应产品标准及本规程有关规定情况下，扩底型锚栓可取为 $2h_{ef}$，膨胀型锚栓可取为 $3h_{ef}$；②采用适用于开裂混凝土的锚栓，按照开裂混凝土计算承载力，且考虑劈裂力时基材裂缝宽度不大于 0.3mm。

当不满足不考虑荷载条件下的劈裂破坏条件时，应按照《混凝土结构后锚固技术规程》(JGJ 145) 6.1.12 条规定计算混凝土劈裂破坏承载力设计值。

（2）化学锚栓。化学锚栓受拉承载力应按锚栓钢材破坏、混合破坏、混凝土锥体破坏、混凝土劈裂破坏等 4 种破坏类型，以及单锚与群锚两种锚固连接方式，按照下列要求进行计算：

1）单一锚栓受拉承载力应符合式（7-18）～式（7-21）。

2）群锚受拉承载力应符合式（7-22）～式（7-24）。

3）钢材破坏。化学锚栓钢材破坏受拉承载力设计值计算按《混凝土结构后锚固技术规程》(JGJ 145) 6.2.3 条计算。

4）混凝土锥体破坏。化学锚栓混凝土锥体破坏受拉承载力设计值按《混凝土结构后锚固技术规程》(JGJ 145) 6.2.3 条计算。

5) 混合破坏。普通化学锚栓发生混合破坏时，其受拉承载力相关计算详见《混凝土结构后锚固技术规程》(JGJ 145) 6.2.2 条及 6.2.4 条。

6) 混凝土劈裂破坏。基材混凝土劈裂破坏分两种情况：一种发生在锚栓安装阶段，主要由预紧力引起；另一种发生在使用阶段，主要是外荷载所造成。究其根源，是由膨胀侧压力所致。

锚栓安装过程中不产生劈裂破坏的最小边距 $c_{min}$、最小间距 $s_{min}$ 及基材最小厚度 $h_{min}$ 应根据锚栓产品的认证报告确定；无认证报告时，在符合相应产品标准及本规程有关规定情况下可按下列规定取用：①取 $c_{min} = h_{ef}$；②取 $s_{min} = h_{ef}$；③取 $h_{min} = 2h_{ef}$。

当满足下列条件之一时，可不考虑荷载条件下的劈裂破坏：①$c \geqslant 1.5c_{cr,sp}$，且 $h \geqslant 2h_{min}$，$c_{cr,sp}$ 为基材混凝土劈裂破坏的临界边距，取 $c_{cr,sp} = 2h_{ef}$；②采用适用于开裂混凝土的锚栓，按照开裂混凝土计算承载力，且考虑劈裂力时基材裂缝宽度不大于 0.3mm。

当不满足不考虑荷载条件下的劈裂破坏条件时，应按照《混凝土结构后锚固技术规程》(JGJ 145) 6.2.15 条规定计算混凝土劈裂破坏承载力设计值。

3. 受剪承载力计算

(1) 机械锚栓。机械锚栓后锚固连接受剪承载力应按锚栓钢材破坏、混凝土剪撬破坏、混凝土边缘楔形体破坏等 3 种破坏类型，以及单锚与群锚两种锚固方式，共计 6 种情况分别计算。

1) 单一锚栓受剪承载力应符合式 (7-18) ～式 (7-21)。

2) 群锚受剪承载力应符合式 (7-22) ～式 (7-24)。

3) 锚栓钢材受剪。锚栓钢材受剪破坏分为纯剪破坏和拉、弯、剪的复合受力两种情况。

对于有杠杆臂拉、弯、剪复合受力，以及无杠杆臂的纯剪，应按《混凝土结构后锚固技术规程》(JGJ 145) 6.1.14 条的相关规定进行计算。

4) 混凝土边缘楔形体破坏。混凝土边缘楔形体破坏时的受剪承载力计算按《混凝土结构后锚固技术规程》(JGJ 145) 6.1.15～6.1.25 条的相关规定计算。

5) 混凝土剪撬破坏。基材混凝土剪撬破坏主要发生在中心受剪（$c \geqslant 10h_{ef}$）之短粗锚栓埋深较浅的情况，系剪力反方向混凝土被锚栓撬坏，承载力计算按《混凝土结构后锚固技术规程》(JGJ 145) 6.1.26 条计算。混凝土剪撬破坏，群锚在剪力和扭矩作用下，各锚栓所受剪力方向相反时，应分别验算单根锚栓剪撬破坏承载力，计算方法参照《混凝土结构后锚固技术规程》(JGJ 145) 6.1.27 条的相关规定计算。

(2) 化学锚栓。化学锚栓受剪承载力计算如下：

1) 单一锚栓受剪承载力应符合式 (7-18) ～式 (7-21)。

2) 群锚受剪承载力应符合式 (7-22) ～式 (7-24)。

3) 锚栓钢材受剪。化学锚栓钢材破坏受剪承载力设计值应按《混凝土结构后锚固技术规程》(JGJ 145) 6.1.14 条的相关规定计算。

4) 混凝土边缘破坏受剪。化学锚栓混凝土边缘破坏受剪承载力可参考《混凝土结构后锚固技术规程》(JGJ 145) 6.2.18～6.2.21 条的相关规定计算。

5) 混凝土剪撬破坏。混凝土剪撬破坏应按照《混凝土结构后锚固技术规程》(JGJ 145) 6.1.26 条和 6.1.27 条的规定进行计算。对于普通化学锚栓,应根据混合破坏受拉承载力标准值及混凝土锥体破坏受拉承载力标准值,采用《混凝土结构后锚固技术规程》(JGJ 145) 中的式 (6.1.26-1) 与式 (6.1.26-2) 分别计算混凝土剪撬破坏受剪承载力设计值,并应取两者的较小值作为普通化学锚栓混凝土剪撬破坏受剪承载力设计值。

4. 拉剪复合受力承载力计算

弹性设计时,拉剪复合受力下,机械锚栓及化学锚栓的钢材破坏承载力和混凝土破坏承载力计算公式相同。

弹性设计时,拉剪复合受力下,锚栓钢材破坏承载力计算公式按《混凝土结构后锚固技术规程》(JGJ 145) 6.1.28 条计算,混凝土破坏承载力按《混凝土结构后锚固技术规程》(JGJ 145) 6.1.29 条计算。

5. 抗震承载力验算

(1) 后锚固技术适用于设防烈度 8 度及 8 度以下地区以钢筋混凝土、预应力混凝土为基材的后锚固连接。在承重结构中采用后锚固技术时宜采用植筋,设防烈度不高于 8 度 (0.2$g$) 的建筑物,可采用后扩底锚栓和特殊倒锥形化学锚栓。

后扩底锚栓和特殊倒锥形化学锚栓应用范围限制在抗震设防烈度 8 度 (0.2$g$) 及以下,主要是参考了《混凝土结构加固设计规范》(GB 50367) 的有关规定。

(2) 抗震设防区结构构件连接时,膨胀型锚栓不应作为受拉、边缘受剪和拉剪复合受力连接件。

(3) 在抗震设防区应用的锚栓应符合下列规定:

1) 应采用适用于开裂混凝土的锚栓,并应进行裂缝反复开合下锚栓承载能力检测。

2) 应进行抗震性能适用检测。

(4) 机械锚栓的抗震性能应符合《混凝土用膨胀型、扩孔型建筑锚栓》(JG 160) 的有关规定。

(5) 化学锚栓的抗震性能应按《混凝土结构后锚固技术规程》(JGJ 145) 附录 B 的规定进行检验,并应符合下列规定:

1) 抗拉锚固系数 $\alpha \geqslant 0.8$,滑移系数 $\gamma \geqslant 0.7$,抗拉承载力变异系数 $\nu_N \leqslant 0.3$。

2) 剩余抗剪承载力与 C25 非开裂混凝土下基本抗剪性能试验的抗剪承载力平均值的比值不应小于 0.8。

第 7 章　风电机组混凝土基础结构修复加固

(6) 锚栓螺杆的抗拉强度实测值与屈服强度实测值的比值不应小于 1.25，屈服强度实测值与屈服强度标准值的比值不应大于 1.3，且在最大拉力下的总伸长率实测值不应小于 9%。

(7) 后锚固连接不应位于基材混凝土结构塑性铰区。

(8) 后锚固连接破坏应控制为锚栓钢材受拉延性破坏或连接构件延性破坏。

(9) 后锚固连接抗震验算时，混凝土基材应按开裂混凝土计算。

(10) 锚固连接地震作用内力计算应按《建筑抗震设计规范》(GB 50011) 进行；地震作用下锚固连接承载力的计算应根据《混凝土结构后锚固技术规程》(JGJ 145) 4.3.5 条考虑锚固承载力降低系数。

(11) 后锚固连接控制为锚栓钢材受拉延性破坏时，应满足下列要求：

1) 单个锚栓要求

$$kN_{\mathrm{Rk,min}} \geqslant 1.2 \frac{f_{\mathrm{stk}}}{f_{\mathrm{yk}}} N_{\mathrm{Rk,s}} \qquad (7-25)$$

群锚要求

$$\frac{f_{\mathrm{yk}} N_{\mathrm{sk}}^{\mathrm{h}}}{1.2 f_{\mathrm{stk}} N_{\mathrm{Rk,s}}} \geqslant \frac{N_{\mathrm{sk}}^{\mathrm{g}}}{kN_{\mathrm{Rk,min}}} \qquad (7-26)$$

式中　$N_{\mathrm{Rk,s}}$——锚栓钢材破坏受拉承载力标准值；

$N_{\mathrm{Rk,min}}$——混凝土破坏受拉承载力标准值，取 $N_{\mathrm{Rk,c}}$、$N_{\mathrm{Rk,sp}}$、$N_{\mathrm{Rk,p}}$ 的最小值；

$N_{\mathrm{sk}}^{\mathrm{h}}$——群锚中拉力最大锚栓的拉力标准值；

$N_{\mathrm{sk}}^{\mathrm{g}}$——群锚受拉区总拉力标准值；

$k$——地震作用下锚固承载力降低系数。

2) 锚栓应具有不小于 $8d$ 的延性伸长段，并应采取措施保证不发生屈曲破坏。

3) 锚栓采用非全螺纹螺杆且螺纹部分未采用镦粗等工艺增强时，螺杆极限抗拉强度应大于屈服强度的 1.3 倍；采用镦粗等工艺增强的螺纹长度不应计入延性伸长段。

(12) 后锚固连接控制为连接构件延性破坏时，应满足《混凝土结构后锚固技术规程》(JGJ 145) 8.2.3 条规定。

### 7.1.4.3　构造要求

1. 混凝土基材

混凝土基材的厚度 $h$ 应符合下列规定：

(1) 对于膨胀型锚栓和扩底型锚栓，$h \geqslant 2h_{\mathrm{ef}}$，且 $h \geqslant 100\mathrm{mm}$。$h_{\mathrm{ef}}$ 为锚栓的有效埋置深度。

(2) 对于化学锚栓，$h \geqslant h_{\mathrm{ef}} + 2d_0$，且 $h > 100\mathrm{mm}$。$d_0$ 为钻孔直径。

2. 锚栓及锚栓布置

(1) 群锚锚栓最小间距 $s$ 和最小边距 $c$ 应根据锚栓产品的认证报告确定；当无认

证报告时，应符合表 7 - 6 的规定。锚栓最小边距 $c$ 还应不小于最大骨料粒径的 2 倍。

表 7 - 6　锚栓最小间距 $s$ 和最小边距 $c$

| 锚　栓　类　型 | 最小间距 $s$ | 最小边距 $c$ | 锚　栓　类　型 | 最小间距 $s$ | 最小边距 $c$ |
|---|---|---|---|---|---|
| 位移控制式膨胀型锚栓 | $6d_{nom}$ | $10d_{nom}$ | 扩底型锚栓 | $6d_{nom}$ | $6d_{nom}$ |
| 扭矩控制式膨胀型锚栓 | $6d_{nom}$ | $8d_{nom}$ | 化学锚栓 | $6d_{nom}$ | $6d_{nom}$ |

注：$d_{nom}$ 为锚栓外径。

（2）锚栓不应布置在混凝土保护层中，有效锚固深度 $h_{ef}$ 不应包括装饰层或抹灰层。

（3）承重结构用的锚栓，其公称直径不应小于 12mm，锚固深度 $h_{ef}$ 不应小于 60mm。

（4）承受扭矩的群锚应采用胶黏剂将锚板上的锚栓孔间隙填充密实。

（5）锚板孔径 $d_f$ 应满足表 7 - 7 的要求。

表 7 - 7　锚板孔径及最大间隙允许值　　　　　　　　　　　　　　　单位：mm

| 锚栓 $d$ 或 $d_{nom}$ | 6 | 8 | 10 | 12 | 14 | 16 | 18 | 20 | 22 | 24 | 27 | 30 |
|---|---|---|---|---|---|---|---|---|---|---|---|---|
| 锚板孔径 $d_f$ | 7 | 9 | 12 | 14 | 16 | 18 | 20 | 22 | 24 | 26 | 30 | 33 |
| 最大间隙 $[\triangle]$ | 1 | 1 | 2 | 2 | 2 | 2 | 2 | 2 | 2 | 2 | 3 | 3 |

（6）化学锚栓的最小锚固深度应满足表 7 - 8 的要求。

表 7 - 8　化学锚栓最小锚固深度　　　　　　　　　　　　　　　　单位：mm

| 化学锚栓的直径 $d$ | 最小锚固深度 | 化学锚栓的直径 $d$ | 最小锚固深度 |
|---|---|---|---|
| ≤10 | 60 | 20 | 90 |
| 12 | 70 | ≥24 | 4d |
| 16 | 80 | | |

（7）锚栓的防腐锈蚀标准应高于被固定物的防腐锈蚀要求。

3．抗震构造措施

（1）抗震锚固连接锚栓的最小有效锚固相对深度宜满足表 7 - 9 的规定；当有充分试验依据及可靠工程经验并经国家指定机构认证许可时，可不受其限制。

表 7 - 9　锚栓最小有效锚固相对深度 $h_{ef,min}/d$

| 锚栓类型 | 设防烈度 | $h_{ef,min}/d$ |
|---|---|---|
| 扩底型锚栓 | 6 | 4 |
| | 7 | 5 |
| | 8 | 6 |
| 膨胀型锚栓 | 6 | 5 |
| | 7 | 6 |
| | 8 | 7 |

续表

| 锚栓类型 | 设防烈度 | $h_{ef,min}/d$ |
|---|---|---|
| 普通化学锚栓 | 6～8 | 7 |
| 特殊倒锥形化学锚栓 | 6～8 | 6 |

（2）新建工程采用锚栓锚固连接时，可在锚固区预设钢筋网，钢筋直径不应小于 8mm。重要的锚固钢筋间距不应大于 100mm；一般的锚固钢筋间距不宜大于 150mm。

### 7.1.5　灌浆法

1. 概述

如果不需要增加构件强度仅进行修补时，通常采用环氧树脂灌浆修补，灌入裂缝中的环氧树脂可将构件恢复到开裂前的状况。环氧树脂结合层的抗拉强度比基层混凝土高，因此在同样的荷载水平下，原来开裂的基层混凝土截面就会被破坏。因此，就环氧树脂灌浆来说，它本身并不是一种加固方法，但可作为恢复结构截面原有强度的一种手段。在环氧树脂灌浆的同时，横跨裂缝破坏面额外加筋可起到加固的作用。目前，采用外加筋和内加筋结合环氧树脂灌浆是加固和修补最为常用的方法。

（1）灌浆法选用的材料：①对宽度为 0.013mm 的窄裂缝，通行的方法是采用环氧树脂灌浆；②对宽度更小的裂缝，可采用环氧树脂或灌注其他低黏度（200cps）的聚合物。

（2）灌浆法施工时应注意以下问题：

1）当温度较高时，需特别重视黏接强度的问题。因为当持续升温或过火时，环氧树脂及其他树脂的强度会急剧丧失，所以在采用环氧树脂进行结构修补时，必须采取防火措施。

2）某些疏水性环氧树脂在灌入含水或潮湿的裂缝中后，在固化过程中会出现一层乳白色胶层。因此，在使用前应进行评估，具体方法是在预湿裂缝中灌入待检环氧树脂，固化后钻取固化环氧树脂芯样进行分析、鉴别，以确定该环氧树脂的疏水性。

3）灌浆法修补中还应考虑混凝土的温度，使用温度变化可能引起环氧树脂黏接面上的应力波动。在适宜温度下灌注裂缝可最大限度地降低热应力的波动。温度周期性变化可能会在环氧树脂中产生内应力，所以使用时应考虑环氧树脂的性质，如抗徐变及弹性模量等。

2. 灌浆工艺

裂缝和基础环间隙对风电机组基础承载能力有一定的影响，且会造成渗漏和结构耐久性的降低，因此需进行处理，以恢复结构的整体性、耐久性和抗渗性。灌浆孔主要布置在主风向和背风向位置，孔深必须达到基础环下的法兰位置。需要妥善选择钻孔位置，并选择合适的取芯直径，严格避免对钢筋和基础环造成破坏。基础环接缝位置灌浆处理示意图如图 7-6 所示。

　　钻孔后必须采用高压气吹出粉状物，并保证孔内填充区域干燥；注浆材料采用环氧树脂浆材，浆液严格按照产品说明建议的配合比配制，且充分搅拌均匀。

　　基础环和裂缝灌浆必须保证被灌的空腔和裂缝完全填充。施工过程中应对化学灌浆材料和各道工序的质量进行检测和记录，灌浆质量检测可采用钻孔检查等方法。

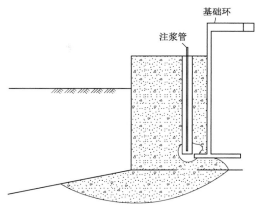

图 7-6　基础环接缝位置灌浆处理示意图

## 7.1.6　其他结构基础环约束加固方法

### 1. 体外预应力法

　　风电机组基础台柱体外预应力法是一种常用的加固方式。通过预应力作用可以显著提升台柱环向配筋率，并提高已有混凝土结构的承载能力。体外预应力法的基本原理是在混凝土结构构件受拉区预先施加预压应力，提高混凝土结构的抗裂能力和刚度。体外预应力法是国内外风电机组基础环约束加固的主要方法。

　　环向钢绞线沿高度均匀布置，对环向钢绞线施加环向预应力，产生的径向挤压力传到台柱，使台柱混凝土在外荷载作用下的受拉区产生压应力，用以抵消或减小外荷载产生的拉应力，使基础在风电机组正常运行情况下不产生裂缝或者延迟开裂，并限制已有裂缝的继续扩展。

　　设钢绞线沿台柱侧面高度方向间距为 $\Delta d$，预拉力为 $P$，台柱直径为 $D$，则根据平衡关系，台柱内部产生的径向压应力 $f$ 为

$$f = \frac{2P}{\Delta d D} \tag{7-27}$$

　　根据《混凝土结构设计规范》（GB 50010）2015 年版，施加的预应力需要满足一级裂缝控制要求，即受拉区边缘应力应符合

$$\sigma_{tk} - \sigma_{pc} \leqslant 0 \tag{7-28}$$

式中　　$\sigma_{tk}$——荷载标准组合下抗裂验算边缘的混凝土法向拉应力；

　　　　$\sigma_{pc}$——扣除全部预应力损失后在抗裂验算边缘处的预压应力。

　　取变阶处截面（即悬挑板与台柱交界面处截面）宽度为 $b_0$，高度为 $h_0$，截面受弯时中和轴与受拉区边缘的距离为 $y_{max}$。忽略截面内钢筋，按素混凝土矩形截面计算台柱与悬挑板界面处边缘拉应力。则截面惯性矩为

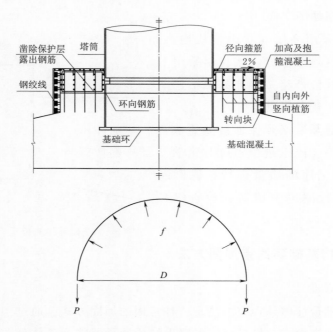

图 7-7　预应力加固图

$$I = \frac{b_0 h_0^3}{12} \tag{7-29}$$

根据 GB 50010 第 7.1.1 条规定，裂缝控制验算时应采用荷载标准组合。根据《高耸结构设计规范》(GB 50135) 第 7.2.3 条第 3 款规定，计算出基底最大反力标准值 $P_{\mathrm{k,max}}$，并计算迎风侧悬挑板中点处自重应力标准值 $P_{1,\mathrm{k}}$ 为

$$P_{1,\mathrm{k}} = \frac{G_{\mathrm{k}}}{A} - \frac{a_{\mathrm{e}} - r_1 - (r_1 + r_2)/2}{a_{\mathrm{c}}} P_{\mathrm{k,max}} \tag{7-30}$$

式中　$G_{\mathrm{k}}$——基础自重及土重标准值之和；

$r_1$、$r_2$——环形基础底板和台柱半径；

$A$——基础底板面积；

$a_{\mathrm{c}}$——基底受压面积宽度。

依据《烟囱设计规范》(GB 50051) 计算迎风侧变阶处截面的径向弯矩标准值 $M_{\mathrm{R,k}}$ 为

$$M_{\mathrm{R,k}} = \frac{P_{1,\mathrm{k}}}{3(r_1 + r_2)}(2r_1^3 - 3r_1^3 r_2 + r_2^3) \tag{7-31}$$

则变阶处截面边缘最大拉应力标准值 $\sigma_{\mathrm{tk}}$ 为

$$\sigma_{\mathrm{tk}} = \frac{M_{\mathrm{R,k}}}{I/y_{\mathrm{max}}} \tag{7-32}$$

为使台柱始终处于三向受压状态,并考虑锚具变形、摩擦和预应力筋松弛等引起的预应力损失,取 $\sigma_{pc}=1.2\sigma_{tk}$,计算得到每道钢绞线预拉力为

$$P=\frac{\sigma_{pc}\Delta dD}{2} \qquad (7-33)$$

**2. 增加栓钉约束**

对于风电机组基础出现较大的脱开裂隙、基础环水平度偏差(大于 $0.002D$ 以上)、压溃、冒浆,甚至上排穿环钢筋断裂等严重的疲劳损伤,常采用局部破拆后基础环内外焊接栓钉的加固方案予以加固。该方法可在一定程度上降低基础环底法兰 T 型板位置处的应力状态,加强基础环侧壁与基础的约束程度。基础环栓钉加固方案三维示意图如图 7-8 所示。加固单元局部示意图如图 7-9 所示。

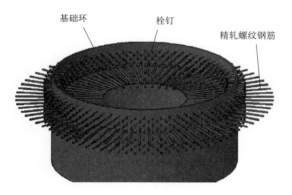

图 7-8 基础环栓钉加固方案三维示意图

图 7-9 加固单元局部示意图

当其他加固方法效果均不理想或结构型式不允许采用其他加固方法时,可采用增加基础环栓钉的方法,但可能会使荷载和应力重新分布,引起基础环和基础等局部位置出现过高应力。

## 7.2 修复防护体系及质量控制

### 7.2.1 耐久性防护方法

风电机组混凝土基础结构耐久性防护主要包括提高混凝土保护层质量、增加表面涂层封闭等技术。

在施工期,一方面应避免保护层厚度出现负偏差即保证保护层的设计厚度,达到此目标只要事先根据图纸预制好保护层垫块;另一方面要避免出现各类表面缺陷。任何混凝土表面缺陷都会损害混凝土保护层质量,进而损害混凝土的耐久性。致密性是保护层质量的主要指标,因此,在施工中可以采取新型模板技术,并掺入适量的粉煤

灰来提高基础混凝土结构的防碳化。

在运行期，表面防护是最有效的修复防护措施。采用气密性好、黏结性好的防护涂料对整个混凝土结构进行全面封闭，以防止空气中的 $CO_2$ 侵蚀。表面涂层防腐是一种简便而有效的防腐措施。它的防腐机理就是物理隔绝腐蚀因子的侵入，与提高混凝土保护层厚度和增加混凝土的致密性的目的相同。对于大量已经建成的混凝土结构，采用防护涂层是良好的技术措施。

防护涂料对混凝土的碳化进程起到了明显的制约作用，效果显著。在选择碳化涂层材料时，涂料应具有如下性能：

（1）防护涂料本身应该具有良好的耐久性。保证碳化材料本身在 20～30 年内有效，在有效使用期限内不出现开裂、起泡、剥落等破损缺陷。可以采用加速的化学老化实验对其耐久性进行评价。

（2）防护涂料与混凝土表面具有良好的黏结性。涂料与混凝土表层具有一定的黏结强度，保证涂层能牢固黏附在混凝土表层。可采用拉断的"8"字模型砂浆试件，用涂料黏结端口后再测试涂料的黏结强度指标，以实验数据评价涂料与混凝土表层的黏结强度。

（3）涂料必须具有一定的抵抗温度变化的变形能力，使其在温度变化时不至于开裂。

（4）考虑到风电机组基础结构多处于地下水位以下，防护涂料还需要具有一定的防水性能。

（5）涂料在施工过程中必须保证对人体危害不大，对环境污染程度小，在施工中便于配置和涂抹。

## 7.2.2　耐久性防护体系要求

防护体系可限制水分、氯离子或其他物质进入混凝土，实现途径主要有：①表面处理；②运用电化学原理；③对普通混凝土防护层进行改性。防护体系还包括可提高抵抗其他有害介质侵蚀能力的材料和方法。

大多数情况下，混凝土结构及其修补都有明确的使用年限，采用防护体系的主要目的在于延长结构及修补的寿命，延缓混凝土的劣化和损伤。正确的修补计划应首先确定出混凝土劣化、损伤的诱因，但通常难以改变这些诱因，因此采用防护体系提高修补及原混凝土的性能就比较可行，它可在一定程度上缓解混凝土劣化的诱因。在修补完成后，要减轻这些因素的影响，采用防护体系更是唯一可行的方法。目前用于混凝土防护的材料和方法有很多，但仅评估防护材料的性能是远远不够的，为了达到最佳防护效果，正确的修补方法和防护体系都应考虑。防护体系除了考虑成本、外观和环保等因素外，还应根据具体条件考虑以下一些技术问题。

1. 相容性和黏结性

在选择防护体系时，应仔细检查混凝土的表面状况，需考虑的因素包括相容性、体系与涂层或修补材料的黏结能力，同时还应注意基层混凝土与修补材料的黏结情况；有无覆盖层和密封层也会影响防护体系的选择，在覆盖层或密封层上设置防护体系前，应进行现场或实验室试验。

2. 耐久性

选择防护材料前，应结合业主的要求评估其预计使用年限，其中需考虑的因素有风吹雨淋、$CO_2$ 浓度、紫外线照射、温度变化、酸雨、磨损以及其他可能的不利条件。

## 7.2.3 基体混凝土考虑因素

氯含量高、配筋错误、混凝土质量低劣以及碳化都可能引起锈蚀，在制订修补方案时，应采取一切可能的措施尽可能减小这些因素的影响，尽量减小危害性环境、条件以及可能导致修补失败或引起混凝土其他损伤、劣化等因素的影响。在设计防护体系时，所有可能影响已修补部位性能的因素都应进行分析、评估。选择防护体系时，下列几种情况可能会引起问题，需重点考虑。

1. 混凝土保护层质量低劣或不充分

任何一种混凝土结构的性能，都或多或少地取决于该结构中混凝土及其保护层的质量。质量优良、耐久性好、振捣密实的混凝土，其保护层无蜂窝、裂缝，在不设防护体系的情况下，即使使用多年，仍然可对钢筋起到保护作用；反之，如果混凝土质量低劣、内部孔隙率大、裂缝较多、不密实且引气量不足或存在其他缺陷，则会引起钢筋锈蚀或其他类型的结构损伤。所以应清除所有有缺陷的混凝土作为修补的重要工作。精心选择的防护体系，对质量较差的混凝土来说，可提高其长期耐久性；对质量较好的混凝土，可进一步增强其性能；而对修补部位来说，可延长其寿命。

2. 渗水

在静水压、蒸汽压、毛细作用及风吹雨淋的作用下，水可渗入混凝土。水分迁移与多种因素有关，如裂缝、混凝土密度、混凝土孔隙率、设计失误以及各种功能缝设置不当等，水分渗入混凝土可引起钢筋锈蚀、冻融破坏，还可渗入结构内部或板下引起结构破坏。针对上述问题，设计时应考虑适当的防护体系。

3. 碳化

混凝土碳化使得混凝土碱度降低，钢筋保护作用减弱。在普通混凝土中，钢筋处于混凝土的高碱性（通常 pH＞12）环境中，钢筋表面形成一层钝化膜对钢筋起到保护作用；只要能维持这种高碱性环境，这个氧化膜就能保护钢筋不受锈蚀。发生碳化时混凝土碱度降低，一旦 pH＜10，内部钢筋就会遭到锈蚀。由于碳化是从混凝土表面由表及里进行的，所以靠近外表面的钢筋更易受到碳化的影响。当混凝土保护层厚度不足时，可用屏蔽涂料防止混凝土进一步发生碳化，但大多数屏蔽涂料都是新型产品且现场性能数据很少，所以在使用前应进行评估。在碳化混凝土中要恢复对钢筋的保护作用，还可采用其他体系，如阴极保护及混凝土再碱化等。

4. 裂缝

所有混凝土修补和防护工程中都不应忽视对裂缝的正确处理和修补，若水渗入裂缝可能会引起锈蚀，在寒冷气候下还可能出现冻融破坏。只有确定裂缝形成的原因，才可能提出正确的修补方法。对于结构裂缝，经修补后应能恢复传荷能力。

修补活动缝时，尤其是外部温差所致的活动缝，还应考虑日后的胀缩。比较有效的修补方法有填缝、化学灌浆、弹性涂料以及延性大的环氧树脂修补活动缝。外露面上活动缝的修补有一定难度，大多数裂缝修补材料对温度变化比较敏感，当温度低于4℃时就不太好施工，所以修补裂缝时温度通常应高于生产厂家推荐的最低温度。虽然这有利于使用修补材料，但由于温差形成的活动缝在气候温暖时易于闭合，即冬季张开的裂缝在夏季是闭合的，如有可能应在冬季对结构进行检查，记录需修补裂缝的位置。在裂缝接近最大开裂宽度时再进行修补是比较妥当的做法，因为对大多数用于裂缝修补的柔性材料来说，其抗压性能要好于抗拉性能。

5. 氯离子/化学侵蚀

化学或盐溶液渗入混凝土中将会加速钢筋的锈蚀，此外酸、碱以及硫酸盐的侵蚀也会对混凝土产生有害的影响。通常防护方法能减少化学物质侵入混凝土。

6. 表面腐蚀

对此类受腐蚀的结构进行修补后，常在混凝土表面上采用混凝土覆盖层、表面坚膜剂、密封剂或其他处理方法，起到保护作用。

## 7.2.4　混凝土表面蜂窝麻面、孔洞修复

风电机组基础混凝土在浇筑时，由于振捣不密实或者跑模等，造成混凝土模板拆除后形成蜂窝麻面和大的蜂窝孔洞，这势必会影响风电机组基础的安全性能，也会降低混凝土的结构耐久性。一般通过加固、回填高性能强度的聚合物砂浆，以恢复结构的整体性和耐久性。聚合物砂浆修复的施工工艺如下：

（1）凿除疏松的混凝土麻面和蜂窝孔洞，露出新鲜坚固的基面，对基层采用高压水进行清洗，表面不得有浮尘或积水。

（2）露出的钢筋如发生锈蚀，必须先进行除锈处理，干净后涂刷阻锈剂。钢筋阻锈剂通过对铁锈的溶解、吸收、逆转等化学反应，而形成黑褐色的高抗蚀性化学转化膜，牢固地结合于钢筋表面，从而使有害的铁锈转化成有利的复合金属盐保护膜。

（3）涂刷砂浆界面剂，界面剂要求涂刷薄而均匀，不能有漏刷、厚刷、流淌，坑

洼地方不能有积液。

（4）涂刷后回填环氧砂浆，在回填砂浆的过程中，若混凝土麻面和孔洞较深，应分层捣实施工，分层施工间隔控制以砂浆未初凝为宜。

（5）在完工的环氧砂浆表面应覆盖一层塑料薄膜，常温养护。

## 7.2.5 防护方法

工程实践中，表面处理分类主要针对用于混凝土修补以及防止钢筋锈蚀的材料和方法。

### 1. 渗透型密封剂

渗透型密封剂是指在使用后通常会渗入基层混凝土中的密封剂，其渗透深度与产品的类型及混凝土的性能有关。渗透深度可通过密封剂分子的大小与混凝土孔结构的尺寸来确定，虽然通常希望渗透深度大一些，尤其是对易受磨损的表面，但该指标不是评价密封剂效率最重要的参数。采用该类密封剂作防水剂或表面硬化剂可起到防护作用。渗透型密封剂不具有封闭裂缝的能力，但某些产品的憎水性可减少渗入窄裂缝的水分。渗透型密封剂一般不会改变混凝土的外观，但也有少数可能引起混凝土轻微变色。渗透型密封剂不能掩饰修补部位、裂缝或其他表面裂纹。用环氧树脂配制的渗透型密封剂渗透深度极小。

渗透型密封剂可辊压、涂刷或喷涂在基层混凝土上，由于易受表面污物或表面上以前所用的密封剂的影响，所以进行适当的混凝土表面清除十分重要。与涂料和薄膜材料相比，渗透型密封剂抗紫外线和耐磨性较好。渗透型密封剂不具备封闭新生裂缝或已有裂缝的能力；有些渗透型密封剂需使用溶剂，而另一些则属于水性产品，因此对于溶剂型产品可能会存在挥发性有机化合物问题。

### 2. 表面阻锈剂

在混凝土修补工程中使用阻锈剂的时间并不长，最早出现于 20 世纪 70 年代早期。顾名思义，阻锈剂可延缓锈蚀发生的速度，由于阻锈剂的类型、混凝土的性质以及现场条件不同，所以无法准确预测阻锈剂的效率和有效年限。研究阻锈剂的效果是修补材料及其应用中应重视的问题。厂家应提供包括阻锈剂的类型、推荐用途、延缓速度、限制因素、期望效果以及监测方法的资料。

### 3. 表面密封剂

表面密封剂是一种摊铺或黏附于混凝土表面，且厚度不超过 0.25mm 的密封剂。使用表面密封剂或涂料，干燥后膜厚度通常为 0.03～0.25mm。这种产品可含色素也可能本身具有颜色，也有些是透明的，可使表面具有光泽和润湿感。表面密封剂会（也可能不会）明显改变混凝土表面的质地，但不能掩饰大多数表面瑕疵。表面密封剂封闭裂缝的能力不强，但某些憎水型产品可减少渗入窄裂缝的水分，此外有些产品还可填充静止缝。表面密封剂包括环氧树脂、聚氨酯、大分子量甲基丙烯酸酯、湿态固化氨基甲酸乙酯、丙烯酸树脂。某些涂料（如丁苯乳胶、聚乙酸乙烯酯、丙烯酸以及上述涂料与其他分散于水中的聚合物混合物），无论是油基还是乳胶基，只要涂层厚度不超过 0.25mm，也可归入此类产品。

表面密封剂可涂刷、辊压或喷涂在混凝土表面。某些含化学载体的产品的使用可能会受到限制，且应遵循生产厂家的安全使用要求。表面密封剂通常会降低混凝土的抗滑性，且不能封闭裂缝，但可填补细小静止缝。大多数表面密封剂易受紫外线及表面磨蚀的影响。某些溶剂型产品，在 VOC 方面可能会出现问题，目前已出现满足 VOC 规定的新型表面密封剂，但现场使用时间还不长。

**4. 厚层涂料**

厚层涂料是指用于混凝土表面且厚度为 0.25～0.75mm 的产品。厚层涂料会改变混凝土的外观，且可能在混凝土表面上沉积色斑。厚层涂料中常用的聚合物有（不仅限于此）：丙烯酸、醇酸树脂、丁苯共聚物、乙烯基酯、氯化橡胶、氨基甲酸乙酯、硅树脂、聚酯、聚氨酯、聚脲和环氧树脂等。

厚层涂料常用于装饰或防护、屏蔽，有些产品还可用于防止风吹雨淋、盐类及轻度化学侵蚀。

厚层涂料可涂刷、辊压或喷涂。涂层用于室外时，应能耐氧化以及紫外线、红外线照射；若用于楼面，应耐磨、耐穿刺以及轻度化学侵蚀（如盐、油脂和洗洁剂）。

除涂料的耐久性外，涂料与基层混凝土的黏结还应牢固。即使混凝土表面清除较为彻底，黏结也可能遭到破坏，如果涂层抗水蒸气渗透性极强，则水分可能会聚集在混凝土—涂层界面，引起黏结破坏。

环氧树脂是一种常用的修补材料，黏结性能和耐久性均较好，与填料混合使用后还可提高混凝土的耐磨性和抗滑性；无弹性的厚层涂料通常不具备封闭活动缝的能力，但可填补细小静止缝；与薄层涂料相比，厚层涂料耐磨性较好。

用于防止钢筋锈蚀的涂料，有时还同时要求达到结构防水、耐化学侵蚀以及提高混凝土外观质料的要求；外墙及地板涂料通常还要求具有透气性。目前已有既能起到充分防水又能作装饰目的的厚层涂料。

新型产品的现场使用时间还较短，有些厚层涂料属于溶剂型产品，特别是在早期可能存在 VOC 问题。

**5. 薄膜**

薄膜是指用于混凝土表面且厚度为 0.7～6mm 的防护材料，它与混凝土表面可能是黏结的，也可能不黏结的。这种材料会明显改变混凝土的外观，且可掩饰表面缺陷。弹性薄膜和某些厚层涂料也可属此列。弹性薄膜通常具有足够的厚度和柔性，可封闭各种宽度的狭窄静止缝；但有些弹性薄膜要求在使用前，必须先清理并密封宽度为 0.25~0.75mm 的裂缝。弹性薄膜通常呈灰色或黑色，虽然也有其他颜色的产品，但在受紫外线照射时易褪色。该类产品包括氨基甲酸乙酯、丙烯酸、环氧树脂、氯丁橡胶、水泥、聚合物混凝土和沥青类产品等。薄膜材料常用于防护、防水及交通干道和人行道；有些还可用于防潮。大多数薄膜材料可降低吸水率，且可封闭细小（<0.25mm）的活动缝或静止缝。

**6. 嵌缝**

嵌缝可减少液体、固体和气体进入混凝土，还可防止混凝土受损，有时还可提高混凝土的隔热、隔声性能，减震以及防止污垢进入缝隙中。接缝的防护体系包括裂缝、基础环接缝的密封。

（1）裂缝。引起裂缝的原因包括收缩、温度变化（热裂缝）、结构应力以及徐变收缩。在选择密封材料前，应分析裂缝的原因、危害；在某些部位，需要分析裂缝的结构黏结情况，而在其他部位，应避免裂缝受到约束。

（2）基础环接缝。基础环接缝在运行过程中逐渐扩大，属于活动接缝。基础环接缝若能妥善处理可防止结构连接部件的破坏与变形，这种破坏与变形可能是由压应力传递引起的。通过在接缝位置设置柔性材料连接，避免刚性约束，可以显著提升接缝位置的变形能力和防护能力。

# 7.3 修补材料性能选择

## 7.3.1 修补材料选择因素

工程实践中，无论是普通材料还是特种材料都相当多，如何选择性能匹配的材料是修补加固工作的关键。除了材料的黏结强度和抗压强度是非常重要的指标外，下列因素也是修补加固中必须考虑的，甚至更重要。

**1. 热膨胀系数**

使用热膨胀系数与现有混凝土相近的修补材料是比较重要的。当修补部位温度变化较大、大范围修补时，热相容性至关重要。如果热相容性不好就会造成破坏，这种破坏要么发生在界面，要么发生在强度较小的材料内部。

**2. 干燥收缩**

由于大多数修补都是在陈旧的普通混凝土上进行的，此时混凝土的收缩已近极限，不会再有太大发展，这就需要修补材料的收缩尽可能小以免影响黏结。为了在尺寸上匹配，水泥基修补材料要限定 28d 强度和最终干缩值。采取下列措施可减小胶凝性修补材料的收缩：①降低水灰比；②增大骨料粒径和体积率；③掺加减缩剂；④采用可减小收缩的施工程序，如干拌混凝土和预置骨料混凝土。胶凝材料用于薄壁（小于 40mm）修补时产生的收缩可能要大得多，且厚度越小，干缩越大。正确的养护程序可以减小收缩量。

3. 渗透性

质量优良的混凝土对液体的渗透性是比较小的，但是当表面水分蒸发时，内部的水分在毛细作用下又会向表面迁移，如果用渗透性小的材料进行大面积修补，迁移至表面的水分就会被封闭在基层与修补材料之间，分从而造成黏结失效，或者使基层混凝土达到临界饱水度，如果基层混凝土没有适当引气，当遭受冻融循环时仍然会被破坏。

4. 弹性模量

对于承载构件修补，修补材料的弹性模量应与现有混凝土相近。而对于非结构性修补或防护性修补，由于膨胀受限产生拉应力，所以选用弹性模量较小的修补材料有助于消除拉应力。试验室及现场相关试验结果表明水泥基修补材料的弹性模量不应超过 24GPa。

5. 化学性质

混凝土内部钢筋的锈蚀问题引起广泛关注。混凝土中高碱性环境可对钢筋起到保护作用，但当修补材料的 pH 较小时，则对钢筋的保护作用减弱，甚至起不到保护作用。当受养护时间或强度要求限制必须采用 pH 较低的修补材料时，应考虑对现有钢筋采取附加保护措施，如阴极保护或加钢筋涂层。

6. 电学性质

修补材料的电阻（或电稳定性）也会影响混凝土修补后的性能。电阻大的材料可起到绝缘的作用，将修补部位和附近坚固混凝土隔离开。电学性质上的差异可能源于修补材料与原混凝土的渗透性及含氯量上的差异，这种差异可能会加剧修补区域周边的锈蚀，造成提前破坏。

选择材料时，关键因素是修补材料的使用环境及预期使用温度，几乎所有的修补工程都具有自己的特殊条件和要求。只有在充分掌握这些信息的基础上，才能制订最终的修补方案。一旦有了方案，可达到相同效果的材料可能不止一种。材料的最终确定以及材料的组合还需结合施工难易程度，成本，可用的人力、物力及技术资源，以及设备等方面综合考虑。

## 7.3.2 常用修补材料

1. 胶凝材料

为了尽可能与修补混凝土的性能相匹配，选用普通混凝土、砂浆或其他含类似组分的胶凝材料作为修补材料是最佳选择；其他新型胶凝材料作为修补材料时，必须与基层混凝土有比较好的相容性。

（1）普通混凝土。由硅酸盐水泥、骨料和水组成的普通混凝土可作为修补材料，混凝土中可掺外加剂，以达到适当引气、促凝或缓凝、改善工作性、提高强度或混凝土其他性能的目的；还可用火山灰质掺和料如硅灰、粉煤灰取代部分水泥，以降低成本和早期水化热、提高后期强度和抗渗性、抑制碱骨料反应和硫酸盐侵蚀等。具体应用时还应对混凝土的工作性、密度、强度、耐久性等性能提出要求。为了最大限度地减少干缩，修补混凝土应尽可能采用低水灰比、大粒径粗骨料。有抗冻要求的风电机组基础普通混凝土的水灰比不应超过 0.50。普通混凝土的拌和、运输及浇注应符合规范要求。

1）优点。普通混凝土来源广泛，价格便宜，与基材性能匹配，生产方便，易于浇筑、养护和修整；通常通过调整配合比，都可使之与基层混凝土的性能相匹配，因此普通混凝土广泛用于各种修补工程。采用一些常用的技术，并确保浇筑后混凝土的整体性，普通混凝土很容易在水下浇筑。水下浇筑混凝土通常采用导管和泵送方法。

2）缺点。若原混凝土的损伤是由侵蚀性环境造成的，则不能用普通混凝土进行修补。如由酸或侵蚀性水腐蚀、磨损引起的混凝土劣化、损伤，除非全部消除这些因素，否则再采用普通混凝土修补通常不会成功。

普通混凝土的收缩性能是至关重要的，因为修补材料是浇筑在基层上，而基层基本上已不会再有多少收缩了，应重点考虑和强调修补材料的收缩性能及养护程序。

在高温、低湿度及刮风的炎热天气中拌和、浇筑及运输混凝土时，必须采取措施减小或消除不利影响；在寒冷气候中生产及浇筑混凝土也有具体要求。

3）适用范围。当前相关标准并没有对混凝土的收缩及黏结性能做出规定，当在特定的修补工程中需要特别注意这两方面的性能时，应单独提出具体的技术要求。

（2）普通砂浆。普通砂浆是由硅酸盐水泥、细骨料和水拌和而成的，为了减小收缩，还常掺加减水剂、膨胀剂或其他改性组分。

1）优点。普通砂浆与普通混凝土类似，只不过砂浆还可浇筑在薄壁构件上。目前市面上还出现了各种包装好的砂浆，这种砂浆特别适用于小型修补。

2）缺点。相对而言，普通砂浆的用水量、水泥用量比较大，且不含粗骨料，所以砂浆的干缩比混凝土大。为了提高砂浆的抗冻融性及耐剥蚀性，需要大量引气，但大量引气又会降低强度。

3）适用范围。普通砂浆可用于薄壁构件修补。对于承受重复荷载的交通干道，若采用砂浆修补，为了确保能达到修补性能，建议先进行现场试验。

（3）干拌砂浆。常用干拌砂浆的原材料包括水泥和砂（或其他专用材料），加水量以用手轻微揉搓砂浆可成球，砂浆润湿手掌但不会泌水为宜。由于干拌砂浆初始用水量较小，所以养护是很严格的。

1）优点。由于水灰比小，干拌砂浆的收缩也很小，所以可与基层混凝土紧密黏结且耐久性、强度和防水性能优异。如果要求修补部位与周围混凝土颜色协调，可使用白色或浅色硅酸盐水泥，通常白色水泥占 1/3 即可，但最佳用量只能通过试拌确定。

2）缺点。对于较浅的凹坑、外露钢筋后部需填充的部位以及构件上贯穿孔洞的修补，不宜采用干拌砂浆。同时，如果养护不充分，干拌砂浆修补很有可能起不到任何作用。

3）适用范围。干拌砂浆可用于填充大小凹坑、模板拉杆孔以及任何允许压实的凹洞，也可用于立面及顶面修补而无须模板；可通过使用干拌砂浆开槽修补静止缝，但对于活动缝的修补和填充，不建议采用干拌砂浆；传力点及接触面的修补也常采用干拌砂浆。

（4）专用修补砂浆。专用修补砂浆一般是已包装好的，其中含有硅酸盐水泥或特种水泥、外加剂、塑化剂、膨胀剂、增稠剂、促凝剂、聚合物、触变剂或细骨料等。

1）优点。专用修补砂浆便于现场使用，且品种丰富，具有不同的物理、力学性能，可用于不同的现场条件，如立面及顶面的局部深度修补，且无须模板支护；专用修补砂浆凝结速度快、养护时间短。

2）缺点。专用修补砂浆的力学性能与修补部位混凝土有所差别，这可能与其中水泥用量较大、含有改性组分有关。所以与普通混凝土相比，其收缩较大，对于专用修补砂浆立面或顶面修补，还没有检测砂浆黏结强度的试验标准。

3）适用范围。修补厚度不大于 3mm 时，推荐采用专用修补砂浆；对于承受重复荷载的部位或交通干道，若采用专用砂浆修补，为了确保能达到修补性能，可先进行现场试验。

**2. 纤维混凝土**

纤维混凝土是在普通混凝土中掺加金属纤维或聚合物纤维，目的是增强混凝土抵抗塑性开裂、干缩裂缝及使用过程中开裂的能力。大多数工程中纤维不是主要的增强材料。纤维可以是钢纤维、玻璃纤维、合成纤维，也可以是天然纤维。纤维混凝土可采用常规方法或喷射方法进行浇筑。

（1）优点。纤维是在生产混凝土过程中掺入的，浇筑后留在混凝土中，纤维可以用于无法采用钢筋增强的薄层增强；纤维可提高耐久性，减小修补材料塑性收缩开裂的可能性。承受振动荷载的区域、易出现塑性收缩开裂的部位以及要求抗冲击的部位都可采用纤维增强。

（2）缺点。掺加纤维后，混凝土坍落度变小，如果操作工人缺乏经验，还会出现工作性不良的问题。由于表面的钢纤维存在锈蚀现象，导致钢纤维混凝土表面常会出现锈斑。

**3. 预置骨料混凝土**

预置骨料混凝土是先在模板中装入粗骨料，然后再灌入硅酸盐水泥砂浆，通常还掺加掺和料或树脂基材料填充空隙。预置骨料混凝土与普通混凝土的区别在于粗骨料用量较大。

（1）优点。由于预置骨料混凝土中粗骨料为点接触，所以其干缩比普通混凝土小，约为普通混凝土的 1/2。砂浆是在泵压下灌入的，所以不会出现离析现象，特别适于水下修补，具有浇筑速度快、成本低的特点。

（2）缺点。由于需要预装骨料和防漏，支模的工作量大。同时由于要求砂浆有可泵性，所以预置骨料混凝土的用水量通常较大，因而预置骨料混凝土中砂浆的透气（空气或水蒸气）性要比普通混凝土中的略大一些，在砂浆中掺入硅灰可降低这种影响。

由于预置集料混凝土施工专业性较强，所以修补应由具有该类施工经验的合格人员依据相关标准开展。

4. 快硬水泥

快硬胶凝材料的特点是凝结时间短，某些快硬胶凝材料的强度发展速度较快，3h内抗压强度便可超过 17MPa。特别适合于工期较短，需要尽快恢复的基础结构修复。

（1）优点。与常规修补材料相比，快硬水泥强度发展快，可允许修补部位尽早投入使用；对减少防护时间以及提高安全性是十分重要的。

（2）缺点。虽然大多数快硬材料的耐久性与混凝土相差不大，但某些快硬材料的组分在特定的使用环境中性能欠佳；某些快硬修补材料是通过生成钙矾石来形成强度的，同时还会产生膨胀，如果膨胀程度大且达到最大膨胀值的时间长，则强度可能会倒缩；如果初始养护不充分，还可能出现延迟膨胀，所以应注意反复洒水养护；由于某些快硬材料中碱和铝的含量通常比较大，可能要产生膨胀，因此应限制暴露在硫酸盐环境中或使用活性骨料，并应考察其适用性和相容性问题。

5. 补偿收缩混凝土

补偿收缩混凝土或砂浆是采用膨胀水泥拌制的混凝土，这种混凝土可最大限度地减少干缩开裂，生产补偿收缩混凝土的基本材料和方法与优质普通混凝土相近，所以从某些方面来说，补偿收缩混凝土的特点与硅酸盐水泥混凝土相似。

（1）优点。当受到钢筋或外部约束适当限制后，补偿收缩混凝土的膨胀值可与预计膨胀值相等或略高。但是由于其膨胀是受到外部条件或钢筋限制的，所以开始时混凝土会产生压应力，随着干燥收缩的进行，膨胀应变和压应力减小，但在理想状况下混凝土上还保留有残余膨胀，因此可减少干缩开裂。

（2）缺点。虽然补偿收缩混凝土的特点与硅酸盐水泥混凝土相近，但在原材料、配合比、浇筑和养护上，必须保证达到足够的膨胀值和压应力，才能起到补偿干缩的作用。养护温度较低时，补偿收缩混凝土的膨胀将会减小。因此实际应用中应针对性地做好试验研究后，方可应用于修复加固。

聚合物混凝土复合材料主要有聚合物水泥混凝土（PCC）和聚合物混凝土（PC）两种基本类型。

　　（1）聚合物水泥混凝土（PCC）和砂浆。PCC 又称为聚合物硅酸盐水泥混凝土（PPCC）和乳胶改性混凝土（LMC），在拌和硅酸盐水泥和骨料时，加入已分散于水中的聚合物，分散于水中的聚合物体系称为乳胶。本节所讲的 PCC 包括混凝土和砂浆。有机聚合物中含有数千个基本分子，基本分子再结合成大分子，这些基本分子称为单体，单体形成大分子的过程为聚合反应。聚合物可以是由一种单体聚合而成的均聚物，也可以是两种或两种以上的单体共聚而成的共聚物。可提高与基层混凝土的黏结强度、韧性和抗冲击性、抗渗性（水及可溶性盐）及抗冻融性。

　　PCC 的浇筑与养护温度为 7～30℃，当温度达到上、下限时，需特别小心且应采取预防措施。在鼓式搅拌机或砂浆搅拌机中进行小批量拌制时，时间需控制在 3min 内，搅拌时间延长，混凝土总含气量就会增加，将造成混凝土抗压强度降低。现场浇筑过程中，有可能出现塑性收缩裂缝，所以当水分蒸发速度超过 $0.5kg/(m^2 \cdot h)$ 时，需要引起重视。PCC 弹性模量较低，因此当用于承受垂直或轴向荷载的构件时，应进行仔细验算。

　　（2）聚合物混凝土（PC）。聚合物混凝土（PC）是以聚合物为黏结剂，将骨料黏结并嵌入密实基体中形成的一种复合材料，这种材料虽然也可使用硅酸盐水泥作为骨料或填料，但复合体系中并不含水化水泥相。

　　聚酯树脂由于价格适中、配方多元且性能良好而颇受欢迎。映喃树脂价格便宜，耐化学腐蚀性好。环氧树脂成本较高，但具有诸多优点如收缩小等，有些还可用于黏结潮湿表面。

　　聚合物混凝土的性能取决于聚合物的类型和数量、骨料或填料改性的程度等，具有固化快，抗拉、弯、压强度高，与大多数表面黏结性能好，抗冻融性和耐化学侵蚀性好、渗透性（水及侵蚀性溶液）小等特点。

　　聚合物混凝土（PC）浇筑和养护的时间短，环境及混凝土温度显著影响聚合物的固化时间和性能。各种聚合物材料的热膨胀系数都比普通混凝土高得多，聚合物混凝土的弹性模量比普通混凝土低得多。仅有几种聚合物材料可用于潮湿混凝土表面修补，用于聚合物混凝土的骨料必须保持干燥才能达到最高强度以及保证混凝土或砂浆的整体性。

### 7.3.3　灌浆材料

　　混凝土修补灌浆可分为水泥灌浆和化学灌浆。

1. 水泥灌浆

将水泥、细骨料和外加剂混合均匀，加水拌和后形成一种塑性且不离析的流态拌和物，此为水泥灌浆料。通常掺外加剂的作用是促凝或缓凝、减小收缩，提高工作性、可泵性及耐久性。如果料浆需求量大，为节约成本或提高性能，可掺加粉煤灰。也可掺加硅灰以提高抗化学侵蚀性、密度和强度，降低渗透性。

（1）优点。水泥灌浆成本较低、生产方便、易浇筑，与混凝土相容性好；掺加外加剂（或掺和料）改性后便可满足特殊的施工要求。

（2）缺点。只有当开口宽度能够通过料浆中的悬浮固体颗粒时，才能用水泥灌浆进行修补，通常灌浆点裂缝最小宽度至少应为 3mm。

（3）适用范围。水泥灌浆适用于新、旧混凝土的灌浆黏接、填充较大的静止缝及混凝土结构周围或下部的空隙；修补混凝土剥落、蜂窝或在硬化混凝土中固定锚杆时，可采用不收缩的水泥灌浆。

2. 化学灌浆

化学灌浆由化学溶液组成，反应后可生成凝胶、泡沫以及固体沉淀，这点与水泥灌浆正好相反。水泥灌浆料呈流态，含悬浮固体颗粒。化学反应可以仅是溶液内各组分之间的反应，也可以是组分与其他物质，如灌浆时遇到的水之间的反应。反应后体系流动性变小并逐渐凝结硬化，填充在所灌注的空隙中。化学灌浆最常见的用途是修补细小裂缝，无论是防止水分沿裂缝迁移，还是恢复结构整体性都有较好效果。双组分环氧树脂黏结体系可在潮湿环境中养护，也可黏结潮湿地面。

（1）优点。化学灌浆适用于潮湿环境；凝结时间可快可慢；黏度范围宽；可填充宽度小于 0.05mm 的裂缝。刚性化学灌浆如环氧树脂，对干燥、洁净表面的黏结性能优异，对潮湿混凝土也有一定的黏接性能，且可恢复开裂构件的全部强度。凝胶型或泡沫型化学浆，如硅酸钠（水玻璃）、丙烯酸酯、丙烯酰胺和聚氨酯，对控制裂缝及接缝处水的流动，效果很好；同时某些凝胶型产品，其黏度与水大致相近，凡水可流经的开口，都可将其灌入。

（2）缺点。与水泥灌浆相比，化学灌浆力学性能变异较大且价格较贵；若想达到满意的性能，对操作技能的要求相当高；另外，某些环氧树脂如果有水分存在，根本不黏结；当环境温度较高时，化学黏结剂如环氧树脂保质期短，施工时间紧张；在需要恢复结构强度时，不能采用凝胶型或泡沫型化学灌浆料，因为大多数凝胶型或泡沫型化学灌浆料都是水溶液，不可避免会出现干燥收缩的问题。

## 7.3.4　黏结材料

黏结材料可将修补材料和已处理好的基层混凝土黏结起来，黏结材料可分为环氧树脂基、乳胶基和水泥基黏结材料 3 种类型。

（1）环氧树脂基。其在炎热天气下使用时应谨慎，高温可使环氧树脂老化，引起黏结失效。大多数环氧树脂黏结材料会在修补材料和旧混凝土之间形成一个滞水区，有时水正好被封闭在滞水区后部的混凝土中，当该区域受冻时，滞水区就会引起修补部位破坏。

（2）乳胶基。乳胶黏接剂又分为Ⅰ型分散型和Ⅱ型非分散型两种类型。Ⅰ型黏结剂可在浇筑修补材料前，提前涂刷在基层表面上，但黏结强度比Ⅱ型低。Ⅰ型黏结剂不能用于结构，也不能用于湿度大或有水分存在的部位。Ⅱ型黏结剂一旦固化后，就成为一种防黏结材料，当Ⅱ型黏结剂与水泥和水拌和成灰浆后，特别适于黏结。

### 7.3.5　增强材料

在弯、剪及轴向荷载作用下，混凝土基础结构会受到拉应力，这就需要进行增强。当修补设计要求增强时，可采用各种阻锈材料和普通钢筋增强等方案。

（1）无涂层钢筋。钢筋分为变形钢筋、螺纹钢筋和焊接钢丝网，根据相关标准和环境确定暴露条件下保护层的最小厚度、氯化物的最大限量、推荐水灰比以及其他提高混凝土性能的措施，尽量减小钢筋的锈蚀。

（2）环氧树脂涂层钢筋。普通钢筋环氧树脂涂料出现于 20 世纪 70 年代中期，环氧涂层可起到屏障作用，即隔离氧气、水分和氯化物，可使构件免于锈蚀；虽然采用环氧涂层可有效减小混凝土内钢筋的锈蚀，但环氧涂层的性能受各种因素的制约，包括涂料的质量、施工过程中涂层是否受到损伤、混凝土的开裂程度、涂层厚度、钢筋与涂料黏结损失以及氯化物的浓度影响。

（3）镀锌钢筋。采用热浴镀锌钢筋也是一种减小钢筋混凝土锈蚀的方法。通过电解在钢筋表面镀锌，镀锌涂层作为牺牲阳极可起到保护作用。

（4）不锈钢钢筋。混凝土中采用不锈钢钢筋后，耐腐蚀性将大大增强；且不受普通钢筋附近裂缝的影响，此时钢筋成为阴极。不锈钢钢筋可现场加工，在加工及混凝土浇筑过程中不会受损。但价格是限制其推广应用的最大障碍。

（5）不锈钢镀层钢筋。不锈钢镀层钢筋与不锈钢钢筋相比，两者优点大同小异，但不锈钢镀层钢筋价格便宜很多。不锈钢镀层钢筋可现场加工，包括切割、弯曲和焊接，但切头通常需加涂层。

（6）纤维增强聚合物。纤维增强聚合物是一种含高强纤维和树脂的复合材料。树脂通常采用环氧树脂，但也可用其他树脂如乙烯基树脂和聚酯树脂；常用的纤维有碳纤维、玻璃纤维及芳香族聚酰胺纤维，这些纤维的性能、耐久性和价格差异较大。

1）优点。FRP 单位质量强度大，使用简便；经过适当设计，还可用于钢筋增强和喷射混凝土适用的结构修补；FRP 材料不受锈蚀且耐化学腐蚀。FRP 材料可室外使用，清洁、无噪声，所需设备、通道少，准备和固化时间短。

2）缺点。FRP 易受温度和气候的影响，在使用过程中必须避免水分存在或温度骤变，通常情况下，使用温度应保持在 77℃ 以下（注：某些市售材料可能还低于此温度）。使用 FRP 材料时，还需防止紫外线照射；对防火要求严格的部位，也需采取预防措施。

FRP 材料使用取决于体系中各组分的性能、设计方法是否恰当、环保措施是否得力以及施工人员的岗前培训、技能和经验。生产厂家应对产品进行结构及耐久性试验，并提供必要的资料、数据，以供设计者设计和制订验收规范。不同的 FRP 体系之间，可能存在本质上的不同，设计者不能依据生产厂家提供的其他体系的数据进行设计。

# 7.4　已有混凝土处理技术

## 7.4.1　混凝土清除

混凝土清除主要针对破损和劣化部位，但是有时出于结构改造或确保完全清除疏松混凝土的目的，也需要清除坚固混凝土。对劣化混凝土和坚固混凝土来说，不同清除方法的效率不同。选择清除方法时，需兼顾效率、安全、经济和环保的因素，同时还应尽可能不损害留存混凝土，清除方法的优劣关系到结构停用时间的长短。被清除的混凝土的力学性能、骨料类型和粒径是确定清除方法和成本的重要因素，力学性能包括抗压强度和抗拉强度等。

为了防止结构变形、塌陷、振动和钢筋移位，混凝土清除前需要对结构构件进行支撑、卸载。清除混凝土时应避免锯断或损坏钢筋，由于钢筋通常是错位的，因此在锯切、敲击和清除混凝土时，时常会发生一些意料不到的损害。混凝土清除过程中需要进行细心监控，可通过目测、敲击听声、借助测厚仪或其他方法判断钢筋的位置。

敲击听声是探测最外层钢筋附近区域混凝土分层缺陷的一种好方法，若敲击听声判断法不能判断近表面微裂纹和撞痕，近表面缺陷只有通过微观分析或黏结试验才能确定。一般通过钻芯取样、超声波测试、回弹试验、黏结试验、钢筋定位、红外热成像和探地雷达等方法可获得关于表层以下部位混凝土的现状。

混凝土清除和开挖方法可按作用方式分为爆破法、锯切法、冲击法、碾磨法、水喷射法、预裂法和打磨法等。常用于风电机组基础混凝土拆除的方法包括打磨法、喷砂法、锯切法、冲击法、高压射流法、预裂法、喷丸法、高压水磨料喷射法等。

1. 打磨法

打磨法是通过向混凝土表面高速喷射磨料而进行清除的一种方法。打磨方法主要用于清除表面污物或表面最后清理。常用的打磨方法包括喷砂、喷弹丸以及喷高压水。

2. 喷砂法

喷砂法是混凝土与钢筋清洁、除锈最为常用的方法，该方法中用作磨料的主要有普通砂、硅砂及金属砂。

（1）干喷砂。干喷砂是用高速气流将砂喷射至混凝土或钢筋上，砂粒多为经过 4.75～212mm 筛的棱角状颗粒，所需表面越粗糙，则要求砂粒的粒径越大。高压气流要将砂喷射至混凝土表面上，则气流压力最小应为 860kPa，压缩机的大小取决于喷砂器的尺寸。清除混凝土表面污物、浮浆以及钢筋表面的疏松氧化皮时，可用细砂；而粗砂通常用来清除砂浆或紧密附着于钢筋表面的锈蚀产物，从而可将骨料暴露出来。虽然喷砂法可达到相当深的切割深度，但当深度超过 6mm 时，采用喷砂法就不经济了。

（2）湿喷砂。喷砂时，砂喷射到混凝土表面上，部分颗粒将会回弹，这些回弹砂粒被一环状水流控制，该方法称为湿喷砂。虽然采用湿喷砂可显著减少空气中的粉尘，但喷射出的砂会受到水流的干扰，从而使喷砂效率降低。湿喷砂通常仅限于混凝土表面及钢筋的清洁处理。

将砂与水混合，然后再以 10～20MPa 的高压水流喷射到混凝土或钢筋上的方法称为高压湿喷砂。这种方法虽然可消除四处飞扬的粉尘，但喷砂效率显著降低，仅能作为混凝土表面的清理。

3. 锯切法

锯切法利用机械切割、局部高温或高压水沿清除部位周边喷射将其切割下，切割尺寸依现场吊运和运输工具的能力而定。切割法包括高压水喷射法、锯切法、金刚石金属线切割法、机械剪切法和钻孔。

（1）高压水喷射法（不含磨料）。高压水喷射法利用高速喷射水流，其压力可高达 69～310MPa。目前使用的喷射法有多种类型，其中超高压喷射和空腔水流喷射潜力较大。

（2）锯切法。目前市面上常用金刚石锯和硬质合金锯，既有适于操作的小型手工锯，也有适用于深度达到 1.3m 的大型锯。

（3）金刚石金属线切割法。金刚石金属线切割法由金属线完成的，金属线上有节点，节点中含有金刚石。用金属线围住切割部位形成连续环，在电力驱动下环绕切割部位高速旋转。只要金属线足够长，能够网住该部位，则可切割任何尺寸的结构。无论是大型还是小型构件的拆除、切割都是有效的方法。

（4）机械剪切法。机械剪切法利用液压剪切割混凝土和钢筋，该方法适用于板、桥面及其他薄壁构件的去除，尤其适用于构件的整体去除。该方法的主要缺点在于切割必须从结构的自由端面，或先用手持式打洞机或其他设备凿洞后再开始。

（5）钻孔法。钻孔法是沿去除部位周边钻孔，然后切割混凝土的方法。对仅能接近混凝土构件单侧且切割深度较大而采用金刚石钻具切割成本较高的部位，可采用该方法。

4. 冲击法

冲击法是去除混凝土最为普遍的方法，该方法是用高能器具或重物反复锤打混凝土表面，从而使混凝土断裂、剥落。这种方法在去除有一定深度的混凝土时，可能会使留存混凝土表面形成微裂纹，如果微裂纹过多，则与修补材料的黏结面就会成为薄弱环节。为了减少微裂纹，应重视设备的重量、尺寸等影响因素。建议先进行拔出试验确定抗拉强度，据此判断留存混凝土表面是否与浇注修补材料结合良好。此外，还应采用其他辅助方法，如喷砂、打磨，以消除微裂纹。

（1）手持式破碎机。手持式破碎机或尖锤可能是混凝土去除设备中最为人熟知的，市售有各种型号、各种功率和能量的手持式破碎机，这些工具的质量从 3.5～41kg 不等。由于造成的损害很小，主要适用于去除局部疏松的混凝土或钢筋周围的混凝土；质量较大的手持式破碎机主要用于大块混凝土的整体去除。如果要求尽量减少撞击，不造成二次伤害，并避免击穿楼板或桥面，那么在选择破碎机的型号时就应慎重考虑。建议在用手持式破碎机去除后，先进行拔出试验，以判断留存表面是否能与浇筑修补材料很好地结合。

（2）架式破碎机。架式破碎机与手持式破碎机基本类似，区别是架式破碎机是由机械驱动的且体积大得多。另外，架式破碎机与手持式气动破碎机不同之处在于，前者是高能量、低频率而后者是低能量、高频率。机械工具由压缩空气或液压驱动，液压工作臂可自由达到墙体和结构顶部，并能在机械所处平面内上下自由伸缩。架式破碎机去除混凝土效率高，但由于其反复对结构产生高能冲击，由此产生的振动可能会损坏留存混凝土或钢筋，从而对结构完整性造成影响。

（3）清除近表面混凝土粗琢锤最为合适的。粗琢锤锤头大小不一、形状各异，不同型号的锤头可安装在气缸上，粗琢锤的大小取决于气缸的多少，通常由压缩气体驱动。用粗琢锤可将劣化混凝土或坚固混凝土去除至预期深度，但通常可能会在留存混凝土表面造成微裂纹，所以应在清理后的表面上先进行拔出试验，以确定是否适于浇注修补材料。

5. 高压射流法

当需要保留混凝土中的钢筋，或需清洗钢筋以再利用以及需尽可能不对留存混凝土造成微裂纹时，只可用高压射流法去除混凝土，且去除效率较高。用高压射流可将混凝土冲散成砂和砾石般大小的碎片，喷射后使留存表面较为粗糙。对于疏松混凝土以及与边墙黏结不够牢固的部位，高压射流甚至可穿透整个板厚。若结构中含有非黏结的钢筋束，则不能使用高压射流法。

高压射流设备工作压力为 70MPa 时，水流量为 130～150L/min；工作压力为 100～140MPa 时，水流量为 75～150L/min；工作压力为 170～240MPa 的超高压喷射水流去除混凝土的深度为 3～150mm。高压射流方法对水的控制及后续处理都有明确的要求，很多地区要求这些水必须先经过滤、净化处理，降低碱度，除去悬浮杂质，然后才能排入废水处理系统。目前较为常用的是工作压力为 100～140MPa、水流量为 75～150L/min 的喷枪。

6. 预裂法

预裂法是先沿预定线钻孔，然后用液压劈裂机、水压脉冲，或在孔中填入膨胀性化学物质引发裂缝而去除混凝土的一种方法。孔的形式、间距及深度是影响裂缝面扩展方向和程度的主要因素。预裂法通常用于大体积混凝土及素混凝土结构。

（1）液压劈裂机液压劈裂机是一种楔形设备，将其插入预先钻好的孔中，利用它可将混凝土分裂开来，对于大体积混凝土结构中的大块混凝土清除，该方法可能是最为有效的，但如果混凝土中含有钢筋，则还应采用其他辅助手段进行处理。

（2）水脉冲预裂水压脉冲法要求孔中必须先注满水，然后在每个（或多个）孔中放入一台含有少量炸药的设备引爆炸药后产生的高压脉冲通过水传播至结构，引发混凝土开裂。用这种方法清除钢筋混凝土时同样需要采用其他辅助方法。如果混凝土严重开裂或劣化，钻孔中的水就会流失，则该方法不适用。

（3）市售的膨胀剂如铝粉，加入适量的水拌和后，在较短的时间内体积会显著增大。在混凝土结构上预先钻好的孔中加入膨胀剂，则混凝土可被分裂开，且分裂方式还可人为控制。对于大体积混凝土结构上大块混凝土的去除，该方法前景看好，尤其是对于特别深的孔，该方法是更好的选择。该方法预裂混凝土后还应采用其他方法去除钢筋上的混凝土。该方法最大的优点在于危险性较小，且对周围混凝土的影响较小。

7. 喷丸法

喷丸是向混凝土高速喷射金属弹丸，从而清洁或去除混凝土的一种方法。这种方法只能去除体积有限的混凝土。弹丸可磨损混凝土表面，回弹的弹丸以及混凝土碎块被吸入喷丸机机身内，一方面混凝土碎块被分离并储存起来，另一方面弹丸则可以循环使用。喷丸机为独立的整装机械，效率高且环保。

弹丸规格有大有小，弹丸大小及喷丸机的喷射速度由混凝土表面最终需要达到的状况决定。表面清洁处理时，可用小粒径弹丸，并将喷射速度设置为最大值；而当单程去除深度达到 6mm、宽度达到 3mm 的表面时，则应采用较大的弹丸以低速喷射。当去除深度不超过 20mm 时，采用喷丸机既有效又经济；也可以用喷丸机去除深度达到 40mm 的混凝土。但是，去除深度超过 20mm 的混凝土时，随着去除深度继续增加，单位体积的成本也将急剧增加。

8. 高压水磨料喷射法

高压水流中含有磨料如砂、氧化铝和石榴石，水压为 10～35MPa，可除去混凝土上的污物或其他杂质、浮浆，并可使细骨料暴露出来。该方法可消除常规喷砂时产生粉尘的现象。回收的水应先将磨料分离出来，然后再排入废水处理系统。含磨料的高压水喷射后，混凝土表面清洁，灰尘少，可进行后续工序如密封或覆盖。

## 7.4.2 混凝土表面清理技术

待修补部位的表面清理是混凝土结构修补最为重要的步骤之一，其中包括损伤部位混凝土及指定部位的坚固混凝土去除等。如果撇开修补材料的性能、品质以及成本的影响，可以说修补质量的优劣仅与表面清理有关；为了保证钢筋在结构中能起到预期的作用，对钢筋混凝土的修补还应注意对钢筋的表面处理，以便与新混凝土之间形成良好的黏结。

表面清理是指在施用修补材料前，对混凝土表面必须采取的清理措施。应根据混凝土去除的方法及修补类型选择适当的表面清理方法。混凝土表面必须干燥、坚固，表面清理应根据生产厂家的建议以及工程师的要求进行，所有可能削弱涂料黏接力或阻碍密封剂渗透的表面污物（包括涂层）都应被清除。

表面清理的主要方法包括化学清理、机械清理和打磨清理。大多数情况下化学清理法一般不与混凝土修补材料同时使用，酸液可从裂缝处渗入混凝土内部，并加速结构混凝土内部钢筋的锈蚀，同时酸还会削弱、瓦解混凝土表面留存的硬化水泥浆体。

机械清理是用冲击工具（如破碎机、粗琢锤）、砂轮机或翻路机去除表面上的薄层混凝土。清理设备不同，得到的表面状况也不相同。使用机械清理时应特别小心，否则就会造成微裂缝。

打磨清理是用打磨器具（如喷砂机、喷丸机及高压水龙头）去除表面上的薄层混凝土。表面清理完成后，所有残余物都应清除干净，可采用水冲、喷气、真空吸尘或其他方法完成。

## 7.5 基 础 环 纠 偏

### 7.5.1 纠偏方案

纠偏工程设计前，应进行现场踏勘、风电机组基础结构的使用情况、收集相关资料等前期准备工作，掌握原设计和施工文件，原岩土工程勘察资料和补充勘察报告，气象资料，地震危险性评价资料；检测评估报告；使用及改扩建情况；相邻建筑物的基础类型、结构型式、质量状况和周边地下设施的分布状况、周围环境资料；与纠偏工程有关的技术标准。

纠偏工程方案应包括倾斜基础概况、检测与评估结论、工程地质与水文地质条件、倾斜原因分析、纠偏目标控制值、纠偏方案比选、纠偏设计、结构加固设计、防倾覆加固设计、施工要求、监测点的布置及监测要求等。

纠偏方案设计应遵循防止结构破坏、过量附加沉降和整体失稳；确定抬升量。根据监测数据，及时调整相关的设计参数的原则。

纠偏设计应按倾斜原因分析、纠偏方案比选、纠偏方法选定、结构加固设计、纠偏施工图设计、纠偏方案动态优化等步骤进行。

1. 纠偏设计计算

纠偏设计计算应包括以下内容：

(1) 确定纠偏设计迫降量或抬升量。

(2) 计算倾斜建筑物重心高度、基础底面形心位置和作用于基础底面的荷载值。

(3) 验算地基承载力及软弱下卧层承载力。

(4) 验算地基变形。

(5) 确定纠偏实施部位及相关参数。

(6) 进行防倾覆加固设计计算。

建筑物纠偏需要调整的迫降量或抬升量和残余沉降差值（图7-10），即

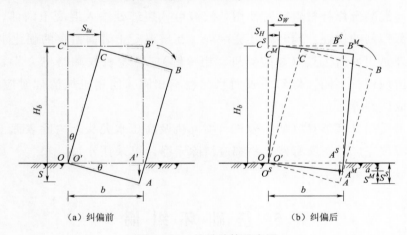

(a) 纠偏前　　　　　　　　(b) 纠偏后

图 7-10　抬升计算示意图

$$S_v = \frac{(S_{Hl} - S_H)b}{H_g} \tag{7-34}$$

$$a = S_v' - S_v \tag{7-35}$$

式中　$S_v$——基础环纠偏设计迫降量或抬升量，mm；

$S_v'$——基础环纠偏前的沉降差值，mm；

$S_{Hl}$——基础环纠偏前顶部水平变位值，mm；

$S_H$——基础环纠偏顶部水平变位设计控制值，mm；

$b$——纠偏方向基础环宽度，mm；

$a$——残余沉降差值，mm；

$H_g$——自室外地坪算起的建筑物高度，mm。

作用于基础底面的力矩值的计算为

$$M_P = (F_k + G_k)xe' + M_b \qquad (7-36)$$

式中　$M_P$——作用于倾斜建筑物基础环底面的力矩值，kN·m；

　　　$F_k$——相应于作用的标准组合时，上部结构传至基础顶面的竖向力值，kN；

　　　$G_k$——基础自重和基础上的土重标准值，kN；

　　　$e'$——倾斜基础环基础合力作用点到基础形心的水平距离，m；

　　　$M_b$——相应于荷载效应标准组合时，水平荷载作用于基础底面的力矩值，kN·m。

纠偏工程桩基承载力应按国家现行标准《建筑地基基础设计规范》(GB 50007)、《建筑桩基技术规范》(JGJ 94)、《既有建筑地基基础加固技术规范》(JGJ 123) 进行验算。

2. 抬升法设计

抬升法的基础环纠偏中常用的方法，主要包括千斤顶纠偏和机舱偏转纠偏。基础环抬升法纠偏设计应确定千斤顶的数量、位置和抬升荷载、抬升量等参数。基础环抬升后的间隙应采用环氧树脂、水泥砂浆或微膨胀混凝土填充。抬升力应根据纠偏基础环上部荷载值确定。

抬升点应根据基础环结构型式、荷载分布以及千斤顶额定工作荷载确定，抬升点间距不宜大于 2.0m，抬升点数量估算为

$$n \geqslant k \frac{Q_k}{N_a} \qquad (7-37)$$

式中　$n$——抬升点数量，个；

　　　$Q_k$——基础环需抬升的竖向荷载标准值，kN；

　　　$N_a$——抬升点的抬升荷载值，kN；取千斤顶额定工作荷载的 80%；

　　　$k$——安全系数，取 $k = 2.0$。

各点抬升量为

$$\Delta h_i = \frac{l_i}{L} S_v \qquad (7-38)$$

式中　$\Delta h_i$——计算点抬升量，mm；

　　　$l_i$——转动点（轴）至计算抬升点的水平距离，m；

　　　$L$——转动点（轴）至沉降最大点的水平距离，m；

　　　$S_v$——基础环纠偏设计抬升量（沉降最大点的抬升量），mm。

## 7.5.2　纠偏施工

纠偏工程施工前，应对基础结构的损伤情况进行标识确认，并应在纠偏施工过程

中进行裂缝变化监测。纠偏工程应实行信息化施工，根据监测数据、修改后的相关设计参数及要求，调整施工顺序和施工方法。纠偏施工应根据设计的回倾速率设置预警值，达到预警值时，应立即停止施工，并采取控制措施。基础环纠偏达到设计要求后，应对工作槽、孔和施工破损面等进行回填、封堵和修复。

抬升纠偏前，应进行沉降观测，地基沉降稳定后方可实施纠偏；应复核每个抬升点的总抬升量和各级抬升量，并作出标记。千斤顶额定工作荷载应根据设计确定，且使用前应进行标定。托换结构体系应达到设计承载力要求且验收合格后方可进行抬升施工。抬升过程中，各千斤顶每级的抬升量应严格控制。抬升纠偏施工期间应避开恶劣天气和周围振动环境的影响。正式抬升前必须进行一次试抬升；抬升过程中钢垫板应做到随抬随垫，各层垫块位置应准确，相邻垫块应进行焊接；抬升应分级进行，单级最大抬升量不应大于 3mm，每级抬升后应有一定的间隔时间，当顶部回倾量与本级抬升量协调后方可进行继续抬升；恢复结构连接完成并达到设计强度后方可拆除千斤顶。纠偏结束后，基础环采用灌浆法进行充填，保证基础环连接。

### 7.5.3 监测

基础环纠偏工程施工前，应制定现场监测方案并布设完成监测点。纠偏工程应对塔筒的倾斜、顶升部位和塔筒壁的应力应变、基础结构裂缝进行监测。同一监测项目宜采用两种监测方法，对照检查监测数据；监测宜采用自动化监测技术。纠偏工程监测频率和监测周期应符合以下规定：

（1）施工过程中的监测应根据施工进度进行，施工前应确定监测初始值。

（2）施工过程中每天监测不应少于两次，每级次纠偏施工监测不应少于一次。

（3）当监测数据达到预警值或监测数据异常时，应立即报告；并应加大监测频率或采用自动化监测技术进行实时监测。

（4）纠偏竣工后，基础环沉降观测时间不应少于 6 个月，重要建筑、软弱地基上的基础环观测时间不应少于 1 年；第一个月的监测频率，每 10 天不应少于一次；第二、第三个月，每 15 天不应少于一次；以后每月不应少于一次。

监测应由专人负责，并固定仪器设备；监测仪器设备应能满足观测精度和量程的要求，且应检定合格。每次监测工作结束后，应提供监测记录；竣工后应提供施工期间的监测报告：监测结束后应提供最终监测报告。纠偏监测除应符合《建筑物倾斜纠偏技术规程》(JGJ 270) 外，还应符合《工程测量规范》(GB 50026) 和《建筑变形测量规范》(JGJ 8) 的有关规定。

1. 基础环水平度监测

基础环的水平度监测应测定基础环上法兰的高程，计算水平度，纠偏速率、倾斜率、回倾速率。水平度监测等级不应低于二级沉降观测，设置的高程基准点应满足现行行业标准《建筑变形测量规范》(JGJ 8) 等的有关规定。

2. 裂缝监测

裂缝监测内容包括基础结构顶面裂缝位置、分布、走向、长度、宽度及变化情况以及基础环侧壁表面状态。裂缝监测应采用裂缝宽度对比卡、塞尺、裂纹观测仪等监测裂缝宽度，用钢尺度量裂缝长度，用贴石膏的方法监测裂缝的发展变化。纠偏工程施工前，应对原有裂缝进行观测，统一编号并做好记录。纠偏工程施工过程中，当监测发现原有裂缝发生变化或出现新裂缝时，应停止纠偏施工，分析裂缝产生的原因，评估对结构安全性的影响程度。裂缝监测报告内容应包括裂缝位置分布图、裂缝观测成果表、裂缝变化曲线图。

3. 基础环侧壁的应力应变

纠偏施工前后，应对基础环侧壁钢材的应力应变进行监测，确保基础环的局部位置不会出现应力集中现象。基础环侧壁应力应变监测报告应当包括测点布置、持续应力变化曲线图，若出现超过许可应力应变的监测数据，应立即停止纠偏工作，待查明原因后方可继续开展相关工作。

# 第8章 工 程 应 用

## 8.1 某风电场施工期风电机组基础缺陷检测评估及加固

### 8.1.1 工程概况

　　某华东区域风电场计划安装 19 台单机容量为 2650kW 的风电机组，但在施工中发现已浇筑完毕的风电机组混凝土基础存在较多问题，主要包括：①风电机组混凝土基础在浇筑过程中，振捣措施控制不严格，个别混凝土基础存在较大面积的蜂窝麻面，甚至有钢筋外露现象，特别是 4 号风电机组基础，大、小承台连接处有断层，深度约 10cm；②个别风电机组混凝土基础承台施工缝明显，有分层现象，部分区域有"穿裙子"现象；③风电机组混凝土基础普遍存在温度应力裂缝，个别温度缝较长，贯穿台柱外立面；④风电机组混凝土基础在养护过程中，个别基础保温覆盖不严，有直接裸露在空气中的现象。同时，个别风电机组混凝土基础未采取防雨措施，存在保温层被雨水湿透、失去保温作用情况；⑤风电机组混凝土基础成品保护较差，混凝土基础外观存在掉角、磕碰破损等现象。

　　为了确切掌握已浇筑的风电机组混凝土基础整体质量状态，对该项目 4 号、5 号及 8 号风电机组混凝土基础质量进行了检测和安全负荷计算，通过对风电机组基础安全分析评估，为风电机组混凝土基础缺陷的修补加固提供科学依据。

### 8.1.2 检测评估内容

　　对风电机组基础（4 号、5 号及 8 号风电机组基础）的混凝土质量进行检测，具体包括：①4 号、5 号及 8 号风电机组基础混凝土外观检测（外观质量普查）；②4 号、5 号及 8 号风电机组混凝土基础裂缝专项检测：包括裂缝的长度、宽度和深度检测，并且通过钻取混凝土芯样，对典型裂缝的深度进行验证；③4 号、5 号及 8 号风电机组混凝土基础的强度检测：通过钻芯取样和室内加工成型试件的方法，进行抗压试验检测风电机组混凝土基础强度；④4 号、5 号及 8 号风电机组混凝土基础内部可视成像检测；⑤4 号、5 号及 8 号风电机组混凝土基础内部质量缺陷检测；混凝土浅层基础采用超声相控阵；深层基础缺陷采用冲击弹性波检测，两者兼顾应用可以有效提高检测精度和深度，同时采用钻芯取样的方法进行验证。

### 8.1.3 工作依据

本次现场检测工作主要参考相关标准、规程和规范，以及参建和运营单位提供的资料，具体如下：

《混凝土结构现场检测技术标准》（GB/T 50784）；

《水电水利工程物探规程》（DL/T 5010）；

《水工混凝土试验规范》（SL 352）；

《水工混凝土结构缺陷检测技术规程》（SL 713）；

《混凝土结构设计规范》（GB 50010）；

《风力发电机组 设计要求》（GB/T 18451.1）；

《建筑地基基础设计规范》（GB 50007）；

《钻芯法检测混凝土强度技术规程》（CECS 03）；

风电机组基础设计图纸等风电机组基础资料。

### 8.1.4 风电机组混凝土基础质量检测成果

对 4 号、5 号及 8 号风电机组混凝土基础质量进行了检测，检测结果及评估如下：

（1）检测的 3 台风电机组混凝土基础表观缺陷主要问题有：①混凝土基础裂缝；②风电机组基础浇筑振捣不实，混凝土面层存在较严重蜂窝麻面和坑洞的现象，严重的混凝土基础局部钢筋外露锈蚀严重；③拆模后，混凝土基础表面平整度普遍较差，混凝土错台等缺陷普遍；④混凝土基础个别区域渗水，由此判断渗水区域基础的混凝土密实度较差；⑤承台外侧立面普遍存在施工间隙分层现象。

（2）3 台风电机组混凝土基础，共普查到 204 条裂缝和 8 处龟裂区域，不均匀分布在风电机组台柱和承台的混凝土基础上。其中，4 号机风电机组台柱混凝土基础裂缝 53 条，承台基础混凝土裂缝 9 条；5 号风电机组台柱混凝土基础裂缝 22 条及 5 处混凝土龟裂区，承台基础混凝土裂缝 62 条和 1 处混凝土龟裂区；8 号风电机组台柱混凝土基础裂缝 24 条及 1 处混凝土龟裂区，承台基础混凝土裂缝 34 条和 1 处混凝土龟裂区。

检测的 3 台风电机组锚栓外侧台柱的裂缝基本为径向裂缝，而且分布在台柱外立面的混凝土裂缝基本为贯穿温度应力缝，裂缝走向自上而下比较规律；而风电机组承台混凝土裂缝基本为环向缝。

所有检测的混凝土裂缝宽度都比较小，最大缝宽为 8 号风电机组台柱基础外立面 1 号裂缝，裂缝宽度 0.41mm，而 3 台风电机组混凝土基础裂缝最小缝宽为 0.1mm。

通过超声波法检测得到的风电机组基础裂缝深度普遍较小，检测到最大基础混凝土裂缝深度为 8 号风电机组基础承台 17 号裂缝，裂缝深度达 306mm。

采用骑缝钻芯法，对无损超声波检测风电机组基础混凝土裂缝深度的成果进行校验。结果表明，无损超声波检测与直接骑缝取芯检测裂缝深度的数据存在一定的误差，出现上述情况的原因较多，如检测时环境温度较高，地表温度最高可达 40℃ 以上，导致风电机组基础表面裂缝处于闭合状态，影响检测的精确性。同时，台柱基础混凝土内部钢筋相对比较密实，采用超声波检测混凝土裂缝深度，存在一定的干扰和局限性，误差较大。虽然，取芯判断裂缝深度更加直观和准确，但这种有损检测裂缝深度的方法会破坏基础混凝土的整体性。

（3）采用钻取芯样抗压试验有损检测的方法，对 4 号、5 号及 8 号风电机组混凝土基础的强度进行了检测。4 号风电机组混凝土基础芯样强度平均值 35.2MPa，最小值 30.8MPa；5 号风电机组混凝土基础芯样强度平均值 30.7MPa，最小值 26.0MPa；8 号风电机组混凝土基础芯样强度平均值 34.1MPa，最小值 22.5MPa。由此可见，上述 3 台风电机组混凝土基础强度均不能满足 C40 设计要求，并且 5 号风电机组和 8 号风电机组的混凝土基础强度最小值分别是 26.0MPa 和 22.5MPa，远远低于设计标准，应加以重视。

（4）采用工程窥视镜技术对风电机组混凝土基础内部质量（内部缺陷）进行成像检测。通过钻取直径 30mm 的芯样，对 4 号和 8 号风电机组混凝土基础内部质量进行检测：4 号风电机组基础两个检测孔的芯样比较完整，未发现大的混凝土孔洞和泥化破碎现象，孔壁混凝土质量比较密实，但是在 4 号风电机组混凝土钻孔的孔壁上发现了一条环向裂缝，应引起高度重视；与 4 号风电机组相比，8 号风电机组基础两个检测孔的芯样质量较差，柱体气孔较多，检测孔内混凝土孔壁大、小孔洞较多，特别有 1 处疑似施工冷缝断裂面，要应引起高度重视。

（5）采用表面波检测风电机组混凝土基础的内部质量，并结合钻芯取样抗压试验的方法推定风电机组混凝土基础的强度，两者结果基本一致，相互验证。

表面波检测：4 号风电机组基础总计 27 个测点，其中，20 个测点混凝土强度低于 40MPa，不合格测点占总测点数的 74.1%；5 号风电机组基础总计 32 个测点，有 29 个测点混凝土强度低于 40MPa，不合格测点占总测点数的 90.6%；8 号风电机组基础总计 24 个测点，有 19 个测点混凝土强度低于 40MPa，不合格测点占总测点数的 79.2%。

钻芯取样抗压强度检测：4 号、5 号和 8 号风电机组混凝土基础整体质量较差，混凝土强度推定值（相关标准中要求最小值）均不能满足 C40 设计要求。

（6）超声相控阵检测风电机组混凝土基础内部质量缺陷。在检测过程中，相控阵能够比较直观、准确地显示检测区域中的反射能量异常区。

经现场钻芯检测确定 4 号风电机组混凝土基础整体质量较差，钻取的混凝土芯样整体气孔较多、密实度差，芯样柱体上还发现闭环的混凝土裂缝，芯样的断截面混凝土振捣不密实，蜂窝麻面较深，存在施工冷缝界面；5号风电机组混凝土基础整体质量较差，混凝土芯样均存在施工冷缝界面和贯穿性温度应力缝；8号风电机组混凝土基础整体质量较差，混凝土芯样柱体蜂窝、气孔较多，并发现施工冷缝薄弱面。

## 8.1.5 结构复核和加固模拟

通过结构力学计算、分析得出结论，风电机组基础扩展部分底部环向钢筋承载力不足，为避免风电机组在后期运行过程中存在安全隐患，建议塔筒吊装之前对风电机组混凝土基础进行补强加固处理。现有混凝土强度等级的基础，在经历完全极端荷载工况条件后，迎风侧（受拉侧）台柱与扩展基础连接处环形区域均会出现损伤现象，且现有混凝土强度等级的基础损伤破坏会有扩展，情况较为严重，因此有必要对风电机组基础进行补强加固。加固体有限元结果表明：现有混凝土强度等级的基础加固后，主要的损伤集中在以下区域：①迎风侧（受拉侧）台柱上部与上锚环连接位置，该区域主要是由于预压应力减少后，迎风侧上锚环与台柱顶面产生拉力脱开所致；②背风侧台柱底部及向上延伸区域，该区域损伤与加固前基本一致，但损伤区域和损伤程度均显著下降。

加固前钢筋综合应力、基础顶面受拉塑性损伤、基础剖面受拉塑性损伤和基础底面受拉塑性损伤云图如图8-1~图8-4所示。加固后钢筋综合应力和基础剖面塑性损伤云图如图8-5和图8-6所示。

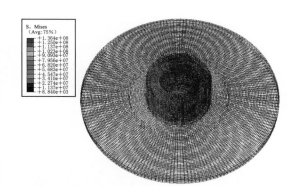

图8-1 加固前钢筋综合应力云图

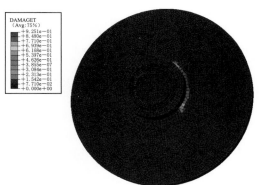

图8-2 加固前基础顶面受拉塑性损伤云图

## 8.1.6 修复加固建议方案

鉴于现场检测和有限元模拟分析成果，对风电机组混凝土基础进行补强加固处理，以恢复混凝土基础结构整体性，并提高局部混凝土承载能力。加固方案包括：①修复措施，对外露的空洞采用环氧砂浆充填后，采用环氧树脂对台柱根部、基础裂缝（特别是台柱位置）、施工冷缝部位、台柱内部空洞等进行灌浆，务必保证基础内部和外部的混凝土空洞和裂缝充填饱满；②加固措施，增大台柱和扩展部分截面面积，

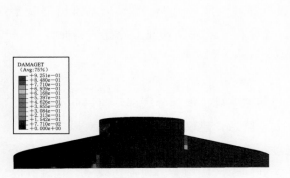

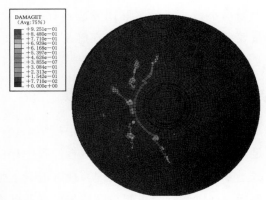

图 8-3　加固前基础剖面受拉塑性损伤云图　　　　图 8-4　加固前基础底面受拉塑性损伤云图

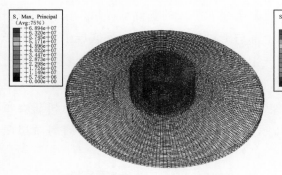

（a）原有整体钢筋综合应力云图

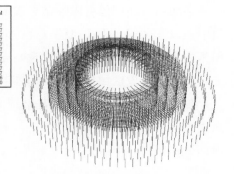

（b）新增钢筋综合应力云图

图 8-5　加固后钢筋综合应力云图

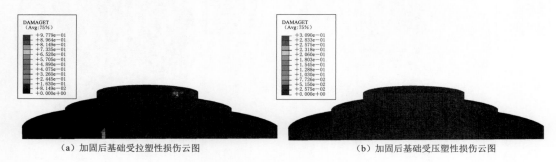

（a）加固后基础受拉塑性损伤云图　　　　　　　（b）加固后基础受压塑性损伤云图

图 8-6　加固后基础剖面塑性损伤云图

对扩展部分进行植筋加固。

　　在妥善处理好迎风侧上锚环下侧混凝土之间存在的脱开风险和背风侧上锚环下侧混凝土压损伤的前提条件下，台柱混凝土半径增加 60cm，扩展基础部分混凝土厚度增加 60cm。新增混凝土采用 C40，扩展部分新增混凝土水平尺寸为 3.0m，其他参照原有设计要求。基础增大截面加固如图 8-7 所示。

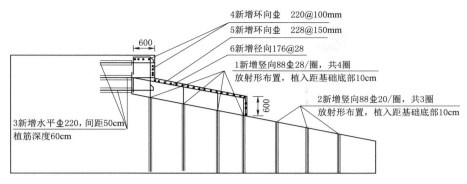

图 8-7　基础增大截面加固图（单位：mm）

# 8.2　某风电场运行期风电机组基础缺陷检测评估及加固

## 8.2.1　工程概况

随着项目运行年限的增加，某华北区域风电场 12 台风电机组混凝土基础的老化病害现象逐渐显现，若得不到足够的重视和后期及时处理，就有可能会威胁到该风电场的安全运行，限制了风电效益的发挥。为了确切掌握基础混凝土的质量，对风电机组混凝土基础结构进行了检测评估，为后期风电机组基础混凝土缺陷的修补加固方案提供科学依据。

## 8.2.2　现场检测内容

此次检测内容如下：

（1）12 台风电机组台柱混凝土外观检测（外观质量普查）。

（2）12 台风电机组基础环水平度检查：基础环顶面位置设置观测点，观测时调整机舱位置，观测机舱不同偏向的水平度。

（3）12 台风电机组台柱裂缝检测：裂缝的长度、宽度和裂缝深度检测。

（4）12 台风电机组台柱混凝土强度检测：超声回弹综合法和钻孔取芯室内抗压试验进行检测。

（5）4 台风电机组基础环 T 型板上方混凝土质量检测：通过在主风向迎风侧贴近基础环侧壁钻孔取芯，采用内窥镜成像的方法对基础环 T 型板上方混凝土质量进行直观判断。钻孔直径 32～50mm，内窥镜成像。

## 8.2.3　检测评估依据

现场检测工作主要参考相关标准、规程和规范，以及参建和运营单位提供的资料，具体如下：

《混凝土结构现场检测技术标准》(GB/T 50784)；

《建筑基桩检测技术规范》(JGJ 106)；

《水电水利工程物探规程》(DL/T 5010)；

《水工混凝土试验规范》(SL 352)；

《超声回弹综合法检测混凝土抗压强度技术规程》(T/CECS 02)；

《水工混凝土结构缺陷检测技术规程》(SL 713)；

《混凝土结构设计规范》(GB 50010)；

《风电机组地基基础设计规定》(FD 2007)；

《建筑地基基础设计规范》(GB 50007)；

《钻芯法检测混凝土强度技术规程》(CECS 03)；

风电机组基础设计图纸和基础环图纸等。

### 8.2.4　检测成果分析

通过对风电场 12 台风电机组混凝土基础的外观检查和混凝体质量检测，得出以下结论：

(1) 12 台风电机组台柱混凝土基础表层缺陷主要为：基础环接缝开裂，防水涂层开裂、破损；基础环翻浆、返水；多数基础环与混凝土接缝处混凝土挤压破损。

12 台风电机组台柱混凝土基础共发现 107 条裂缝，混凝土裂缝宽度和深度的无损检测值都比较小。其中，58 号风电机组台柱混凝土基础 4 号裂缝深度检测值最大，达到 146mm；8 号风电机组台柱混凝土基础 5 号裂缝的缝宽最大为 0.26mm。

(2) 8 号和 67 号风电机组基础环水平度检测偏差值均超过 3mm（厂家规定要求）；73 号风电机组基础环水平度的动态值 5.9mm，也不满足厂家规定要求，其余风电机组满足风电机组厂家吊装设备后的允许值。

(3) 风电机组基础台柱混凝土强度检测结果表明，FF04、FF08、FF24、FF32、FF58、FF61 及 FF68 等 7 台风电机组基础混凝土强度推定值达到 40MPa，而 FF16、FF67、FF72 及 FF73 风电机组基础的混凝土强度推定值小于 40MPa。其中，FF16 和 FF73 风电机组基础混凝土强度推定值介于 30~35MPa 之间，两台风电机组基础混凝土强度推定值偏小。

(4) 12 台风电机组台柱基础钢筋保护层厚度检测值均大于 40mm 设计标准。

(5) 在 8 号、67 号风电机组台柱主风向迎风侧贴基础环侧壁钻孔取芯（直径 30mm 钻头），孔深达到基础环下法兰上顶面位置。检查成果表明 2 台风电机组成孔的混凝土孔壁整体质量较好，混凝土比较密实，但在接近下法兰顶面位置存在空洞现象。

（6）根据混凝土检测结果，对低于设计强度的基础进行安全复核，基础结构较设计强度安全裕度有所下降，基础环锚固承载力不足，基础环底法兰附近混凝土易出现损伤，需进行加固处理。风电机组台柱基础混凝土状况统计见表8-1。

表 8-1　风电机组台柱基础混凝土状况统计

| 风电机组编号 | 裂缝统计/条 | 基础混凝土及防水涂层破坏描述 | 水准度测量/mm | 芯样强度/MPa |
|---|---|---|---|---|
| FF04 | 9 | 台柱混凝土基础有1处混凝土挤压破坏并脱空，防水破坏，翻浆返水严重 | 1.8 | 40.4 |
| FF08 | 24 | 台柱混凝土基础的混凝土挤压破坏和局部脱空，返水和轻微翻浆 | 4.7 | 39.7 |
| FF016 | 31 | 台柱混凝土基础内部存在返水和轻微翻浆，台柱混凝土基础1处挤压开裂 | 1.8 | 33.3 |
| FF018 | 8 | 台柱混凝土基础混凝土挤压破坏，防水涂层挤压开裂，翻浆严重 | 2.0 | 26.9 |
| FF024 | 13 | 台柱混凝土基础的混凝土挤压破坏且局部脱空，防水涂层挤压开裂，有翻浆现象 | 2.0 | 44.4 |
| FF032 | 0 | 台柱混凝土基础混凝土挤压破坏，防水涂层挤压开裂，翻浆严重 | 1.0 | 48.3 |
| FF058 | 26 | 台柱混凝土基础5处混凝土挤压破坏且局部脱空，防水涂层挤压开裂，有翻浆印迹 | 1.0 | 39.0 |
| FF061 | 0 | 台柱混凝土挤压破坏，防水涂层开裂，翻浆严重 | 2.0 | 44.3 |
| FF067 | 0 | 防水涂层开裂，返水翻浆严重 | 4.0 | 36.6 |
| FF068 | 0 | 台柱混凝土基础粗糙不平整，防水涂层挤压开裂，返水翻浆严重 | 1.0 | 43.7 |
| FF072 | 3 | 台柱混凝土基础挤压破碎，防水涂层挤压开裂，返水翻浆 | 2.0 | 36.9 |
| FF073 | 7 | 防水涂层挤压开裂，返水翻浆严重 | 2.0 | 31.4 |

## 8.2.5　加固方案

通过对12台风电机组台柱基础混凝土的外观检查和混凝土质量检测与结构安全复核，发现风电机组台柱混凝土基础部分存在运行期比较常见的混凝土病害缺陷和安全隐患，因此建议对相关风电机组基础开展加固处理工作。

### 8.2.5.1　修复分类

检测过程中，发现12台风电机组台柱混凝土基础翻浆和台柱基础表层挤压破坏现象非常普遍，表明12台风电机组的基础环下法兰混凝土基础均存在严重程度不等的压溃破坏。因此，建议对其中4台风电机组进行基础环灌浆，以恢复基础的完整性。

风电机组基础台柱混凝土缺陷处理方案见表8-2。具体加固措施可根据风电机组基础台柱现场实际情况进行适当调整。

表 8-2　风电机组基础台柱混凝土缺陷处理方案

| 修复方案 | 数量/台 | 风电机组编号 |
|---|---|---|
| 基础环防水 | 12 | FF04、FF08、FF16、FF18、FF24、FF32、FF58、FF61、FF67、FF68、FF72、FF73 |
| 塔筒纠偏 | 2 | FF08、FF67（FF73 定期复检） |
| 基础环灌浆 | 12 | （一期）FF04、FF08、FF67、FF73（二期）剩余 8 台 |
| 台柱基础混凝土裂缝灌浆补强 | 8 | FF04、FF08、FF16、FF18、FF24、FF58、FF72、FF73 |
| 台柱基础混凝土面层修复 | 8 | FF04、FF08、FF16、FF18、FF32、FF58、FF72、FF73 |
| 预应力加固 | 4 | FF16、FF72、FF73、FF67 |

#### 8.2.5.2　工艺流程

根据工程现场实际情况，通过灌注环氧树脂材料对基础环与混凝土基础之间的缝隙进行填充，改善局部受力状态，同时对台柱顶面的裂缝进行灌浆处理，恢复混凝土基础结构的整体性和稳定性，采用预应力混凝土增大台柱承载能力，并在基础环接缝区域嵌填柔性止水材料和表面封闭防渗。

施工流程如下：基础环注浆（钻孔→清孔、安装灌浆嘴→灌浆→台柱裂缝灌浆修补→预应力施工→基础环缝面表层防护（开槽→打磨→嵌填柔性止水材料→涂刷涂层封闭）。

# 8.3　某空心圆台基础安全评估及加固

## 8.3.1　基本情况

华北某风电场采用 2.0MW 机组，塔筒采用钢筋混凝土和钢材塔筒。在施工中，项目完成的 23 台风电机组基础均发现混凝土基础空腔内壁出现裂缝，严重影响风电机组基础筒安全和耐久性。后该项目于 2019 年 4 月完成结构安全评估和加固设计，2019 年 6 月完成加固施工，至今运行良好。

## 8.3.2　工作依据

本次安全评估咨询主要依据建设单位提供的施工资料和现行相关规程规范，具体如下：

《建筑地基基础设计规范》（GB 50007）；

《建筑结构荷载规范》（GB 50009）；

《混凝土结构设计规范》(GB 50010)；

《建筑抗震设计规范》(GB 50011)；

《钢结构设计规范》(GB 50017)；

《工业建筑防腐蚀设计规范》(GB 50046)；

《烟囱设计规范》(GB 50051)；

《建筑结构可靠度设计统一标准》(GB 50068)；

《高耸结构设计规范》(GB 50135)；

《电气装置安装工程　接地装置施工及验收规范》(GB 50169)；

《混凝土结构工程施工质量验收规范》(GB 50204)；

《钢结构工程施工质量验收规范》(GB 50205)；

《建筑工程抗震设防分类标准》(GB 50223)；

《钢结构焊接规范》(GB 50661)；

《混凝土结构工程施工规范》(GB 50666)；

《低合金高强度结构钢》(GB/T 1591)；

《预应力混凝土用钢绞线》(GB/T 5224)；

《预应力筋用锚具、夹具和连接器》(GB/T 14370)；

《体外预应力索技术条件》(GB/T 30827)；

《水泥基灌浆材料应用技术规范》(GB/T 50448)；

《高层建筑混凝土结构技术规程》(JGJ 3)；

《无粘结预应力混凝土结构技术规程》(JGJ 92)；

《预应力混凝土结构抗震设计规程》(JGJ 140)；

《无粘结预应力钢绞线》(JG 161)；

《风电机组地基基础设计规定》(FD 003)；

某厂家塔架整锻法兰技术条件；

某厂家塔架技术条件；

某厂家 2.5MW 机组基础设计和施工相关规范（陆上）；

*Guideline for the certification of wind turbines*（GL - Edition 2010)；

*Eurocode* 3：*Design of steel structures*（BSEN 1993 - 1 - 9)；

*CEB - FIP Model Code* 1990；

《风力发电机组预应力装配式混凝土塔筒技术规范》(T/CEC 5008)。

## 8.3.3　设计资料

根据风电机组的基础厂家和设计单位提供的资料，风电机组的基础荷载如图 8 - 8 所示，风电机组传至基础顶部荷载标准值见表 8 - 3。

风电机组基础结构重要性分类安全等级为一级，地基基础设计使用年限 50 年，场地类别为Ⅱb类，场地为软质岩石；地震基本烈度为Ⅵ度，设计基本地震加速度值为 0.05g。标准冻土深度 1.80m，场地类别Ⅱ～Ⅰ类，地下水埋深较深，不考虑对地基基础的影响。

表 8-3 风电机组传至基础顶部荷载标准值

| 工况名称 | $F_{xy}/kN$ | $F_z/kN$ | $M_{xy}/(kN \cdot m)$ | $M_z/(kN \cdot m)$ |
|---|---|---|---|---|
| 正常运行荷载工况 | 484.6 | 9909.1 | 49733 | 378.7 |
| 极端荷载工况 | 963 | 9799 | 89085 | −2926.7 |

风电机组承台扩展空心基础采用独立混凝土基础，采用天然地基，持力层为基岩层。由上下同心两层空心圆台基础组成，下层空心圆台半径 4.045m、高 1.1m，底部中心部位设一个直径 0.3m、深 0.5m 的圆形集水坑；上层空心圆台结构由半径 9.0m、高 1.0m 及半径 9.0～4.482m 渐变空心圆台、高 1.3m 组成；抬高基础（塔筒）塔底基座外直径为 7.906m，塔上口外侧直径为 4.858m，基础钢筋接头采用搭接和机械连接，其中环向钢筋采用搭接，其余均为机械连接（图 8-9）。钢筋保护层厚度底部为 80mm，其余部位的混凝土保护层为 40mm，混凝土强度等级为 C40。塔筒混凝土厚度从底部 0.44m 至塔上口渐变至 0.594m，塔身高度为 32.01m，塔筒分 9 段预制，塔筒混凝土强度等级为 C60，塔筒与基础及塔筒之间采用 C80 灌浆料和预应力钢筋绞线连接。

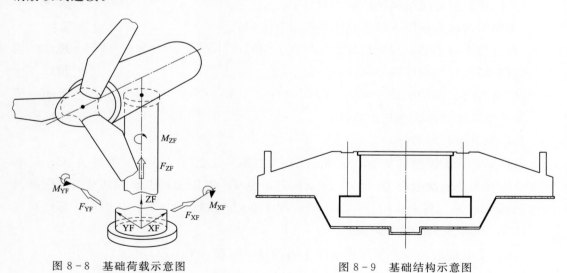

图 8-8 基础荷载示意图　　　　　　　　图 8-9 基础结构示意图

基础结构配筋图如图 8-10 所示。风电机组混凝土基础的浇筑属大体积混凝土工程，大体积混凝土浇筑应符合《大体积混凝土施工规范》(GB 50496)，风电机组基础施工质量验收按《混凝土结构施工质量验收规范》(GB 50204) 执行。

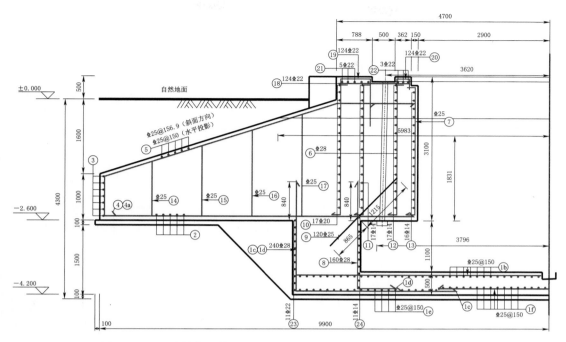

图 8-10 基础结构配筋图（对称结构，单位：尺寸，mm，标高，m）

### 8.3.4 裂缝状态

根据业主单位提供的相关资料，共开展了两次裂缝检测工作，分别如下：

基础均存在不同程度的裂缝。裂缝最深处约为 1350mm，表面裂缝深度约为 128mm，二次浇筑处混凝土表面未进行有效处理，导致出现基础施工缝渗水现象，所有基层均出现混凝土分层现象。内壁上段存在竖向裂缝，风电机组基础上段预埋钢构件存在锈迹；风电机组基础内壁上段与下段交接处部分钢筋外露且存在锈迹。风电机组基础裂缝（图 8-11）宽度范围为 0.08～0.49mm，现场通过钻芯检查裂缝深度，20 号裂缝的深度大于 270mm。典型基础裂缝示意图如图 8-11 所示。

根据业主单位提供的资料，施工方案中混凝土中心最高温度计算值为 35.65℃，对应计算得到的温度应力为 1.23MPa。而实际混凝土施工过程中监测基础内部最高温度达到 80℃，远远高于预测计算温度，因此实际温度应力远大于计算应力，导致局部区域出现混凝土裂缝。

### 8.3.5 数值模型

有限元模型按照基础结构设计图纸尺寸建立。在对混塔式基础进行模拟分析时，可不考虑基础覆土的侧向作用，故可利用竖向土压力与侧向土压力代替松散的土体模型施加作用于基础之上。考虑到主要对基础台柱结构进行受力分析，为了减小计算工

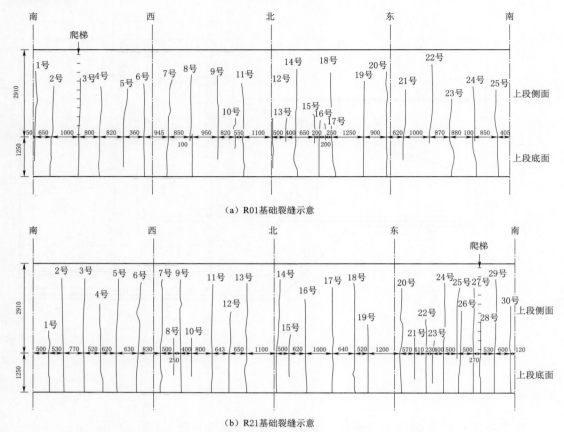

（a）R01基础裂缝示意

（b）R21基础裂缝示意

图 8-11 典型基础裂缝示意图（单位：mm）

作量、加快计算速度、利于迭代收敛，在保证模型准确与加载分析方法可靠的情况下，对模型进行了简化，通过结构力学的计算方法得到空心圆台顶部环形凹槽处与台柱内壁下表面处的荷载，通过设置钢垫块及塔筒底面（宽度440mm）来传递荷载，垫块（板）与基座台柱上下表面通过绑定约束，具体布置如图8-12所示。从而把模型主要分为基础、垫层、钢筋、地基四部分。

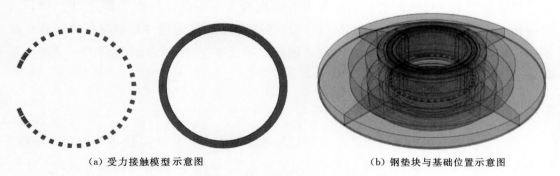

（a）受力接触模型示意图　　　　　（b）钢垫块与基础位置示意图

图 8-12 钢垫块与基础具体布置示意图

垫层与基础按照基础结构设计图纸构建，认为两者之间接触黏合良好，故通过 Merge 软件合并（保留接触界面与两种材料属性），如图 8-13 所示。

根据配筋示意图，建立完整的钢筋模型，如图 8-14 所示。钢筋与基础之间采用嵌入约束结合。

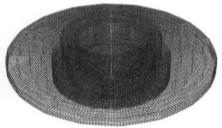

图 8-13　垫层与基础模型　　　　　图 8-14　整体钢筋模型

地基模型半径 25m，深度取 20m，根据工程项目图纸，中间空腔完全契合基础垫层底部形状，如图 8-15 所示。垫层与地基之间施加库伦摩擦接触约束（法向传递压力、切向传递摩擦力）。地基底部施加完全固定约束，侧面施加水平约束。

施工期温度裂缝使得原先基础结构的可靠度下降，故构建低弹模的"薄夹层"模拟裂缝。相比各个基础的裂缝检测报告，以裂缝最多的 R21 风电机组基础为例，建立 30 个夹层模型。以最危险情况考虑，单个夹层模型尺寸为 1.8m ×

图 8-15　地基模型

2.91m，夹层厚度为 0.51~0.82mm，贯穿上层空心圆台，如图 8-16 所示。

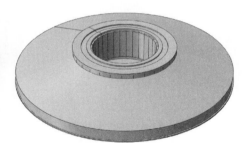

（a）裂缝夹层模型　　　　　　（b）基础带裂缝（夹层）模型

图 8-16　裂缝夹层模型示意图

### 8.3.6 网格模型与单元类型

模型中钢筋均采用 T3D2 三维杆单元，其余部分均采用 C3D8R 三维六面体单元进行网格划分。全部单元数量为 125386 个。整体（含地基）网格划分示意图如图 8-17 所示。基础配筋网格划分示意图如图 8-18 所示。

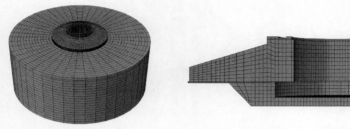

（a）整体（含地基）网格　　　　　　　　（b）整体（含地基）网格纵剖面

图 8-17　整体（含地基）网格划分示意图

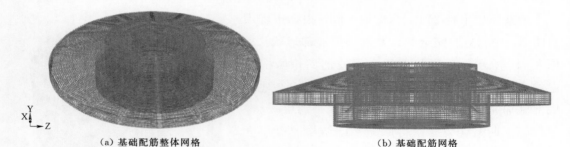

（a）基础配筋整体网格　　　　　　　　　（b）基础配筋网格

图 8-18　基础配筋网格划分示意图

基础带裂缝（夹层单元）网格划分示意图如图 8-19 所示。

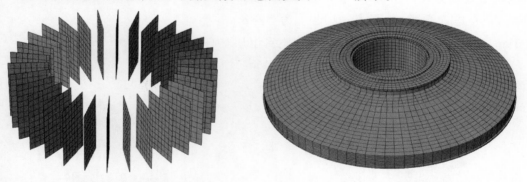

（a）裂缝（夹层单元）模型网格　　　　　　（b）基础含裂缝（夹层单元）模型网格

图 8-19　基础带裂缝（夹层单元）网格划分示意图

（1）垫层与地基之间施加的是库伦摩擦接触约束，其摩擦系数为 0.55。

（2）本次裂缝分析设置低弹模的夹层模型来模拟裂缝的存在，通过模拟低模量材料灌浆后裂缝状态从而研究裂缝的安全性。裂缝模型材料参数：弹性模量为 30MPa、密度为 2380kg/m³、泊松比为 0.2。

### 8.3.7 安全评估

考虑到强度和裂缝数量是影响基础安全的最主要因素，因此针对不同裂缝数量和混凝土等级进行了结构安全性分析。有限元静力计算成果统计分析见表 8-4。不同强度等级和裂缝状态下混凝土基础钢筋应力状态如图 8-20 所示。

表 8-4 有限元静力计算成果统计分析

| 模型种类 | 损伤区域 | 钢筋应力/MPa | 备注 |
|---|---|---|---|
| C40 等级基础完整 | 空心圆台内壁底部及向上延伸区域 | 55.4 | 底部锚板位置应力集中 |
| C40 等级基础带缝（30 条） | 空心圆台内壁底部及向上延伸区域 | 113.6 | |
| C30 等级基础带缝（30 条） | 空心圆台内壁底部及向上延伸区域，基础背风侧底部垫层附近区域 | 146.1 | |
| C40 等级基础带缝（30 条），设置垫板 | 空心圆台局部区域 | 56.9 | 底板设置垫板 |

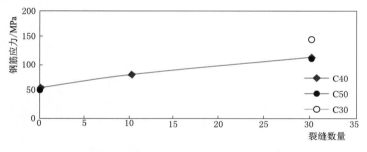

图 8-20 不同强度等级和裂缝状态下混凝土基础钢筋应力状态

混凝土等级为 C40 以上时，各种条件下基础的扩展部分均没有出现较明显的破坏现象，基础的破损部位主要集中在基础空心圆台附近，主要为应力集中导致；不同强度等级的基础出现裂缝后空心圆台的钢筋应力和混凝土破损程度均有一定增加，但钢筋应力仍然满足抗拉强度要求；在空心圆台下底面增加厚 3cm 的钢垫板后，钢筋应力和破损状态均有一定程度降低，钢筋应力基本恢复到完整状态下的应力水平，说明在基础底面增加钢垫板对结构均匀受力有利。

混凝土强度等级为 C30 时，带缝基础的损伤部位主要集中在空心圆台区域，以及基础背风侧底面垫层附近出现的损伤区域；钢筋应力也有所增加，但钢筋未进入屈服状态。基础空心圆台带缝条件下，塔筒自振频率较完整条件略有下降，但仍满足规范要求。

## 8.3.8　加固方案有限元模拟

### 8.3.8.1　加固方案

根据前述成果，修复补强计算模型如下：在基础空心圆台底面位置增加厚 20mm 的钢板，空心圆台底面钢板加强模型示意图如图 8-21 所示。在基础空心圆台内壁侧立面竖向和环向粘贴厚 10mm 钢板，钢板宽度 200mm，环向钢板中心间隔 400mm，不同等级基础侧壁增加钢板见表 8-5。针对不同类型的基础在空心圆台内壁增加 1～3 条环向钢板，基础侧壁环向钢板加强模型示意图如图 8-22 所示。竖向钢板宽度为 100mm，中心间距为 600mm（有限元未模拟竖向钢板）。

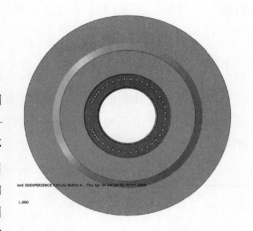

图 8-21　空心圆台底面钢板加强模型示意图

表 8-5　不同等级基础侧壁增加钢板

| 基础等级 | 侧壁环向钢板数量/条 | 基础等级 | 侧壁环向钢板数量/条 |
|---|---|---|---|
| Ⅰ级 | 1 | Ⅲ级 | 3 |
| Ⅱ级 | 2 | | |

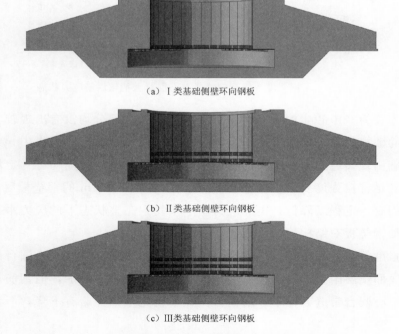

（a）Ⅰ类基础侧壁环向钢板

（b）Ⅱ类基础侧壁环向钢板

（c）Ⅲ类基础侧壁环向钢板

图 8-22　基础侧壁环向钢板加强模型示意图

### 8.3.8.2 有限元模拟

根据有限元模拟结果，加固前基础空心圆台的损伤主要在以下方面：①空心圆台预应力孔道下部张拉端向上环形区域（高度0～170cm）；②迎风侧台柱顶部凹槽局部环形区域；③空心圆台底部径向损伤裂缝。其中①和③的破损区域较大，对结构安全性影响较大。

增加钢板措施后，空心圆台的混凝土损伤有效减少，空心圆台底部外表面基本无明显损伤，现有损伤主要集中在：①迎风侧（受拉侧）空心圆台预应力孔道下部张拉端向上25～60cm局部区域；②迎风侧台柱顶部凹槽局部环形区域，对结构安全影响相对较小，且钢筋应力有效下降。不同加固方案有限元模拟成果对比汇总表见表8-6。

表8-6 不同加固方案有限元模拟成果对比汇总表

| 基 础 类 型 | 钢环应力/MPa | 钢筋应力/MPa |
|---|---|---|
| 完整基础 | — | 55.4 |
| 开裂基础 | — | 113.6 |
| Ⅰ类基础加强后 | 8.0 | 58.62 |
| Ⅱ类基础加强后 | 8.0 | 58.37 |
| Ⅲ类基础加强后 | 8.1 | 58.30 |

# 附录 混凝土结构常见现场检测方法

附录总结了在现场或实验室中，评价结构的建筑材料性能和物理状态时可用的无损检测方法，简单解释了每一种测试的要求、优点以及限制条件。

| 序号 | 方法 | 应用范围 | 操作原理 | 专业人员 | 优 点 | 限 制 条 件 |
|---|---|---|---|---|---|---|
| 1 | 声发射技术（Clifton 等，1982） | 持续监控在役混凝土结构以便探测其是否会出现危险状况、监控混凝土结构的性能 | 在裂缝增长或塑性变形期间，应变能快速释放产生声波，然后通过与测试物体表面连接的传感器可以探测到声波 | 要求技术操作人员具备渊博的知识以便设计试验和解释结果 | 监控结构对施加荷载的响应；能够定位危险要专业源，设备易携带，易操作，便于加载测试 | 测试费用昂贵；仅当结构在加载状态下或裂纹增长情况下使用；解释测试结果需要专家；当前基本限于实验室应用；需要一定的跟踪记录和其他进一步的工作 |
| 2 | 冲击回声法（Clifton 等，1982） | 用来探测黏结破坏，分层、空隙以及发丝状裂缝 | 用仪器敲击物体表面；声音产生的频率和阻尼特征表明结构有缺陷；从简单的铁锤、铁链到复杂的牵引固定式电子设备都可以 | 对听力系统的操作人员要求不高，但电子系统操作人员必须经过培训 | 设备易携带；听力系统易于操作；电子设备还需要更多的其他设备 | 物体几何尺寸和质量都会影响测试结果；听力系统辨别力弱 |
| 3 | 钻芯法（ASTMC42） | 直接确定混凝土强度；评估混凝土集料、胶凝材料及其他组分的条件类型和质量 | 在结构上钻取圆柱体芯样，直接测试芯样的抗压、抗拉强度和静弹性模量等 | 钻芯应非常仔细以免损坏芯样；需要中等水平的专家进行测试，评估试验结果 | 被广泛接受的确定混凝土原位强度和质量的可靠方法；适于检查裂缝、配筋以及化学反应的试样 | 取样时会损坏结构，需要修复；破坏性试验 |
| 4 | 保护层测量计/测厚计（Malhotra，1976） | 测量钢筋保护层厚度、钢筋尺寸和位置；测量混凝土或砌体中的金属预埋件 | 混凝土或砌体的磁场，探针距钢筋越近，影响越大 | 中等；易于操作；解释测试结果需要经过培训的专业人员 | 设备便于携带，如果混凝土配筋量较小，则可以得到良好的测试结果；适用于确定预应力筋和钢筋绞线的位置，避免钻芯时被损伤 | 如果混凝土配筋量较大或者有钢丝网，则测试结果很难解释；不适用于 100mm 的保护层；对于锚固成的连接经常是错误的 |

续表

| 序号 | 方法 | 应用范围 | 操作原理 | 专业人员 | 优点 | 限制条件 |
|---|---|---|---|---|---|---|
| 5 | 电位测量法 (Mathey和Clifton, 1988) | 确定混凝土或砌体中的钢筋状况；表明混凝土路面的腐蚀程度 | 混凝土上的电位可以表明受腐蚀的可能性 | 操作人员具备中等经验水平，用户必须能够意识到问题 | 设备携带方便，适用于现场测试；可以提供可靠的信息 | 不能够提供腐蚀速率的信息；要求必须接近钢筋 |
| 6 | 电阻法 (Mathey和Clifton, 1988) | 确定混凝土的湿度 | 确定混凝土湿度，基于混凝土导电率随着湿度改变的原理 | 需要高水平的专家解释测试结果 | 自动设备，易于操作 | 设备昂贵，电小质特性取决于试件含盐量和温度 |
| 7 | 纤维光学 (Mathey和Clifton, 1988) | 观察肉眼无法看到的结构部分 | 纤维光学探测器由柔软的光纤、镜头和照明系统组成，插入混凝土裂缝或钻孔中；目镜用于观察内部诸如裂缝、空隙或骨料黏结破坏等缺陷，通常用于已经移除或钻孔的混凝土核心区域、测试端头和其他砌体的孔洞 | 设备便于处理和操作 | 给出了细微物体的高清晰度图像；有可用的照片；柔韧可用软管可以确保多视角的观察 | 设备昂贵；要求近距离观察；很多钻孔；砌体中的砂浆妨碍观察 |
| 8 | 红外热成像法 (Mathey和Clifton, 1988) | 探测内部缺陷、裂缝增长、起鳞以及内空隙 | 使用选择的红外频率探测缺陷，可以探测不同缺陷类型，方式以区分缺陷类型；可以在冷天通过混凝土和砌体的裂缝进行探测 | 要求高水平的专家解读测试结果 | 一种精确探测混凝土缺陷的方法，而且相对而言费用逐渐降低，能够快速覆盖大区域 | 要求专门的技术和设备；表面温差高时效果更好 |
| 9 | 荷载试验 (AC437R) | 确定结构在模拟实际荷载条件下的性能，使用超载系数 | 模拟设计条件下荷载的作用方式将荷载措施加到结构上 | 要求高水平的专家阐述和指导试验程序并评估试验结果；为安全起见应使用防护支撑 | 能够可靠地测预测结构在明望的荷载条件下的使用性能 | 试验昂贵，费时；试验将导致结构或部分构件有限的或者永久的损伤 |
| 10 | 核子湿度计 (ASTMD3017) | 评估硬化混凝土湿度 | 混凝土湿度的测试基于材料 (如水) 中快速核子速度的降低与试件中氢生成的数量相一致的原理 | 需要由训练有素的人员进行操作 | 便携式的湿度计，可以用于测量现浇混凝土的湿度 | 设备复杂且具有NRC注册资格；试件的取湿度梯度将导致错误的结果；测量混凝土和水中全氯含量 |

续表

| 序号 | 方法 | 应 用 范 围 | 操 作 原 理 | 专 业 人 员 | 优　　点 | 限 制 条 件 |
|---|---|---|---|---|---|---|
| 11 | 岩相分析（ASTMC856） | 用于确定从结构中取出的混凝土或砂浆试样性能的变化，包括：混凝土配比、密实度；混凝土均匀质性；骨料、胶凝材料和气孔比例、裂缝位置；含气量；骨料、胶凝材料和养护 | 与其他试验方法联合使用，混凝土试样的物理学分析必须由具备资格的岩样专家进行操作 | 需要由训练有素的高水平技术人员进行操作并分析试验结果 | 提供详细的、可靠的关于混凝土配比、浆体、骨料、养护、可能的损伤以及冻结的信息 | 要求有资格的专业相关专家；比较昂贵而且费时 |
| 12 | 拉拔试验（ASTMC900） | 评估在役混凝土的抗压和抗拉强度 | 要求拔出力足够大，使浇筑在混凝土中大头能拔出钢筋；拔出力直至混凝土产生拉、剪应力 | 对操作人员的技能要求不高，可在现场进行操作 | 直接测量混凝土原位强度；很好地预测混凝土强度 | 拔出仪器必须在施工期同插入；拔出混凝土需要轻微的修补 |
| 13 | 拉拔测试（Long 和 Murray, 1984） | 测定在役混凝土的抗压强度 | 圆形钢探针与混凝土连接；使用轻便机械装置对混凝土施加拉力直至破坏；抗压强度可由校准图确定 | 不要求高技术操作人员 | 简单、费用低 | 没有标准测试过程；有限的可得数据记录；测试位置尚待确定 |
| 14 | 雷达方法（Mathey 和 Clifton, 1988） | 探测底层的空隙、变形以及埋置层；混凝土面层厚度测量 | 使用透射电磁脉冲信号进行空隙的探测 | 要求能够操作设备以及整理数据的高技术人员 | 无论何种深度可高效定位钢筋和空隙，在仅有一个表面可用时仍可使用 | 设备昂贵；当存在钢筋时探测空隙的可靠度通常下降；操作程序尚待完善 |
| 15 | γ射线检测（Malhotra, 1976） | 检测钢筋的位置和状态；混凝土中的空洞；密度 | 基本原理是试件对γ射线的吸收率及其密度和厚度影响；γ射线由发射源发射，穿过试件，从相反面射出并记录 | 使用受到严格控制，试验设备必须有执照的检测人员进行操作 | 可检测到内部缺陷；应用于不同材料；由胶片记录久记录；γ射线设备便于移动 | 设备昂贵；γ射线存在健康安全危险；要求试件的两面均易接近 |
| 16 | 回弹法（ASTMC805） | 比较试件不同部分的混凝土质量；通过校准图有限精确地评价混凝土强度 | 由弹簧驱动的物体敲击混凝土表面，并且给出回弹距离 R 值；由回弹锤制作商提供的校准图评价表面硬度以及强度 | 简单易操作；可以直接由现场人员进行操作 | 设备轻便、操作简单，费用低；可以迅速获得大量数据；可以有效确定混凝土的强度；可以谨慎地评价潜在以及均匀性以及 | 试验结果受混凝土表面状态影响；不能给出精确的强度预测；必须谨慎地评价预测；要经常校准仪器 |

续表

| 序号 | 方法 | 应用范围 | 操作原理 | 专业人员 | 优点 | 限制条件 |
|---|---|---|---|---|---|---|
| 17 | 超声波脉冲法（ASTMC597） | 评价混凝土的均匀性、质量、抗压强度；可以判断内部断裂的位置并确定其尺寸；现场最广泛使用的应力波方法 | 应力波的传播速度受混凝土质量影响 | 需要不同水平的专家分析数据结果；操作人员受过一定的训练 | 设备相对价格低并易于操作；能够准确地测量均匀性和重量；由相关的抗压强度和波速可以估计现场强度 | 传感器和混凝土之间的良好接触非常重要；结果分析上有一定困难；密度、骨料数量、含水量变化对存在部的存在性以及钢筋的存在影响可能影响结果；需要标准校准的初步评价曲线 |
| 18 | 目测外观检查（CAI201.IR和ASTMC823） | 评价混凝土表面状态（磨光度、粗糙度、划痕和裂缝、颜色）；判断连接是否失效；判断结构的变形和不同移位方式 | 可用光学辅助工具、测量工具、照片记录或其他低成本工具；通过长期检测方式测试设备判断不同声位 | 需要判断寻找什么，采取怎样的测量方法和需要做什么状态解释和需要做什么后续试验的经验 | 能够迅速对混凝土状态做出评价 | 需要经过训练的评价知识；需要根据相关曲线图分析结果；移除探针和混凝土保护层 |
| 19 | 贯入阻力法（ASTMC803） | 评价混凝土的抗压强度、均匀性以及质量，可用在拆除模板之前评价强度 | 探针枪刺入混凝土；贯入深度换算为混凝土强度 | 操作简单，只经过少许训练即可进行。出于安全考虑，需要操作人员持有执照 | 设备简单、耐用，并且几乎不需要维护；在评价混凝土的质量和相对强度方面十分有用，对试件损伤较小 | 可能不能得到精确的混凝土强度值；分析数据相关较困难；任往会损毁探针或混凝土保护层 |
| 20 | 超声脉冲回波法（Thornton 和 Alexander，1987） | 评价混凝土的抗压强度、均匀性以及质量，可以确定钢筋的位置、缺损、空隙分离以及厚度 | 进入混凝土的应力波的原始方向、波端以及频率会由于分界面的存在改变，分界面包括裂缝、物体以及具有不同声阻抗的截面 | 分析结果需要专业人员。操作人员应当经过一定的使用设备和电子学知识以及混凝土结构状态检测领域的训练 | 当只有一个表面可用时，可以操作。操作人员可在干燥条件下操作（理论上，可在发表或材料）；可以检测混凝土内部 | 尚在发展阶段，测量准确还需要发展；目前还不是一种准确的测试方法；处理的数字信号可以修正分析结果，但是目前数据必须回实验室进行处理 |
| 21 | 共振频率法（Carino 和 Sansalone，1990） | 用在实验室测定振动的主振型来计算模量，在现场用来测空隙以及剥离 | 在两个反射界面之间建立共振频率条件，可由锤冲击或电磁振荡放大器驱动系统输入能量 | 分析结果需要高技术专业人员。当试件为简单几何形状时，操作人员只需要经过简单的实验室测量培训 | 可以检测混凝土内部，可以贯入数夹尺深。新改进的转换器可以修正仪的测量结果 | 需要在声速范围内操作，没有超声波分辨能力。尚在发展阶段 |

# 参 考 文 献

［1］ J. Jonkman，S. Butterfield. Offshore Code Comparison Collaboration within IEA Wind Annex XXIII：Phase Ⅱ Results Regarding Monopile Foundation Modeling ［C］. IEA European Offshore Wind Conference，Berlin，2007.

［2］ G. R. Fulton，D. J. Malcolm. Semi – Submersible Platform and Anchor Foundation Systems for Wind Turbine Support ［C］. Concept Marine Associates Inc. Long Beach，California，2007.

［3］ Puneet Agarwal，Lance Manuel. The Influence of the Joint Wind – Wave Environment on Offshore Wind Turbine Support Structure Loads ［J］. Journal of Solar Energy Engineering Transactions of the ASME，2008 （13）.

［4］ Lymon C. Reese，Shin – Tower Wang. Design of Foundations for a Wind Turbine Employing Modern Principles Research to Practice in Geotechnical Engineering Congress 2008 ［R］. 2008.

［5］ Harte M，Basu B. Soil – Foundation Models and Tower Transfer Functions for Offshore Wind Turbines ［C］ // Aiaa/asme/asce/ahs/asc Structures，Structural Dynamics & Materials Conference Aiaa/asme/ahs Adaptive Structures Conference Aiaa. 2013.

［6］ Currie M，Saafi M，Quail F. Development of a Robust Structural Health Monitoring System for Wind Turbine Foundations ［R］. 2012.

［7］ Currie M，Tachtatzis C，Saafi M，et al. Structural Health Monitoring System for Wind Turbine Foundations ［C］ // European Wind Energy Assosciation，EWEA2013 –. 2013.

［8］ Hung V. Pham，Daniel Dias，Tiago Miranda，Nuno Cristelo，Nuno Araújo. 3D Numerical Modeling of Foundation Solutions for Wind Turbines ［J］. International Journal of Geomechanics，2018，18 （12）：04018164. 1 – 04018164. 14.

［9］ 陆萍，黄珊秋，张俊，宋宪耕. 风力机筒形塔架结构静动态特性的有限元分析 ［J］. 太阳能学报，1997 （4）：12 – 17.

［10］ 陆萍. 风力机塔架结构通用前后处理系统 ［J］. 太阳能学报，2000 （3）：288 – 291.

［11］ 黄珊秋，陆萍. ZONDZ – 40 风力机塔架的模态分析 ［J］. 太阳能学报，2001 （2）：153 – 156.

［12］ 曾杰. 大型水平轴风力机载荷计算和强度分析的方法研究 ［D］. 乌鲁木齐：新疆农业大学，2001.

［13］ 李华明. 基于有限元法的风力发电机组塔架优化设计与分析 ［D］. 乌鲁木齐：新疆农业大学，2004.

［14］ 吕钢. 基于有限元法的水平轴风力机塔架动态响应与优化问题研究 ［D］. 兰州：兰州理工大学，2009.

［15］ 秦娟. 混凝土刚性基础受力的有限元分析 ［D］. 重庆：重庆大学，2006.

［16］ 秦娟. 非线性地基上刚性基础的受力机理分析 ［J］. 四川建筑，2006 （4）：63 – 65.

［17］ 崔娟玲，郭昭胜. 利用 Ansys Solid65 单元分析钢筋混凝土结构 ［J］. 山西建筑，2006 （1）：76 – 77.

［18］ 杨勇，郭子雄，聂建国，赵鸿铁. 型钢混凝土结构 ANSYS 数值模拟技术研究 ［J］. 工程力学，2006 （4）：79 – 85，57.

［19］ 刘世忠. 基于 ANSYS 的钢筋混凝土结构非线性有限元分析 ［J］. 四川建筑，2006 （2）：92 – 95.

［20］ 干腾君. 考虑上部结构共同作用的筏板基础分析及其优化 ［D］. 重庆：重庆大学，2001.

[21] 邓安福. 上部结构与地基基础共同作用分析的一种新方法 [A] // 中国力学学会结构工程专业委员会, 湖南大学土木工程学院, 中国力学学会《工程力学》编委会, 清华大学土木工程系. 第十一届全国结构工程学术会议论文集第 Ⅱ 卷 [C]. 2002: 6.

[22] 宰金珉, 戚科骏, 梅国雄, 王旭东, 张云军. 群桩—土—承台非线性共同作用固结过程分析 [J]. 岩土力学, 2005 (1): 5-10.

[23] 崔春义, 栾茂田, 杨庆, 年廷凯. 结构—桩筏—地基体系时间效应的三维数值分析 [J]. 岩土工程学报, 2007 (8): 1244-1250.

[24] 甘毅. 滨海区软土地基大型风机的基础设计 [J]. 能源与环境, 2006 (5): 99-101.

[25] 谭建文, 周艳. 风力发电施工的特点及应对策略 [J]. 电力建设, 2007 (2): 35-37.

[26] 王炽欣, 王浩, 梁瑞庆. 风力发电机组基础的力学性能有限元分析 [J]. 武汉大学学报（工学版）, 2009, 42 (S1): 292-294.

[27] 王炽欣, 王浩, 梁瑞庆. 风力发电机组桩基础的力学性能有限元分析 [J]. 水电能源科学, 2010, 28 (4): 69-71, 112.

[28] 田静, 许新勇, 刘宪亮. 风力发电机基础接触问题研究 [J]. 水电能源科学, 2010, 28 (12): 154-156.

[29] 田静, 汪明霞, 杨香云, 许新勇. 大型风机扩展式基础地基弹性模量敏感性分析 [J]. 水电能源科学, 2013, 31 (10): 250-252.

[30] 迟洪明, 李向辉, 陈丙杰. 我国陆上风电场风机基础形式研究 [J]. 山西建筑, 2014, 40 (29): 88-90.

[31] 刘学新. 风轮机基础承台底面形式的优化分析 [J]. 武汉大学学报（工学版）, 2012, 45 (S1): 189-190.

[32] 谢信江, 李锐, 龚节福, 李龙华, 孙珍茂. 山区风机基础的设计比选 [J]. 技术与市场, 2015, 22 (12): 74-75.

[33] 沈新普, 沈国晓, 陈立新. 混凝土损伤塑性本构模型研究 [J]. 岩土力学, 2004 (S2): 13-16, 26.

[34] 方秦, 还毅, 张亚栋, 陈力. ABAQUS 混凝土损伤塑性模型的静力性能分析 [J]. 解放军理工大学学报（自然科学版）, 2007 (3): 254-260.

[35] 张劲, 王庆扬, 胡守营, 王传甲. ABAQUS 混凝土损伤塑性模型参数验证 [J]. 建筑结构, 2008 (8): 127-130.

[36] 张战廷, 刘宇锋. ABAQUS 中的混凝土塑性损伤模型 [J]. 建筑结构, 2011, 41 (S2): 229-231.

[37] 秦浩, 赵宪忠. ABAQUS 混凝土损伤因子取值方法研究 [J]. 结构工程师, 2013, 29 (6): 27-32.

[38] 曾宇, 胡良明. ABAQUS 混凝土塑性损伤本构模型参数计算转换及校验 [J]. 水电能源科学, 2019, 37 (6): 106-109.

[39] B J D A, B M M, A S P. Advanced Representation of Tubular Joints in Jacket Models for Offshore Wind Turbine Simulation [J]. Energy Procedia, 2013, 35 (1): 234-243.

[40] Lehman D E, Roeder C W. Foundation connections for circular concrete-filled tube [J]. Journal of Constructional Steel Research, 2012.

[41] Grilli D A, Kanvinde A M. Tensile Strength of Embedded Anchor Groups: Tests and Strength Models [J]. Engineering Journal, 2016, 53 (2): 87-97.

[42] Grilli D A, Kanvinde A M. Embedded column base connections subjected to seismic loads: Strength model [J]. Journal of Constructional Steel Research, 2017, 129 (FEB.): 240-249.

[43] Keum-Sung, Park, Bae K W, Moon T S. An Experimental study on the behavior of gap N-joints in Cold-formed Square Hollow Sections with connection plate for a tension member [J]. Journal of Korean Society of Steel Construction, 2004, 16 (6): 769-780.

参 考 文 献

［44］ Park, Keum-Sung, Moon J, et al. Embedded steel column-to-foundation connection for a modular structural system［J］. Engineering Structures, 2016, 110（Mar. 1）: 244-257.

［45］ Hamdan M, Hunaiti Y. Factors affecting bond strength in composite columns［A］. Proceedings of 3rd International Conference on Steel-Concrete Composite Structures. Fukuoka, Japan, 1991: 213-218.

［46］ Charles W Roeder. Bond Stress of Embedded Steel Shapes in Conerete Composite and Mixed Construction［C］. ASCE, 1984.

［47］ Dong Dang, Shuanhai He. Spatial Mechanical Behavior Research of Cable-Pylon Anchorage Zone of Steel Box Concrete Tower［J］. Applied Mechanics and Materials, 2013, 256-259（1）: 1466-1473.

［48］ Song Xue, Qun Xie, Pingping Guan. Mechanical behavior of post-installed anchorage between steel and concrete under high temperature［R］. Proceedings of the 2017 3rd International Forum on Energy, Environment Science and Materials（IFEESM 2017）, 2018.

［49］ Petr Bílý, Alena Kohoutková. A Numerical Analysis of the Stress-strain Behavior of Anchorage Elements and Steel Liner of a Prestressed Concrete Containment Wall［R］. Structures, 2017.

［50］ Qingquan Liang, Brian Uy, Mark A. Bradford, Hamid R. Ronagh. Strength Analysis of Steel-Concrete Composite Beams in Combined Bending and Shear［J］. Journal of Structural Engineering, ASCE, 2005, 131（10）: 1593-1600.

［51］ 汪宏伟. 采用环梁加固风机基础的有限元分析［J］. 可再生能源, 2016, 34（4）: 558-562.

［52］ 李大钧, 黄竹也, 高海飞, 杨柳, 赵艳. 基础环埋深和法兰宽度对风机基础承载性状的影响［J］. 可再生能源, 2016, 34（5）: 719-724.

［53］ 李大钧. 基础环穿孔钢筋对风机基础承载性状的影响［J］. 施工技术, 2016, 45（S1）: 178-180.

［54］ 张家志, 石峰, 向际超, 曾毅, 宋晓萍. 风电机组基础中钢板与混凝土间接触分析［J］. 太阳能学报, 2015, 36（3）: 763-768.

［55］ 张家志, 王超飞, 吕伟荣, 罗雯, 吕祥云, 向际超, 宋晓萍. 基于非线性接触的风电基础数值模拟［J］. 太阳能学报, 2016, 37（3）: 591-597.

［56］ 吕伟荣, 朱峰, 张家志, 祝明桥, 卢倍嵘, 石卫华, 黄海林. 风机基础损伤破坏发展机理研究［A］//中国力学学会结构工程专业委员会, 厦门大学, 厦门理工学院, 中国力学学会《工程力学》编委会, 清华大学土木工程系, 水沙科学与水利水电工程国家重点实验室（清华大学）, 土木工程安全与耐久教育部重点实验室（清华大学）. 第24届全国结构工程学术会议论文集（第Ⅰ册）［C］. 2015: 5.

［57］ 周新刚, 孔会. 某风机钢筋混凝土基础破坏实例及有限元分析［J］. 中国电力, 2014, 47（2）: 116-119.

［58］ 周新刚. 风力发电机组钢筋混凝土基础设计问题的探讨［J］. 水利水电技术, 2014, 45（2）: 114-118.

［59］ 李艳慧. 风电基础混凝土与钢环粘结应力传递试验及分析［D］. 湘潭: 湖南科技大学, 2012.

［60］ 刘锡军, 孔德伟, 张少桦, 等. 风机基础金属环抗拔性能试验研究［J］. 湖南工程学院学报（自科版）, 2012, 22（2）: 73-75.

［61］ 黄昊, 吕小彬, 李萌, 等. 风机混凝土扩展基础施工冷缝缺陷检测与评估技术［J］. 中国水利水电科学研究院学报, 2013, 11（3）: 232-235.

［62］ 徐驰. 超声波在风机基础内部损伤检测中的应用研究［D］. 湘潭: 湖南科技大学, 2016.

［63］ 郑少平, 何文俊. 梁板式风机基础缺陷检测及结构加固［J］. 工程建设, 2018, 50（10）: 5.

［64］ 黄冬平. 风力发电塔基础环基础超声波法质量检测［J］. 建筑结构, 2016, 46（14）: 8-11.

［65］ 彭文春, 邓宗伟, 高乾丰, 等. 风机塔筒流固耦合分析与受力监测研究［J］. 工程力学, 2015（7）: 136-142.

［66］ 马德云，宋佳，南锟，刘云龙，鲁巧稚. 某新型风电机组塔筒倾斜及安全性检测鉴定 ［J］. 特种结构，2014，31（5）：34-37，43.

［67］ 贾行建，杨学山，何先龙，等. 基础存在裂缝的风机塔振动测试与分析 ［J］. 噪声与振动控制，2017，37（6）：163-167.

［68］ 马人乐，黄冬平. 风电结构亚健康状态研究 ［J］. 特种结构，2014，31（4）：1-4.

［69］ 李凯，王丽娟，邢占清，等. 风机基础大体积混凝土裂缝加固措施研究 ［J］. 施工技术，2018（A04）：3.

［70］ 王志勇，任贵波. 风机基础混凝土冬季施工质量控制措施 ［J］. 水电与新能源，2015（1）：74-75.

［71］ 席向东，易桂香. 风机基础分层事故的检测鉴定及加固处理 ［J］. 工业建筑，2013，43（2）：148-152.

［72］ 康明虎，徐慧，黄鑫. 基础环形式风机基础局部损伤分析 ［J］. 太阳能学报，2014，35（4）：583-588.

［73］ 严姗姗，黄冬平，黄张裕. 风机倾斜基础环加斜法兰处理有限元分析 ［J］. 特种结构，2015（4）：5.

## 《风电场建设与管理创新研究》丛书
## 编辑人员名单

总责任编辑　营幼峰　王　丽
副总责任编辑　王春学　殷海军　李　莉
项目执行人　汤何美子
项目组成员　丁　琪　王　梅　邹　昱　高丽霄　王　惠

## 《风电场建设与管理创新研究》丛书
## 出版人员名单

封面设计　李　菲
版式设计　吴建军　郭会东　孙　静
责任校对　梁晓静　黄　梅　张伟娜　王凡娥
责任印制　黄勇忠　崔志强　焦　岩　冯　强
责任排版　吴建军　郭会东　孙　静　丁英玲　聂彦环